编委会名单

主　任　闪淳昌

委　员（按姓氏笔画排序）

丁　波　马玉平　尹贻勤　王红汉
王振东　王海军　冯文志　冯秋登
吕海燕　张玉凤　汪永贵　李玉南
李西京　李志祥　张贵金　李总根
周成武　杨国顺　林京耀　施卫祖
荆立新　殷　强　高永新　党国正
彭伯平　彭艳忠　彭新其　管延明

内 容 提 要

本书重点介绍了煤矿安全检查工应掌握的煤矿安全生产方针、政策，安全心理学在安全检查工作中的应用，煤矿安全监察与事故调查，煤矿各生产系统的安全检查方法与重点，煤矿各类事故防治、救护及职业病预防等知识。

本书为矿山特种作业人员安全技术培训考核统编教材，可用做煤矿安全检查工的技术培训，也可供基层管理干部、有关工程技术人员及煤炭院校师生学习参考。

矿山特种作业人员安全技术培训考核统编教材

煤矿安全检查工

主 编 尹贻勤
副主编 管延明 孙永会 姜元峰
编 写 尹贻勤 管延明 张 磊
孙永会 黄瑞峰 姜元峰
侯红霞 何兆才 邵泽厚
陈拱英 苏 逊 杜 猛

中国劳动社会保障出版社

图书在版编目(CIP)数据

煤矿安全检查工/尹贻勤主编. —北京：中国劳动社会保障出版社，2007

矿山特种作业人员安全技术培训考核统编教材
ISBN 978-7-5045-6382-8

Ⅰ.煤… Ⅱ.尹… Ⅲ.煤矿-矿山安全-安全检查-技术培训-教材 Ⅳ.TD7

中国版本图书馆 CIP 数据核字(2007)第 168571 号

中国劳动社会保障出版社出版发行
(北京市惠新东街 1 号 邮政编码：100029)
出 版 人：张梦欣

*

北京宏伟双华印刷有限公司印刷装订 新华书店经销
850 毫米×1168 毫米 32 开本 9.875 印张 242 千字
2008 年 1 月第 1 版 2008 年 1 月第 1 次印刷
定价：22.00 元

读者服务部电话：010-64929211
发行部电话：010-64927085
出版社网址：http://www.class.com.cn

版权专有 侵权必究

举报电话：010-64954652

前　言

特种作业是指容易发生人员伤亡事故，并对操作者本人、他人及周围设施、设备的安全造成危害的作业。对于矿山这种高危行业来说，特种作业人员操作的正确与否对安全生产的关系十分重大。据统计，在各类矿山事故中，因作业人员违章操作和管理不善造成的事故约占事故总数的70%。实践证明，矿山特种作业人员的安全教育和培训工作是保障矿山生产安全的重要条件，是以人为本、标本兼治，必须做好抓实的重点工作。

《安全生产法》规定："生产经营单位的特种作业人员必须按照国家有关规定经专门的安全作业培训，取得特种作业操作资格证书，方可上岗操作。"《矿山安全法》也有相应的规定。为贯彻落实上述法律规定，全面提高矿山特种作业人员的整体安全技术素质和识灾、防灾、避灾自救的能力，预防和减少矿山事故的发生，我们特组织全国各有关矿山安全培训机构、大专院校与科研单位的专家、教授，以及生产一线的安全技术人员编写了"矿山特种作业人员安全技术培训考核统编教材"。

本套教材囊括了矿山特种作业的18个工种：瓦斯检查工、煤矿安全检查工、信号把钩工、电机车司机、空气压缩机操作工、井下爆破工、绞车操作工、测风测尘工、尾矿工、矿井排水泵工、通风安全监测工、矿山救护作业人员、井下电钳工、主提升机操作工、耙（装）岩机司机、通风机操作工、输送机操作工、电气设备防爆检查工；每一工种分为培训考核统编教材、复审教材和考试习题集3册；全套教材共计54册。

本套教材有以下突出特点：

一是权威性、规范性、科学性强。本套教材以国家煤矿安全监察局颁布的《煤矿安全培训教学大纲》、相关的新规程和新标准为主要编写依据，既全面介绍了矿山安全生产技术知识，反映了国家煤矿安全监察局关于矿山特种作业人员培训考核的最新要求；又注意了内容的创新，注意吸收矿山安全生产中的新理论、新技术、新装备、新工艺。

二是实用性、技能性、可操作性强。本套教材针对矿山特种作业人员的特点，本着少而精、实用、适用的原则，内容深入浅出，语言通俗易懂，形式图文并茂。为便于培训教学，每一工种都有配套的考试习题集。考试习题集的大题量、多题型也为各安全培训机构建立题库提供了有利的条件。

三是指导性、可读性、实效性强。培训教材在全面反映教学大纲要求的同时，插入了一定量的典型事故案例分析，便于学员对知识的理解；复审教材以事故案例为载体，融入安全技术知识，避免了与培训教材在内容上的重复，并注重增加新的法律法规和标准、新的事故预防理论和技术等新知识。

本套教材是全国矿山特种作业人员取得安全操作资格证的最佳培训教材与复审教材，还可作为矿山基层管理人员、工程技术人员及矿业院校相关专业师生的参考用书。

在编写过程中，我们得到了中国煤炭工业环保安全培训中心（兖矿集团安全培训中心）、平顶山煤业集团有限公司安全技术培训中心、湖南安全技术职业学院（长沙安全技术培训中心）、中钢集团武汉安全环保研究院的大力支持，在此深表谢意。

"矿山特种作业人员安全技术
培训考核统编教材"编委会

目　　录

第一章　煤矿安全生产方针及法律法规……………………（ 1 ）
　第一节　煤矿安全生产方针………………………………（ 1 ）
　第二节　煤矿安全生产法律法规体系……………………（ 7 ）
　第三节　对危害煤矿安全生产行为的法律制裁…………（ 21 ）
　复习思考题…………………………………………………（ 25 ）

第二章　煤矿安全心理学在安全工作中的应用……………（ 26 ）
　第一节　煤矿安全心理学概述……………………………（ 26 ）
　第二节　易致事故发生的生理和心理因素………………（ 32 ）
　第三节　不安全行为的心理原因分析……………………（ 43 ）
　第四节　煤矿安全心理学在事故预防中的应用…………（ 54 ）
　第五节　安全检查工作应遵循的心理学原则……………（ 56 ）
　第六节　煤矿事故案例心理原因综合分析………………（ 57 ）
　复习思考题…………………………………………………（ 61 ）

第三章　煤矿安全管理与安全培训…………………………（ 62 ）
　第一节　安全管理基础知识………………………………（ 62 ）
　第二节　煤矿安全检查……………………………………（ 68 ）
　第三节　危险、有害因素辨识和煤矿安全隐患
　　　　　排查………………………………………………（ 72 ）
　第四节　煤矿安全培训……………………………………（ 82 ）
　复习思考题…………………………………………………（ 86 ）

第四章　煤矿安全监察与事故调查……………………(87)
第一节　煤矿安全监察概述………………………………(87)
第二节　煤矿安全检查工应具备的条件、职责及权限……………………………………………………(90)
第三节　煤矿事故调查处理………………………………(94)
复习思考题…………………………………………………(103)

第五章　煤矿生产系统的安全检查……………………(104)
第一节　煤矿生产技术基础………………………………(104)
第二节　采煤系统安全检查………………………………(115)
第三节　矿井掘进系统安全检查…………………………(125)
第四节　矿井电气系统安全检查…………………………(131)
第五节　矿井运输提升系统安全检查……………………(145)
第六节　矿井通风、瓦斯、煤尘和防灭火安全检查……………………………………………………(152)
第七节　矿井防治水安全检查……………………………(169)
复习思考题…………………………………………………(175)

第六章　煤矿事故的防治…………………………………(177)
第一节　矿井顶板灾害防治………………………………(177)
第二节　爆破安全技术……………………………………(184)
第三节　矿井水灾及其防治………………………………(189)
第四节　"一通三防"安全技术……………………………(196)
第五节　电气系统安全与事故预防………………………(233)
第六节　采掘机械安全及事故预防………………………(239)
第七节　运输机械安全及事故预防………………………(246)
复习思考题…………………………………………………(261)

第七章　避灾自救、创伤急救与职业病预防……………（263）
　　第一节　灾害事故发生后的避灾自救与互救………（263）
　　第二节　事故创伤的现场急救………………………（276）
　　第三节　职业病预防…………………………………（295）
　　复习思考题……………………………………………（304）

第一章　煤矿安全生产方针及法律法规

第一节　煤矿安全生产方针

一、我国煤矿安全生产现状及主要原因

党和政府高度重视安全生产工作,近几年来相继采取了一系列重大举措。包括:加强安全生产法制建设,开展安全生产专项整治;加大执法力度,严肃追究事故责任等。统计数据表明,我国工业生产事故起数减少,死亡人数增幅下降。煤矿安全生产形势也有好转,百万吨死亡率明显下降,全国安全生产状况趋于好转。

但是安全生产形势依然严峻,各类事故死亡人数居高不下。煤矿、道路交通、建筑、危险化学品等领域伤亡事故多发的状况尚未从根本上扭转;职业病危害相当突出;一些地方和单位重、特大事故时有发生,给人民群众生命和国家财产造成了严重的损失。

在我国工业生产领域,煤矿事故最为突出,其主要表现为:
1. 重大、特大事故频繁发生。
2. 煤矿职业病十分惊人。
3. 与煤矿安全生产先进的国家相比存在巨大差距。

其原因有以下几点:
(1) 地下开采比例大,地质条件复杂。
(2) 小煤矿过多,违法开矿问题严重。

(3) 整体装备水平低，安全投入不足，抗灾防灾能力差。
(4) 重生产、轻安全问题突出。

另外，特别值得指出的是：我们还存在一些制度有待完善的问题。如完善劳动保障法律制度、保障劳动者的民主权利等，对促进安全生产极为重要。虽然我国目前职工养老、失业、医疗和工伤保险法律制度正在逐步健全，但在很多企业并未执行或落实。很多煤矿甚至经常以解雇或下岗相威胁，迫使矿工为了生计或不致失业而冒险作业；还有超强度、长时间连续劳动和矿工人格尊严常受侵犯的问题，他们常在过度疲劳下作业，带着精神压力和低落情绪上岗，身心状况很差，这样就会大大降低作业的可靠性，增加意外差错和事故的发生可能性。

另外，还存在中小煤矿甚至大型煤矿企业管理人员人文素质和安全技术知识偏低的问题，而一般矿工的文化程度、安全教育和培训程度更是普遍较低。煤矿外包工队尤为甚之，包工队工人大多是贫困地区农民，文化水平本来就差，再加上以包代管，更缺乏规范的教育培训，甚至不培训，安全生产根本无法保证。

可喜的是，随着我国以人为本治国理念的确立以及社会主义和谐社会的建设和推进，以上问题一定能解决，煤矿安全生产有着美好的前景。

二、煤矿安全生产方针的内容及含义

1. 煤矿安全生产方针的内容

安全生产是指保障劳动者在生产过程中的生命安全和身体健康，最大限度地减少劳动者的工伤和职业病。方针是国家或政党在一定历史时期内，为达到一定目标而确定的指导思想和遵循原则。煤矿安全生产方针是我们党和国家为确保煤矿安全生产，保障煤矿职工在生产过程中的生命安全和身体健康而确定的指导思想和行动准则，即"安全第一、预防为主"。

早在中华人民共和国建国之初，党和国家就高度重视煤矿安全生产。1949年11月，中央人民政府燃料工业部召开第一次全国煤矿工作会议，就针对旧中国煤矿工人悲惨处境且生命安全没有保障的情况提出"煤矿生产，安全第一"的方针。

1952年，为发展经济，解决人民吃饭问题，全国开展增产节约运动，一些地方忽视生产安全，事故不断发生。有人提出"安全第一"，也有人提出"生产第一"，争论不休。针对这一问题，毛泽东指示说："在实施增产节约的同时，必须注意职工的安全、健康和必不可少的福利事业。如果只注意前一方面，忘记或稍加忽视后一方面，那是错误的。"之后，原劳动部提出必须把安全与生产统一起来，并将其概括为"安全生产"，从此"安全生产"和"安全第一"成为新中国必须坚持的生产方针和指导思想。周恩来于1959年视察河北井陉煤矿时指出："在煤矿，安全生产是主要的，生产和安全发生矛盾时，生产要服从安全。"近年来，党中央提出以人为本、科学发展、安全发展的思想，这对煤矿安全生产意义重大。以人为本，就要求在生产过程中以人的生命安全和身体健康为本，在生产活动中要实行安全第一的原则，决不可只讲生产，不顾安全。这些指示都为煤矿安全生产方针的提出和贯彻执行指明了方向。

2. 煤矿安全生产方针的含义

安全第一方针的提出具有极为重要的历史意义和不同寻常的思想内涵。安全第一，即确定安全具有最高价值，处于最为优先的地位（即安全优先原则），其他价值则处于从属地位。也就是说，在生产活动中，首先要树立人是最宝贵的思想，要优先考虑人的生命和健康免受危害和威胁。安全第一方针的精髓在于重视人的生命价值，并把它置于最高地位。不管伤亡人数是多是少，每起伤亡事故都是悲剧，都是应该努力加以避免的。因为人的生命的损失是不能靠生产创造的财富挽回的，而财富则可以再创造。

从安全生产的具体实践来说，安全第一就是要求各级政府、煤矿管理人员及职工把安全生产作为头等大事，把安全放在一切工作的首位，切实处理好安全与效益、安全与生产的关系。当生产建设等与安全发生矛盾时，安全是第一位的，努力做到不安全不生产、隐患不处理不生产、措施不落实不生产。

预防为主，就是把安全工作的重点放在预防方面，通过大量的预防工作确保安全生产。要根据煤矿事故发生的规律，采取有效的事前控制措施，坚决彻底地排除各种隐患，防微杜渐，防患于未然，把事故、隐患消灭在萌芽之中。

落实预防为主的方针必须坚持"事故可预防"的正确观点，建立"即使一起事故也嫌太多"的安全文化观念，坚决消除事故不可避免的思想，从根本上排除影响事故预防工作的思想障碍。事实上，在客观条件类似的不同煤矿，事故发生率相差很大，国内有的煤矿创造了生产数千万吨煤炭无死亡的先进水平，有的煤矿则事故接连不断。而国外有的先进国家煤矿职工事故伤亡率更已低于建筑业、林业和农业，甚至达到低于制造业等行业的水平。

实际上，人类现在已经掌握的安全管理、安全技术和安全培训等预防事故的知识和技术，如果能很好地运用，绝大多数是完全能有效预防事故发生的，或者即使有极少数事故不可避免地发生了，也能够减少对人的伤害。

就我国目前煤矿事故的发生原因而言，"人祸"居于绝对的主要地位，也就是说，绝大多数事故是人为原因造成的。各种行之有效的管理措施和技术预防措施之所以不能落实或不能发生应有作用，其根本原因在于人的因素。简言之，存在于人的心理和行为中的安全隐患居各种隐患之首，人为因素是主要隐患。要搞好煤矿事故预防工作，在切实做好技术预防、消除物质隐患的同时，还要深入研究人为因素在煤矿安全生产中的作用规律，坚决消除导致事故发生的各种人为因素。

预防为主是实现安全第一的前提条件。要实现安全第一，必须以预防为主。安全第一、预防为主是目标原则和手段措施的关系。安全第一是核心，是根本，不坚持安全第一，预防为主很难落到实处,甚至会成为一句空话;反之,只有坚持预防为主,才能主动、自觉、科学地预防,才能消灭隐患,减少事故,才能实现安全第一的目标要求。

三、煤矿安全生产方针的贯彻落实

落实煤矿安全生产方针的关键是坚持党中央提出的以人为本的科学发展观。经济发展的根本目的是增进人民群众的幸福安康,金钱至上、以物为本的发展观是与人类文明发展的方向背道而驰的,也是与经济发展的目的相违背的,更不符合共产党和人民政府的根本宗旨。

从实践中看,贯彻落实煤矿安全生产方针应当做到以下3点:

1. 坚持安全生产五要素到位和管理、装备、培训三并重的原则

国家安全生产监管总局提出的安全生产五个要素是安全文化、安全法制、安全责任、安全科技、安全投入。这五个要素涵盖了保障安全生产的各个方面,全面而科学,只要在这五个要素上落实到位,事故就会得到有效遏制,安全状况就会好转。

管理、装备、培训三并重的原则是我国煤矿安全生产实践经验的总结。安全管理、安全装备和安全培训是企业安全生产的三个基本保证,缺一不可。安全管理是煤矿安全生产的重要保证,严格和科学的安全管理,可弥补装备上的不足,能减少事故,保障安全生产;安全装备是实施安全作业、创造安全环境的工具,先进的技术装备可以提高工作效率,也可以创造良好的安全作业环境,避免事故的发生或减少事故损失;安全培训是提高职工安全素质的主要手段,许多事故的发生主要是安全意识淡薄或缺乏专业技术知识造成的。对全体煤矿职工特别是管理人员的安全培训是消除人为安全隐患的根本途径之一,只有强化安全培训,才能真正将煤矿安全生产方针落到实处。

2. 坚持煤矿安全生产方针标准

1985年,全国煤矿安全工作会议提出了全面落实安全生产方针的10条标准,其中多条至今仍有重要的指导作用。如:企业管理的全部内容和生产的全过程都要把安全放在首位,任何决定、办法、措施都必须有利于安全生产;把坚持"安全第一"方针作为选拔、任用、考核干部的重要内容;把安全工作纳入党政工作的重要议事日程和承包内容;把安全培训列入年度和月份生产及工作计划;建立健全安全生产责任制,层层落实;人、财、物优先保证安全生产需要;严肃认真、一丝不苟地执行《煤矿安全规程》、安全指令和文件;思想政治工作要贯穿到安全生产全过程;业务保安搞得好,安全教育广泛深入等。在当今安全生产等各项法规逐渐完善、生产技术进一步发展的形势下,这些标准还应不断充实完善。

3. 坚持各项行之有效的措施

为了深入贯彻安全生产方针,必须坚持以下各项措施:

一是要强化安全法制观念。必须树立依法行事、依法治理安全的观念。出了事故,不仅要追究有关责任人的行政、党纪责任,而且要依法追究有关人员的法律责任。

二是要建立健全安全生产责任制。落实煤矿主要负责人作为安全第一责任者的责任,严格执行矿长跟班下井制度。建立一套完善的安全生产责任制,将安全生产责任细化到每一个岗位、分解到每一个人。

三是建立安全生产管理机构或配备专职安全生产管理人员。

四是认真组织安全生产检查。

五是加大煤矿安全监察力度,做到从严执法,公正执法。

六是加强安全技术教育培训工作。抓好上岗资格培训和在岗复训工作,使全体职工学好安全生产方针、安全法律法规,了解本矿安全现状、本矿安全措施,熟知安全技术知识、掌握安全操作技能、自觉遵守法律规章,以减少和杜绝事故发生,确保安全生产。要使职工了解他们的工作现场和工作岗位所存在的各种危险因素及应急措施,使他们能有效地做好自主保安和相互保安。

七是关口前移,做好事故预防工作。把预防放在主要位置,预防在先,处处谨慎,坚决消除各种安全隐患,以达到防止灾变、控制事故发生的目的。

八是做好事故调查和处理工作。发生事故后,要按规定向上级报告,要坚持四不放过原则,即事故原因没有查清不放过;事故责任者没有严肃处理不放过;广大职工没有受到教育不放过;防范措施没有落实不放过。

九是加大对事故责任人的处罚力度。依法落实对事故责任人的处罚,以起到惩罚本人、警示他人的作用。

十是要切实保障矿工的安全生产权利。矿工是煤矿事故和职业病的主要受害者,处于弱势群体的地位,同时,他们也是最关心安全生产的群体。要切实落实法律赋予他们的安全生产权利,严格执行国家安监局关于让一线职工参与安全监察的政策,使他们敢于维护自己的安全,拒绝在危险状态下生产作业,从而使安全生产获得最强有力的保证。还要通过强有力的劳动监察和工会工作,确保工人政治、经济和劳动保障的权利,并创造条件减轻劳动强度,坚决避免延长劳动时间,不使他们在心理压抑和过度疲劳的状态下工作,这样才能从根本上确保工人安全作业的基本生理和心理条件,减少乃至消除人为操作差错,防止事故发生。

第二节 煤矿安全生产法律法规体系

一、安全生产法律法规体系

新中国成立以来,党和政府十分重视职业安全卫生工作,1956年6月由周恩来亲自主持、起草并通过了三个职业安全卫生法规,即《工厂安全卫生规程》《建筑工程安全技术规程》和

《职员、工人伤亡事故报告规程》,即著名的三大规程,为我国企业的职业安全卫生工作奠定了坚实的基础,开创了以工人阶级利益为根本利益的时代,在今天仍在发挥重要作用。

安全生产法律法规指为了改善劳动条件,保护劳动者在生产过程中的安全和健康,以及保障安全生产所采取的各种措施的法律规范的总和。是有关安全生产法律、行政法规、地方性法规、规章、规程和技术标准的总称。

我国目前的安全生产法律体系是包含多种法律形式和法律层次的综合性系统,从法律规范的形式和特点来讲,既包括作为整个安全生产法律法规基础的宪法规范,也包括行政法律规范、技术性法律规范、程序性法律规范。按法律地位及效力同等原则,安全生产法律体系分为以下七个门类:

1. 宪法

《宪法》是安全生产法律体系框架的最高层级,"加强劳动保护,改善劳动条件"是有关安全生产方面最高法律效力的规定。

2. 安全生产方面的法律

(1) 基础法

我国有关安全生产的法律包括基础法律《中华人民共和国安全生产法》(以下简称《安全生产法》)和与它平行的专门法律、相关法律。《安全生产法》是综合规范安全生产法律制度的法律,它适用于所有生产经营单位,是我国安全生产法律体系的核心。

(2) 专门法律

专门安全生产法律是规范某一专业领域安全生产法律制度的法律。我国在专业领域的法律有《中华人民共和国矿山安全法》《中华人民共和国海上交通安全法》《中华人民共和国消防法》《中华人民共和国道路交通安全法》等。

(3) 相关法律

与安全生产有关的法律是指安全生产专门法律以外的其他法律中涵盖有安全生产内容的法律,如《中华人民共和国劳动法》

《中华人民共和国职业病防治法》《中华人民共和国煤炭法》《中华人民共和国矿产资源法》等。

3. 安全生产行政法规

安全生产行政法规是由国务院组织制定并批准公布的,是为实施安全生产法律或规范安全生产监督管理制度而制定并颁布的一系列具体规定,是我们实施安全生产监督管理和监察工作的重要依据。我国已颁布了多部安全生产行政法规,如《国务院关于特大安全事故行政责任追究的规定》《煤矿安全监察条例》《安全生产许可证条例》《工伤保险条例》等。

4. 地方性安全生产法规

地方性安全生产法规是指由有立法权的地方权力机关——人民代表大会及其常务委员会和地方政府制定的安全生产规范性文件,是由法律授权制定的,是对国家安全生产法律、法规的补充和完善,以解决本地区某一特定的安全生产问题为目标,具有较强的针对性和可操作性。如目前我国有27个省(自治区、直辖市)人大制定了《劳动保护条例》或《劳动安全卫生条例》,有26个省(自治区、直辖市)人大制定了《矿山安全法》实施办法。

5. 部门安全生产规章、地方政府安全生产规章

根据《立法法》的有关规定,部门规章之间、部门规章与地方政府规章之间具有同等效力,在各自的权限范围内施行。国务院部门安全生产规章由有关部门为加强安全生产工作而颁布的规范性文件组成,作为安全生产法律法规的重要补充,在我国安全生产监督管理工作中起着十分重要的作用。如《煤矿安全规程》《爆破安全规程》《山东省煤矿重大事故隐患排查治理责任追究规定》等。

6. 有关安全生产的标准

安全生产标准是安全生产法规体系中的重要组成部分,也是安全生产管理的基础和监督执法工作的重要技术依据。技术类安

全生产标准大致分为设计规范类，安全生产设备、工具类，生产工艺安全卫生类和防护用品类四类标准。

7. 职业安全卫生方面的国际公约

国家签署的国际公约与国内法具有一样的法律效力。目前我国已签署的职业安全卫生和劳工权利方面的国际公约共23个。如155号《职业安全和卫生公约》、161号《职业安全卫生设施公约》、45号《井下劳动（妇女）公约》、167号《建筑业安全和卫生设施公约》、175号《建筑业安全和卫生建议书》、122号《就业政策公约》、170号《化学品公约》及联合国《经济、社会文化权利国际公约》等。

二、保障煤矿安全生产的主要法律法规

1. 《安全生产法》

(1) 《安全生产法》立法的目的、意义及适用范围

《安全生产法》于2002年6月29日由第九届全国人民代表大会常务委员会第二十八次全体会议通过，于2002年11月1日起施行。本法是安全生产的基础法律，是母法。

制定这部法律的目的，是为了加强安全生产的监督管理，防止和减少安全事故，保障人民群众生命和财产安全，促进经济发展。

其意义是四个需要，一是依法加强监督管理、安全监察依法行政的需要；二是预防和减少事故、保护人民群众生命和财产安全的需要；三是依法制裁安全生产违法犯罪的需要；四是建立和完善我国安全生产法律体系的需要。

关于《安全生产法》的适用范围，第二条规定了本法的空间效力和对人的效力，即在中华人民共和国领域内从事生产经营活动的单位（包括一切从事生产经营活动的企业事业单位和个体经济组织）的安全生产，适用本法；有关法律、行政法规对消防安全和道路交通安全、铁路交通安全、民用航空安全另有规定的，适用其规定。

(2)《安全生产法》的主要内容

本法共有七章 97 条。第一章总则、第二章生产经营单位的安全生产保障、第三章从业人员的权利和义务、第四章安全生产的监督管理、第五章生产安全事故的应急救援与调查处理、第六章法律责任、第七章附则。

(3)《安全生产法》的基本原则

1) 人身安全第一原则。

2) 预防为主的原则。

3) 权责一致的原则。

4) 社会监督综合治理的原则。

5) 依法从重处罚的原则。

(4)《安全生产法》确定的七项法律制度

1) 安全生产保障制度。

2) 安全权利义务制度。

3) 安全责任追究制度。

4) 安全中介服务制度。

5) 安全监督管理制度。

6) 事故应急处理制度。

7) 法律责任制度。

(5) 从业人员的安全生产权利

保障从业人员的安全生产权利是宪法精神所要求，是生产经营单位的法定义务和责任，也是安全生产立法的重要内容。重视和保护从业人员的生命权，是贯穿《安全生产法》的主线。

然而目前我国从业人员的安全生产权利保护的现状仍存在一些不容忽视的问题。许多企业老板以最低的生产成本和安全投入，把从业人员置于作业条件极其简陋恶劣或者极端危险的作业场所中，没有基本的人身保障，或者强令职工冒险作业"要钱不要命"，榨取超额利润，严重侵犯了从业人员的安全生产权利。鉴于以往有关法律多未明确设定违法者应负的法律责任，且缺乏强制性和操作性，《安全生产法》第三章对从业人员的安全生产权利作了比较全面、明确的规定，并设定了严格的法律责任，为保障从业人员的合法权益提供了法律依据。这些安全生产权利可概括为以下八个方面：

1) 享受工伤保险和伤亡求偿权。第44条规定，生产经营单位与从业人员订立的劳动合同，应当载明有关保障从业人员劳动安全、防止职业危害的事项，以及依法为从业人员办理工伤社会保险的事项。生产经营单位不得以任何形式与从业人员订立协议，免除或者减轻其对从业人员因生产安全事故伤亡依法应承担的责任。

第48条规定，因生产安全事故受到损害的从业人员，除依法享有工伤社会保险外，依照有关民事法律尚有获得赔偿的权利的，有权向本单位提出赔偿要求。

2) 危险因素和应急措施的知情权。第45条规定，生产经营单位的从业人员有权了解其作业场所和工作岗位存在的危险因素、防范措施及事故应急措施。

3) 安全管理的批评检控权。即有权对本单位安全生产工作中存在的问题提出批评、检举、控告。

4) 拒绝违章指挥和强令冒险作业权。第46条规定，从业人员有权对本单位安全生产工作中存在的问题提出批评、检举、控告；有权拒绝违章指挥和强令冒险作业。生产经营单位不得因从业人员对本单位安全生产工作提出批评、检举、控告或者拒绝违章指挥、强令冒险作业而降低其工资、福利等待遇或者解除与其订立的劳动合同。

5) 紧急情况下的停止作业和紧急撤离权。第47条规定，从业人员发现直接危及人身安全的紧急情况时，有权停止作业或者在采取可能的应急措施后撤离作业场所。生产经营单位不得因从业人员在紧急情况下停止作业或者采取紧急撤离措施而降低其工资、福利等待遇或者解除与其订立的劳动合同。

6) 建议权。第 45 条规定，从业人员有权对本单位的安全生产工作提出建议。

7) 获得符合国家标准或者行业标准劳动防护用品的权利。第 37 条规定，生产经营单位必须为从业人员提供符合国家标准或者行业标准的劳动防护用品，并监督、教育从业人员按照使用规则佩戴、使用。

8) 获得安全生产教育和培训的权利。第 21 条规定，生产经营单位应当对从业人员进行安全生产教育和培训，保证从业人员具备必要的安全生产知识，熟悉有关的安全生产规章制度和安全操作规程，掌握本岗位的安全操作技能。未经安全生产教育和培训合格的从业人员，不得上岗作业。

（6）从业人员安全生产义务

作为法律关系内容的权利与义务是对等的，从业人员依法享有权利，同时也必须承担相应的法律义务和法律责任。《安全生产法》关于从业人员的安全生产义务主要有以下三项：

1) 遵章守规，服从管理及正确佩戴和使用劳保用品的义务。
2) 接受培训，掌握安全生产技能的义务。
3) 发现事故隐患及时报告的义务。

2.《矿山安全法》

（1）《矿山安全法》立法的目的

《矿山安全法》于 1992 年 11 月 7 日由第七届全国人民代表大会常务委员会第二十八次会议通过，自 1993 年 5 月 1 日起施行。其立法目的是：防止矿山事故，保护矿山职工的人身安全，促进采矿工业健康发展，健全矿山法制。

（2）《矿山安全法》的主要内容

该法共八章 50 条。第一章总则、第二章矿山建设的安全保障、第三章矿山开采的安全保障、第四章矿山企业的安全管理、第五章矿山安全的监督和管理、第六章矿山事故处理、第七章法律责任、第八章附则。

主要内容包括：矿山建设工程的安全设施必须和主体工程同时设计、同时施工、同时投入生产和使用；矿井的通风系统，供电系统，提升、运输系统，防水、排水系统和防火、灭火系统，防瓦斯和防尘系统必须符合矿山安全规程和行业技术规范；矿山企业职工有权对危害安全的行为，提出批评、检举控告；矿山企业必须对职工进行安全教育、培训，未经安全教育、培训的，不得上岗作业；矿山企业安全生产的特种作业人员必须接受专门培训，经考核合格取得操作资格证书的，方可上岗作业；矿长必须经过考核，具备安全专业知识，具有领导安全生产和处理矿山事故的能力；矿山企业必须对瓦斯爆炸、煤尘爆炸、冲击地压、瓦斯突出、火灾、水害冒顶等危害安全的事故隐患采取预防措施；已投入生产的矿山企业，不具备安全生产条件而强行开采的要责令限期改进，逾期仍不具备安全生产条件的，责令停产整顿或吊销其采矿许可证和营业执照；矿山企业主管人员违章指挥、强令工人冒险作业而发生重大伤亡事故的，以及对矿山事故隐患不采取措施而发生重大伤亡事故的，依照刑法规定追究刑事责任等。

以上这些内容都从矿山建设和开采的安全保障、矿山企业的安全管理、安全监督和管理及法律责任等方面作了法律界定和要求，无疑对规范矿山安全生产起到保障作用。

3.《煤炭法》

(1)《煤炭法》立法的目的

《煤炭法》于1996年8月29日第八届全国人民代表大会常务委员会第二十一次会议通过，1996年12月1日起施行。立法目的是合理开发利用和保护煤炭资源，规范煤炭生产、经营活动，促进和保障煤炭行业的发展。

(2)《煤炭法》的主要内容

该法共八章81条。第一章总则、第二章煤炭生产开发规划与煤矿建设、第三章煤炭生产与安全管理、第四章煤炭经营、第五章煤矿矿区保护、第六章监督检查、第七章法律责任、第八章附则。该法确立了坚持安全第一、预防为主的安全生产方针，提出了保障国有煤矿的健康发展；开发利用煤炭资源，应当遵守环保法规、法律，做到使环境保护设施与主体工程同时设计、同时施工、同时验收、同时投入使用；严格实行煤炭生产许可证制度和安全生产责任制度及上岗作业培训制度；加强矿区保护，加强煤矿企业监督检查，要求煤矿企业依法办事；维护煤矿企业合法权益，禁止违法开采、违章指挥、滥用职权、玩忽职守、冒险作业、依法追究煤矿企业管理人员违法责任等。该法对煤矿企业的健康发展具有重大意义。

4. 《行政处罚法》

(1) 立法依据

《行政处罚法》于1996年3月17日第八届全国人民代表大会第四次会议通过，同年10月1日起施行。根据《行政处罚法》的规定，该法的立法依据是："为了规范行政处罚的设定和实施，保障和监督行政机关有效实施行政管理，维护公共利益和社会秩序，保护公民、法人或者其他组织的合法权益，根据宪法，制定本法。"

(2) 行政处罚的原则

行政处罚遵循公正、公开的原则。设定和实施行政处罚必须以事实为依据，与违法行为的事实、性质、情节以及社会危害程度相当。对违法行为给予行政处罚的规定必须公布；未经公布的，不得作为行政处罚的依据。

(3) 行政处罚的种类

根据本法第8条规定，行政处罚的种类包括：警告；罚款；没收违法所得；没收非法财物；责令停产停业；暂扣或者吊销许可证、暂扣或者吊销执照；行政拘留；法律、行政法规规定的其他行政处罚。

(4) 行政处罚的实施机关和管辖原则

行政处罚由具有行政处罚权的行政机关在法定职权范围内实施。行政处罚法的管辖分为地域管辖、指定管辖和移送管辖。

(5) 法律责任

对行政机关在实施行政处罚时的违法行为应负的法律责任本法规定共 8 种。主要是对行政机关违法实施行政处罚行为、包庇纵容违法行为、牟取私利行为和玩忽职守行为，以及对罚款和没收、扣押财物过程中的违法行为等应负的法律责任。

另外，本法还对被处罚当事人的权利、行政处罚的程序、行政处罚的执行做了规定。

5.《煤矿安全监察条例》

(1) 本条例的制定目的、主要内容和意义

本条例于 2000 年 11 月 7 日以国务院第 296 号命令颁布，于 2000 年 12 月 1 日起施行。条例共有五章 50 条。该条例明确了煤矿安全监察制度、权力、地位、职责、监察内容、行政处罚种类、工作原则及与政府的关系等，是我国第一部较为全面的煤矿安全监察的行政法规，1999 年 12 月 20 日国务院办公厅下发国务院关于我国煤矿安全管理监督体制改革实施方案，由国家煤矿安全监察局负责煤矿安全监察，在 20 个省级地区设立省煤矿安全监察局、成立 69 个办事处，实行中央垂直管理。《煤矿安全监察条例》的制定满足了煤矿安全监察体制改革的需要，对煤矿安全监察机构开展工作，改变和促进我国煤矿安全状况根本好转具有重要意义。

制定《煤矿安全监察条例》的目的是：保障煤矿安全、规范煤矿安全监察工作，保护煤矿职工人身安全和健康，促进煤矿健康发展。

(2) 煤矿安全监察行政处理、处罚的种类

2003 年 8 月 15 日起施行的《煤矿安全监察行政处罚暂行办法》对违法行为的处理、处罚主要有以下几种情况：

1) 责令停止生产（施工）。责令停产没有具体的时间限制，

只有当停止生产的原因得到解决方可恢复生产。

2) 责令限期达到要求（改正）。如果在限期内达不到要求或不改正，则采取更严厉的处罚。

3) 责令停产整顿。通常由有权作出该决定的机关作出整顿合格、恢复生产的决定。

4) 罚款。责令有违法行为的单位或个人缴纳一定的金钱，属于经济制裁。

5) 责令改正。在给予责令改正立即纠正其违法行为的同时，还可以并处罚款。

6) 吊销煤炭生产许可证。没有煤炭生产许可证，就不能再进行煤炭生产活动。

7) 各种行政纪律处分。可分别给予警告至开除的纪律处分。

8) 追究刑事责任。已构成犯罪的，要依法追究其刑事责任。

6.《安全生产许可证条例》

（1）本条例的制定目的和适用范围

2004年1月13日国务院以第397号令公布了《安全生产许可证条例》，并于公布之日起施行。制定该条例的目的是："为了严格规范安全生产条件，进一步加强安全生产监督管理，防止和减少生产安全事故。"其适用范围为："矿山企业、建筑施工企业和危险化学品、烟花爆竹、民用爆破器材生产企业。"

企业未取得安全生产许可证的，不得从事生产活动。

（2）企业取得安全生产许可证应当具备的安全生产条件

1) 建立健全安全生产责任制，制定完备的安全生产规章制度和操作规程。

2) 安全投入符合安全生产要求。

3) 设置安全生产管理机构，配备专职安全生产管理人员。

4) 主要负责人和安全生产管理人员经考核合格。

5) 特种作业人员经有关业务主管部门考核合格，取得特种作业操作资格证书。

6）从业人员经安全生产教育和培训合格。

7）依法参加工伤保险，为从业人员缴纳保险费。

8）厂房、作业场所和安全设施、设备、工艺符合有关安全生产法律、法规、标准和规程的要求。

9）有职业危害防治措施，并为从业人员配备符合国家标准或者行业标准的劳动防护用品。

10）依法进行安全评价。

11）有重大危险源检测、评估、监控措施和应急预案。

12）有生产安全事故应急救援预案、应急救援组织或者应急救援人员，配备必要的应急救援器材、设备。

13）法律、法规规定的其他条件。企业进行生产前，应当依照本条例的规定向安全生产许可证颁发管理机关申请领取安全生产许可证，并提供本条例规定的相关文件、资料。

7.《煤矿安全规程》

新《煤矿安全规程》于2004年10月18日由中国国家安全生产监督管理局局务会审议通过，2004年11月3日以第十六号令发布，自2005年1月1日起施行。2001年11月1日施行的《煤矿安全规程》同时废止。

这是《煤矿安全规程》自1951年颁布以来的第9版第8次修订。1951年由燃料工业部组织制定了第一部煤矿安全规程——《煤矿技术保安试行规程》（草案）。当时中国刚刚摆脱帝国主义、官僚资本主义和封建地主阶级的压迫和剥削，煤矿安全生产条件极差，技术水平很低，第一部煤矿安全规程有力地促进了煤矿安全生产和煤炭工业的恢复。后又经1955年、1961年、1972年、1980年、1986年、1992年和2001年多次修订到目前新版规程，逐渐提高和完善。

（1）《煤矿安全规程》的目的及意义

《煤矿安全规程》的目的是保障煤矿安全生产和职工人身安全，防止煤矿事故。本次修订的《煤矿安全规程》是在吸取近年来事故教训、总结一个时期以来工作经验基础上完成的。它的颁布和实施，对于改善煤矿安全生产基本条件，提高煤矿安全工作水平和技术装备，减少各类事故，遏制煤矿重特大事故的发生，保障煤矿职工人身安全和健康，具有十分重要的现实意义。

《煤矿安全规程》是我国指导煤矿安全生产和管理最权威的一部技术规章，是国家关于安全生产方面的方针政策及法律、法规的具体化，体现了广大煤矿职工的切身利益。新《煤矿安全规程》是贯彻落实"安全第一，预防为主"方针，贯彻落实《安全生产法》《煤炭法》《煤矿安全监察条例》《安全生产许可证条例》等安全生产法律法规的具体实现，是各类煤矿进行设计、建设、生产和管理必须遵循的安全准则。

（2）新《煤矿安全规程》的特点

一是解决了《煤矿安全规程》法律地位问题。以国家局（国家安全生产监督管理局）令的形式颁布，使《煤矿安全规程》成为部门规章。

二是新《煤矿安全规程》对防范煤矿瓦斯爆炸做出了更加严格的规定，如"有瓦斯事故隐患的采煤工作面，不得采用前进式采煤方法"（第48条）；"必须按实际供风量核定矿井产量，严禁超通风能力生产"（第104条）；工作面必须有足够的新鲜风流，工作面及其回风巷的风流中的瓦斯和二氧化碳浓度必须符合安全标准（第116条）等。这些规定都是为了防止不恰当的开采方式给矿井的瓦斯管理带来安全隐患。

（3）新《煤矿安全规程》的主要内容

新《煤矿安全规程》共有四编751条。第一编总则，规定煤矿必须遵守有关安全生产的法律法规，规章规程、标准和技术规范，建立各类人员安全生产责任制，即安全目标管理制度、安全奖惩制度、安全技术措施审批制度、安全隐患排查制度、安全检查制度、安全办公会议等制度。并要求"煤矿企业必须设置安全生产机构，配备适应工作需要的安全生产人员和装备"（第

4条)。

新《煤矿安全规程》增加了设备、设施检查维修制度，即"煤矿企业必须建立各种设备、设施检查维修制度，定期进行检查维修，并做好记录"。

第二编井工部分，规定开采、"一通三防"管理、提升运输、机电管理、煤矿救护，以及爆破作业涉及的安全生产行为标准。

第三编露天部分，规范了采剥、运输、排土、滑坡和水火防治、电气及设备检修标准。

第四编职业危害，规定必须做好职业危害的防治与管理工作和职业卫生劳动保护工作，使职工健康得到保护。

（4）关于群众监督、职工安全权利和安全培训的规定

第五条：煤矿安全工作必须实行群众监督。煤矿企业必须支持群众安全监督组织的活动，发挥职工安全监督的作用。

职工有权制止违章作业，拒绝违章指挥；当工作地点出现险情时，有权立即停止作业，撤到安全地点；当险情没有得到处理不能保证人身安全时，有权拒绝作业。

第六条：煤矿企业必须对职工进行安全培训。未经安全培训的，不得上岗作业。

（5）关于编制矿井灾害预防和处理计划的规定

第九条：煤矿企业必须编制年度灾害预防和处理计划，并根据具体情况及时修改。灾害预防和处理计划由矿长负责组织实施。煤矿企业每年必须至少组织一次矿井救灾演习。矿井灾害预防和处理计划是指为了防止灾害的发生和一旦发生事故后，预先制定的抢险救灾方案。它是煤矿生产建设活动必不可少的安全管理措施。

第三节　对危害煤矿安全生产行为的法律制裁

对违反安全法规的违法者进行法律责任的追究（即法律制裁），是法律权威性、威慑力的具体体现。对于失职、渎职造成严重后果的，必须依法追究有关责任人员的法律责任，给予刑事、行政和民事制裁，才能有效保证安全生产。我国煤矿安全生产的状况之所以如此严峻，伤亡事故之所以触目惊心，与其他国家相比之所以差距很大，一个很重要的方面就在于法律制裁的不足，在对事故责任人员的制裁方面存在大事化小，小事化了，以罚代刑现象，使法律的威严不能令违法者望之却步。

一、刑事制裁

根据刑法等法律的规定，安全生产方面的刑事责任的追究，主要有以下几种情况：

1. 违反法规和规章制度造成重大事故的。违反法规和规章制度追究的对象可能是企业经营管理者，也可能是事故直接责任人。

2. 存在隐患拒不整改造成重大事故的。企业存在事故隐患，安全生产执法部门提出改进意见或者职工提出改进建议后，仍不整改，以致发生重大事故的，追究的对象主要是企业经营管理者和主管负责人。生产性企业、事业单位的劳动安全设施不符合国家规定，经有关部门或者单位职工提出后，对事故隐患仍不采取措施，造成重大事故的，对直接责任人员，依法应处3年以下有期徒刑或者拘役；情节特别严重的，处3年以上7年以下有期徒刑。

3. 违章指挥、违反劳动纪律造成重大事故的。企业管理人员强令工人违章冒险作业，或者企业职工由于不服管理、违反规章制度和违反爆炸性、易燃性、放射性、毒害性、腐蚀性物品的管理规定，在生产、储存、使用、运输中发生重大伤亡事故或者造成其他严重后果的，追究企业主管负责人和职工的法律责任。刑法规定，对上述人员处3年以下有期徒刑或者拘役；情节特别严重的，处3年以上7年以下有期徒刑。

4. 建设、设计、施工、工程监理单位降低工程质量标准造成重大事故的。对于建设、设计、施工、工程监理单位违反国家规定，降低工程质量标准，造成重大安全事故的，追究的对象主要是单位直接责任人员。刑法规定，应处5年以下有期徒刑或者拘役；后果特别严重的，处5年以上10年以下有期徒刑。

5. 国家机关工作人员失职、渎职和徇私舞弊造成重大事故的。国家机关工作人员因滥用职权或者玩忽职守以及徇私舞弊，致使公共财产、国家和人民利益遭受重大损失的，刑法规定处3年以下有期徒刑或者拘役；情节特别严重的，处3年以上7年以下有期徒刑。国家机关工作人员徇私舞弊的，处5年以下有期徒刑或者拘役；情节特别严重的，处5年以上10年以下有期徒刑。

另外，根据《安全生产法》的规定，不依照该法规定保证安全生产所必需的资金投入，或生产经营单位主要负责人未履行该法规定的安全生产管理职责导致发生生产安全事故，或在本单位发生重大生产安全事故时，不立即组织抢救，在事故调查处理期间擅离职守或者逃匿的，以及对生产安全事故隐瞒不报、谎报或者拖延不报，构成犯罪的，均依照刑法有关规定追究刑事责任。

二、行政制裁

由于过失或者没有履行工作职责造成安全事故，尚未构成犯罪的，对国家机关工作人员、国有企事业单位负责人，可根据情节追究有关责任人员的行政责任，即给予行政处分。行政处分包括开除公职、撤职、降级、记过、警告等。从现行的安全法规看，许多法规只是列出了违反某一规定，对主管人员和直接责任人员由其上级主管机关或者监察机关给予行政处分，关于行政责任追究处分的等级并没有具体的量化标准。国务院颁布的《国务院关于特大安全事故行政责任追究的规定》和《危险化学品安全管理条例》，对违反法规行为的行政处分，作出了具体的量化标准，这是今后法律法规发展、完善的必然趋势。

目前，对国家机关工作人员、国有企事业单位负责人在安全生产工作方面的以下四种行为给予行政处分：

1. 对本辖区和本单位存在重大事故隐患不闻不问，放纵任其发展，以致造成伤亡事故的。

2. 不具备安全生产的条件，冒险蛮干，以致发生伤亡事故的，或经有关部门指出，并责令其改正，逾期仍未整改，发生伤亡事故的。

3. 疏于安全监督和管理，未按国家有关法律、法规、规章制度和程序办事，以致造成伤亡事故的。

4. 国家行政机关、中介机构未履行职责，或收受贿赂，弄虚作假，违规审批、许可、发证的，或者出具不实证书等，以致造成伤亡事故的。

国家安全生产监督管理部门在安全执法检查工作中，实施行政处罚是追究有关责任人员行政责任的另一种形式。行政处罚的种类有：警告，罚款，没收违法所得、没收非法财物，责令停产停业，暂扣或者吊销许可证、暂扣或者吊销执照，行政拘留，法律、行政法规规定的其他行政处罚。

其中的罚款处罚适用于以下两种情况：第一种是在安全生产活动中针对具体的违法行为，实施一定数额的经济处罚，一般处以 5 万元以下金额的罚款，最高处罚金额达 20 万元。《中华人民共和国职业病防治法》《危险化学品安全管理条例》中，最高已出现 50 万元的经济处罚，开始呈现重罚打击的态势；第二种是对扰乱正常的安全生产经营秩序的行为，根据违法所得实施倍数罚款，一般为 1 倍以上 5 倍以下的罚款。此外，一些法规还制定了加重处罚条款和数种违法行为合并处罚的规定，以及对当事人收到罚款通知书后，逾期不缴纳的，加收滞纳金的处罚规定。

三、民事制裁

根据《安全生产法》等法规应追究民事责任的情况有：

1. 承担安全评价、认证、检测、检验工作的机构出具虚假证明，给他人造成损害的，与生产经营单位承担连带赔偿责任。

2. 生产经营单位将生产经营项目、场所、设备发包或者出租给不具备安全生产条件或者相应资质的单位或者个人，导致发生生产安全事故，给他人造成损害的，与承包方、承租方承担连带赔偿责任。

3. 生产经营单位发生生产安全事故造成人员伤亡、他人财产损失的，应当依法承担赔偿责任。

4. 因生产安全事故受到损害的从业人员，除依法享受工伤社会保险外，依照有关民事法律尚有获得赔偿的权利的，有权向本单位提出赔偿要求。

四、刑事制裁

2006年6月29日第十届全国人民代表大会常务委员会第二十二次会议通过了《中华人民共和国刑法修正案（六）》，该修正案自公布之日起施行。

修正后的《刑法》中"第二章危害公共安全罪"对煤矿安全生产犯罪的刑事制裁规定主要有：

第134条规定，在生产、作业中违反有关安全管理的规定，因而发生重大伤亡事故或者造成其他严重后果的，处3年以下有期徒刑或者拘役；情节特别恶劣的，处3年以上7年以下有期徒刑。

强令他人违章冒险作业，因而发生重大伤亡事故或者造成其他严重后果的，处5年以下有期徒刑或者拘役；情节特别恶劣的，处5年以上有期徒刑。

第135条规定，安全生产设施或者安全生产条件不符合国家规定，因而发生重大伤亡事故或者造成其他严重后果的，对直接负责的主管人员和其他直接责任人员，处3年以下有期徒刑或者拘役；情节特别恶劣的，处3年以上7年以下有期徒刑。

第 139 条规定,在安全事故发生后,负有报告职责的人员不报或者谎报事故情况,贻误事故抢救,情节严重的,处 3 年以下有期徒刑或者拘役;情节特别严重的,处 3 年以上 7 年以下有期徒刑。

复习思考题

1. 我国煤矿安全生产方针的含义是什么?提出这一方针有什么重要意义?
2. 试述我国煤矿安全生产法律法规体系的组成。
3. 《安全生产法》规定的从业人员的安全生产权利有哪些?
4. 《矿山安全法》立法的目的是什么?
5. 《煤矿安全监察条例》的立法背景和制定目的是什么?
6. 2005 版《煤矿安全规程》有什么新的特点?
7. 重大责任事故罪的构成与量刑是怎样的?
8. 构成重大劳动安全事故罪应当符合哪些条件?

第二章 煤矿安全心理学在安全工作中的应用

第一节 煤矿安全心理学概述

一、什么是煤矿安全心理学

安全心理学是一门近二十几年来兴起的新学科,属于安全科学的一个领域,近十几年来发展很快。

安全心理学亦称"劳动安全心理学"或"工业安全心理学"。安全心理学是以防止生产事故和保护劳动者的生命安全和健康为目的,研究工业事故的发生和预防中人的心理作用规律的一门学科。

虽然引起事故的原因可能是多方面的,但安全心理学有自己的特定研究对象,它主要研究其中人的心理(包括行为)因素的作用规律。它是用心理学的原理和方法来研究人类生产活动中安全问题的一门应用科学。安全心理学既是心理科学的一个分支学科,又是安全科学基础理论和应用理论的一部分。

煤矿安全心理学是安全心理学的一个特殊而且非常重要的研究和应用领域,它结合煤矿生产活动的实际,是研究煤矿事故的发生和预防中人的心理因素及其作用规律的一门科学。其学科的目的是为保护煤矿职工的健康和生命安全,为搞好煤矿安全生产服务。

二、有关事故致因的两个基本因素

1. 人的作业可靠性

在生产劳动的过程中，每个作业者作为处在复杂社会关系中的人，都会受到来自自然、社会、企业、家庭以及具体的工作环境和劳动群体等外界环境中许多复杂多变的不利因素及个人生理、心理特点中异常因素的作用的影响，使人的生理、心理状态发生不利变化，导致作业可靠性降低，以致出现人为失误或差错，从而导致事故的发生。

作业可靠性是指作业者在规定的条件下和规定时间内完成规定任务的能力。

在人机系统中，人相对于机器来说，虽然具有创造性思维和灵活的对意外情况的应变能力等机器所无法比拟的优点，但同时又有明显的缺点，即常表现出较低的作业可靠性。人不像机器那样能够严格按照设计的性能和预定的程序进行作业（当然机器也存在可靠性问题，也会出现故障，但这在很多情况下又与人的因素有关，如设计不周、质量较低、使用不当、缺乏维护等）。然而，这并不是说人不可能达到较高的作业可靠性，而是说由于容易受各种内部和外部的因素的干扰，使人的心理和行为失去稳定性，从而表现为作业可靠性降低。

常见的内部干扰因素和外部干扰因素见表2—1。

2. 生产现场中的致创因素

致创即导致创伤，包括导致伤亡和疾病。通常把有可能导致生产创伤的各种因素均称为致创因素。我们可以把致创因素看作创伤事故的各种致因的总称，它主要包括两个方面的因素，即人的心理和行为因素和"物"的因素。"物"的致创因素也就是"生产现场中的致创因素"。有时人们也称之为"危险源"。

工业生产总是在一定的空间中进行的，即生产空间或生产现场。如煤矿井下的各种巷道、工作面、工厂的车间、厂房及其他与生产流程有关的场地。在一般情况下，生产空间常常布置很多机器、各种管线和运输设备，还常放有生产使用的原材料及产品，在包括人力在内的各种形式的动力源的作用下，便构成不断运行

表 2—1　　常见的内部干扰因素和外部干扰因素

内部干扰因素	①不良的生理、心理状态，如疲劳、情绪波动（如愤怒、恐惧、惊慌、时间紧迫感等）、注意分散或不注意、睡眠不足或大脑觉醒水平低、生理节律低谷期等 ②个性心理特征（如能力、气质、性格等）中的一些与职业的不适应因素或不良因素 ③遗传生理、心理缺陷或患有身体和精神疾病等 ④安全知识、技能训练水平和工作经验方面的欠缺 ⑤安全意识差、职业道德和价值观上的缺陷等
外部干扰因素	①不良的自然环境，如噪声、振动、高温或低温、高湿、照明不足、粉尘或烟雾、有害有毒气体、生产空间狭窄或布置不合理 ②不良的社会环境，如管理行为恶劣或不当、社会不良的价值观、安全文化上的缺陷、安全管理松弛、法律与制度方面的缺陷等 ③操作系统、信号装置、仪表等的设计存在安全人机工程学上的不合理因素 ④工作岗位、工种或场地的变动 ⑤过高的工作负荷，如作业强度过高、劳动时间过长、作业姿势的限定等 ⑥个人生活中的变动因素，如亲友亡故、家庭纠纷等 ⑦药物、毒物（包括酒精）等作用于人体而造成的影响 ⑧文化教育、安全教育培训不足

的生产系统。在工业的生产系统中，往往存在着很多致创因素。

根据致创因素性质的不同分四种列举如下：

（1）可能导致伤害的能量，如瓦斯积聚、透水、明火，电缆漏电或裸露的带电体，与人员无隔离的运动中车辆及其装载物、暴露的设备运转部件，放炮崩出的煤或岩石等。

（2）可能直接导致身体创伤的物体或场所，如不稳固（易倾倒、掉落、弹出等）的支架、工具、设备、设备部件、材料，地面不平、积水或湿滑，有坠落危险的工作地点、乘坐物或蹬踏物，工作场所尖锐锋利的突出物等。

（3）矿井生产和建设中有危害的环境因素和物质，如危险的大气环境（如瓦斯、煤尘、岩尘、烟雾、一氧化碳、硫化氢等有毒有害气体及缺氧)、噪声、振动、照明与通风(新鲜空气供应)不良,空间狭窄、杂乱,放射性、电磁性、腐蚀性、生物性危害及其他有毒有害物质等。

(4)易导致心理性伤害的因素,如心理压力过大或过度应激,精神刺激性环境或事件,心理、生理异常状态下作业等。

以上各种致创因素,在不同的生产部门和不同的职业工种中存在的数量和强度是不同的。有的只存在极少的几种,有的则可能有很多种。煤矿是致创因素最多的生产现场之一。上述工业生产中的各种致创因素煤矿绝大部分都存在。这些致创因素构成了煤矿事故原因的"物"的方面。

三、事故是人的失误与生产现场的致创因素在时空上相结合的结果

显而易见,生产现场中的致创因素(以下简称致创因素)是事故发生的一个重要原因。如果不存在致创因素,事故就不会发生。但是,致创因素是相对于人的活动而言的,如果人不可能接触到它,也就不成其为致创因素。也就是说,各种致创因素在不与人体接触时,不会构成危险或造成事故。为此,人们在机器或工程设计阶段就增设了各种防护装置或用具,使人接触不到致创因素,或当人发生失误时,也能避免构成危险或人体危害。但目前,现有的防护技术还不能完全有效地消除所有致创因素,在许多生产部门有很多致创因素还难以有效防护。而且,任何防护装置或设施都需要人们经常检查、检测和维修,才能保持其有效性。因此,各生产部门对几乎每一工种都制定有严密细致的作业规程和安全管理制度,以规范人的行为,强制作业人员按照符合安全要求的程式进行作业。如果作业者能够严格按照这些作业规程去工作(即保持高度的作业可靠性),即使在致创因素很多的生产现场,保证安全生产一般也是没有问题的。然而,有些作业人员常常会受各种内外因素的影响,而发生各种有意的不安全行为或无意性失误。而当这些不安全行为或失误在时空上与致创因

素结合时，便会导致创伤的发生。这是绝大多数事故的致因模式。国内外大量的调查统计表明，由于以人的不安全行为为主而导致的事故占事故总数的70%～90%。

另外，应当指出的是，有许多致创因素与人的作业可靠性降低是互为因果的。一方面，人的失误或不安全行为是产生致创因素的重要原因。例如，为了图方便而拆除安全装置或设施，或将设备、物料或产品安装或放置于不适当的位置；为了求速度或追求一时的经济利益而降低工程和生产用材料的质量。另一方面，有些致创因素也直接导致人的作业可靠性降低，或者说导致人的失误，引发不安全行为。如恶劣的生产环境，像高噪声、高温或过冷、刺激性气体等，会使人的生理和心理机能紊乱，情绪失常，产生急于摆脱困境的动机而引起各种无意性失误的增加和有意性不安全行为的发生。

综上所述，事故的发生主要有两方面的因素，即人的作业可靠性的降低和生产现场的致创因素的存在。其中，任何一个方面的改善或消除都会减少或阻止事故的发生。不过，我们应该最终确立这样一个观点：生产活动的主体是人。安全生产的好坏或者说事故发生率的高低，人是决定因素，而且物的因素也常与人的因素相联系。

四、人的心理和行为因素在事故致因中的地位

安全的工作条件包括性能完善的生产设备、防护装置，先进的操作系统和安全良好的工作环境，是防止事故发生的最重要的因素。但是，在像煤矿这样的生产条件较恶劣的工作现场，要建立很安全的工作条件，一方面，需要耗费大量的资金；另一方面，建立安全的工作条件有待于人们对特定的生产过程以及人与环境、人与机器的相互作用的特点和规律的认识，并有赖于整个科学技术的不断发展，才能逐步设计并制造出具有完善的安全防护性能的生产设备。这些都必须经过一个较长的过程，不可能很快实现。此外，新技术开发有时也会出现未曾预料的各种大大小

小的灾害危险,随着人类生产活动的不断发展,新的问题同样会不断出现。总之,安全技术的发展是一个永无休止的过程,不可能一劳永逸。因此,人们应该选择这样的解决途径,即在不断创造安全的工作条件的同时,要从人的心理和行为因素方面采取措施,发挥人的主导性作用,尽量减少事故的发生。而安全心理学正是从人的心理规律方面研究安全问题,因此,它能在这方面发挥重要作用。

事实上,许多调查和统计结果表明,在构成伤亡事故的人与物两大因素中,人的失误占主要地位。据美国20世纪50年代统计,在75 000件伤亡事故中,天灾仅占2%,即98%的事故在人的能力范围内是可以预防的。在可防止的全部事故中,从人的方面分析,由于人的不安全行为造成的事故占88%,与不安全行为无关的只占12%。从物的方面分析,与机械不安全状态和物质危害(大致类同于本书所讲的"致创因素")有关的事故占78%。

我国工伤统计资料表明,我国企业工伤事故产生的原因,60%～85%与人的不安全行为有关(见表2—2)。

表2—2　　　　　我国各行业人因事故比例表

行业名称	道路交通	航空	核电	石油化工	矿山
人因事故的比例	57%(完全由人为引起)	90%(包含人的因素)	70%～80%	60%以上	60%以上	85%

据统计,在煤矿事故中,由于各种"违章"行为而发生的事故占事故总数的绝大部分。如淮北矿务局对历年死亡事故的统计分析表明,90%以上的事故是因"三违"造成的。尽管用"违章"一词难以揭示其中包含的无意性失误的实质,但这些数据说明,在煤矿事故中人的因素亦占主要地位。

以上材料总的表明,在大部分事故当中,尽管有"机"或物的不安全状态存在，但没有人的不安全行为这个因素，是极少引发成事故的。也因此可以认为，在安全生产和事故防治中，重视人的心理和行为因素，应成为抓好安全工作的一条重要途径。煤矿是伤亡事故发生率很高的生产部门，死亡人数多年来都占到整个工业部门死亡总数的 40%，研究煤矿安全心理学，可为减少以至消除在众多不幸事故中占有相当比重的心理和行为因素提供依据和方法，因此，煤矿安全心理学具有十分重要的意义。

第二节　易致事故发生的生理和心理因素

一、疲劳因素

1. 疲劳的性质与特点

现在，疲劳对安全生产的影响已引起人们广泛的重视，已有人把疲劳称为工业事故中具有头等重要的因素之一，同时也是国际上工业安全方面一个长期研究的重点领域。煤矿工人的作业活动比其他行业的劳动强度大，而且条件艰苦，其疲劳对安全生产的影响更为突出，所以，应该更加重视对他们作业疲劳的重视。

我国矿工与其他国家相比，由于劳动时间更长、劳动强度更大，已成为煤矿事故最重要的原因之一。据对某矿区的事故调查，疲劳因素在事故发生的致因中占首要地位。因此，我国的研究者和安全管理工作者应该更加重视疲劳因素的研究和预防，加强劳动者休息权的保护，以缓解我国煤矿事故居高不下、人民的生命和财产遭受严重损失的局面。

2. 人在疲劳时的生理心理状态

根据前苏联心理学家列维托夫对疲劳的研究，人在疲劳时的生理心理状态包括以下几个方面：

（1）无力感。甚至当劳动生产率还没有下降的时候，工人已经感到劳动能力有所下降,这就是疲劳反应。劳动能力下降表现为一种特殊的难受感觉和缺乏信心。工人感到无法按照规定的要求继续工作下去。

(2) 注意的失调。注意是最易疲劳的心理机能之一。在疲劳状态下,注意容易分散,并表现为怠慢、少动;或者相反,产生杂乱的好动,游移不定。

(3) 感觉方面的失调。在疲劳的情况下,参与活动的感觉器官功能会发生紊乱。如果一个人不间歇地长时间读书,那么他眼前的字行"开始变得模糊不清"。听音乐时间过长,高度紧张,会丧失对曲调的感知能力。用手工作时间过长,会导致触觉和运动觉敏感性的减弱。

(4) 记忆和思维故障。与工作相关的领域都会直接出现这种故障。在过度疲劳的情况下,工人可能忘记操作规程,把自己的工作流程弄得杂乱无章。与此同时,对与工作无关的东西反而熟记不忘。脑力劳动造成的疲劳尤其有损于思维过程,然而在体力劳动造成疲劳的情况下,工人也经常抱怨自己的理解能力降低和头脑不够清醒。

(5) 意志减退。疲劳状态下人的决心、耐性和自我控制能力减退,缺乏坚持不懈的精神。

(6) 睡意。疲劳能够引起睡意。在这种情况下,睡意是保护性抑制反应。人工作得疲劳不堪,睡眠的要求会变得强烈,以致任何姿势下也能入睡。在实践中我们有时会看到,在连续工作时间太长而疲劳至极时,人会毫无警觉地突然入睡。这种情况对正在从事致创因素较多工作的作业人员来说十分危险。如矿井下从事采掘工作的矿工、各种车辆司机等。

3. 疲劳与煤矿作业安全

作业疲劳现在是国际公认的主要事故原因。如前所述,作业疲劳可使作业者产生一系列精神症状和身体症状,这样就必然影响作业人员的作业可靠性,并常因此引起伤亡事故。

对于煤矿生产来说，由于工作条件艰苦，劳动强度大，而从事井下生产作业的矿工，又多兼顾农业生产，因此，疲劳在煤矿事故发生的原因中占有突出地位。例如，某矿一职工下了夜班就去忙麦收，没得到休息，晚上又继续上夜班，在井下抬钢轨的过程中感到体力不支，难以控制自己的动作，结果摔倒在地，钢轨砸在身上，造成严重的脑震荡和胸骨骨折。这显然是由于过度疲劳直接引起的事故。很多煤矿井上地面铁路纵横交错，道口很多，而且大多是不设过路天桥和无人看守的道口，疲劳状态下的工人在下班途中或作业中常不能敏锐地觉察侧面和后面来车，因而有时引起伤亡事故。例如，有一次调车中，将没有觉察躲避的工人撞倒致死。又如，某矿井三名工人因疲劳靠在矿壁处休息，突然矿壁塌落，一名坐着休息的工人被砸死，两名立位工人受重伤。一方面是因为工人疲劳，没有正确选择休息地点；另一方面是因为工人疲劳后感官敏感度下降，不能及时觉察塌落预兆。因此，应针对造成劳动者疲劳的各种因素，采取有效的措施，努力改善劳动条件，减轻繁重的体力劳动，以及严格控制加班加点、延长劳动时间，以防止工人的过度疲劳，减少事故的发生。另外，还可以实行多次短暂的工间休息的办法，以调节工作与休息的节奏，不使疲劳过度积累。更应尽量为矿工创造工余休息的条件，如热水浴，各种临时休息室以及矿工公寓等，以保证工人能很快地消除疲劳。

来自生产一线的调查表明，过度疲劳时的最大危险主要源于反应迟钝和动作不准确，在工人遇到危险信息时往往不能及时发现，或发现了不能快速地作出反应。而在实际的危险发生时，躲避生命危险的时间常常在几秒钟之内。

综上可见，疲劳与煤矿安全是密切相关的。防止过度疲劳也是安全生产的关键之一。

二、酒精和药物因素

煤炭生产要求工人保持高度警觉。反应灵敏，判断准确，而这一能力如果受损。一方面会影响工作效率，另一方面可能导致重大事故。而饮酒、滥用药物和吸毒等会对人上述能力产生损害，必须引以重视。

1. 酒精造成的心理危害及对安全的影响

酒精既是历史悠久、普遍使用的药物，又是具有药理效应的食物。科学实验的结果表明，它是一种抑制剂。在酒精的影响下，人们常出现以下反应：

（1）感觉迟钝，观察能力下降。

（2）记忆力下降。

（3）责任感低，草率行事。

（4）判断能力下降，出错率高。

（5）动作协调性下降，动作粗猛。

（6）视听能力下降，易出现幻象和错听。

（7）语言表达能力下降。

（8）情绪波动较大，攻击性强。

（9）自我意识缺乏，易冒险。

（10）易患缺氧症。

国外的大量研究表明，随着血液酒精浓度的增加，人的操纵能力逐渐降低。对安全作业的影响很大，所以，煤矿禁止喝酒的人员下井。据调查，1962—1973年美国空军发生的4 200起飞行事故中，与药物有关者占64起，与饮酒有关者占25起，共计损失飞机66架，死亡128人。

2. 对人的心理和行为造成影响的药物

有些药物对人的精神、心理和行为会造成影响，特别是精神类药物对人的心理和行为的影响更大，目前药物滥用现象十分严重，这对安全生产构成了威胁。下面分类介绍如下：

（1）镇静剂

包括利眠宁、安定、舒乐安定、三唑仑等。这类药物可使人成瘾，服药后有昏睡、晕眩、镇静神经、抑郁、敌意、动作不协调、运动失调,失忆、认知和神经功能受损等症状。

(2) 兴奋剂

包括安非他明、可卡因等。这类药物能使人暂时忘却烦恼,得到暂时的活力,服用过量后会有食欲不振、失眠、妄想、多疑、抑郁等心理现象。

(3) 迷幻剂、麻醉镇痛剂或精神毒品

包括大麻(树脂)等。这类药物会使人陷入迷幻的状态,令人变得举止失常、判断力失准、记忆模糊、消极或沮丧。

鸦片、海洛因、吗啡、地匹酮、美沙酮、菲仕通等药物有止痛、降低焦虑的作用,可使人昏睡、压抑呼吸、恶心等。

资料表明,吸毒的员工与一般员工相比,发生事故的可能性明显增大。

另外,某些消化系药物、呼吸系药物、心血管药物、抗菌药物、强的松类药物和解热镇痛药物等也对人的心理和行为有一定的影响。

三、睡眠不足

睡眠不足是指相对个人睡眠习惯,睡眠时间较少的情况。但有时在人的病理状态下,例如,有失眠症或嗜睡症的人在一般的休息时间里,不能达到恢复精力的睡眠效果,会经常产生睡眠不足的状态。

睡眠不足对生产安全有着严重的不利影响。它导致工人的生理和心理功能明显下降或紊乱,从而导致工作失误和事故的发生。根据对许多由于睡眠不足导致的事故的分析,可以看到,在睡眠不足的状态下,易于发生下列变化:

1. 注意力集中困难,不能全面了解操作系统的情况,忘掉作业程序中的某些环节或出现多余动作。

2. 感知觉迟钝,甚至发生错觉,思想混乱,动作准确性降低,即使努力加以控制亦难以做到,有力不从心之感。

3. 意识清醒程度(觉醒水平)下降,疲乏无力以致出现打瞌睡的情况。睡眠不足特别是由此造成的瞌睡状态,是很多事故的直接原因。如某矿一上夜班的工人,在家中干了一天农活,未得睡眠,这次夜班开电瓶车拉矸石时,在机车上打瞌睡。结果造成车掉道,把电缆开关挤坏,自己险些发生伤亡事故。另有一小绞车司机在操作中昏然睡去,结果绞车过卷,被挤死。

四、情绪波动

1. 情绪的概念

人们在认识世界和改造世界的活动中,不但认识了客观事物,而且表现出不同的好恶态度。对这些态度的体验就是情绪。喜、怒、悲、恐等是一些最基本的情绪。

人对客观事物采取的不同态度,是以某事物是否满足人的需要为转移的。客观事物对人的意义,也往往与它是否满足人的需要有关。凡是能直接或间接满足人的需要或符合人的愿望的事物,就会引起喜爱、快乐的情绪;凡是不能满足人的需要或违背人的意愿的事物,则会引起悲哀、愤怒、憎恨等情绪。至于那些与人的需要毫无关系的事物,一般对它抱着既不厌恶、也不喜欢的"无所谓"态度,它们不能引起人的情绪。

综上所述,情绪是由客观事物是否符合人的需要而产生的,是人对客观事物所持态度的体验,这种体验反映着客观事物与人的需要之间的关系。

2. 情绪的两极波动及对安全的影响

情绪的两极性首先表现为肯定和否定的对立性质。几乎每一种情绪都是与人们的肯定和否定的内心体验相联系的。例如,满意、喜悦、快乐和喜欢等都是肯定性质的;反之,不满意、痛苦、忧愁、悲哀和厌恶等都是否定性质的。

情绪高涨和情绪低落也是情绪两极性的一种表现形式,并且与安全生产有密切关系。人在情绪很低落时,主要表现为精神不振、心灰意懒,对周围事物的兴趣明显降低,意志减退,特别是注意范围狭窄,头脑中往往时刻被不愉快的事所缠绕,甚至外界强烈的危险信息都不能引起注意。显然，人在这种情况下操作对安全极为不利，因为情绪低落者这时很难集中注意于当前的工作，很容易导致错误操作而发生事故。再者，当出现意外危险时，也不易发现危险信号和想起应该采取的措施。

与此相反，人在情绪很高涨时，兴高采烈，浑身是劲。但这时人的注意范围同样会缩小，因为人在很兴奋时，大脑皮层的有关部位会产生很强的兴奋区，而这时其他部位则会受到较强的抑制。因此，在这种情况下，对安全操作同样是很有害的。

关于情绪的两极性与安全的关系，在我国谚语中有"乐极生悲"和"祸不单行"的说法。"乐极生悲"蕴含着中国古代哲学的观点，即"物极必反"，它反映了当事物发展到顶峰时，便会走向反面。不过这里它反映了高度兴奋的情绪易使人发生失误，从而会导致事故的规律。这在生活和生产中屡屡得到证实。德国学者赫尔泽根据法国部分企业的调查结果，指出当人们处在特别兴奋状态时与发生职业伤害的可能性有很大关系。由于个人生活中的幸运而使人处于高度兴奋状态时，会使操作者忘乎所以，注意力不集中，忽视作业中的安全要求，就可能发生事故。

与"乐极生悲"相比，"祸不单行"在一般人的头脑中则具有一些迷信色彩，好像有某种看不见的力量使人们一祸必连二祸。其实，这里面毫无迷信之处，它同样反映了情绪与安全的关系。显而易见，人在发生灾祸之后，必然会导致情绪低落，甚至是极度悲哀和忧伤，在这种情绪状态下，当事者易于发生个人伤害等事故也就在情理之中了。

3. 易引起情绪波动的生活事件

生活事件是一个心理学名词，是指个体生活中发生的需要一定心理适应或情绪波动的事件。包括负性事件和正性事件，并引起人情绪的波动。在人们的工作和生活中，有许多事件会使人们的情绪发生较大的波动，如亲友亡故、夫妻分离、工作变化等。这些事件无疑会对劳动者的作业可靠性产生不利影响。当然还应指出，由于各种生活事件的性质和严重程度不同，其对人的影响的程度也不一样。

美国心理学家通过调查研究将每种生活事件均赋予一定的数值，如配偶死亡 100；离婚 73；夫妻分居 65；亲密家属死亡 63；结婚 50；工作调动 39；经济状况改变 38；放假 13 等。研究指出，一年中生活变化值超出 150 分便有可能导致疾病或发生意外事故。若超过 300 分，则几乎 100% 会生病，发生意外事故或工作中发生差错的可能性更大。将每种生活事件均赋予一定的数值来表示它们对人影响的大小，并设计生活事件量表。利用这个量表可以使一个人在一定时间内所经历的生活事件数量化。

研究表明，生活事件与心理障碍也有关系。如生活事件越多，发生的精神障碍（如抑郁症状、睡眠失调等）越多，发生心理病理行为的可能性也越大，甚至可能促进精神分裂症并发病。另外，生活事件与人的某些躯体疾病如溃疡病、原发性高血压等疾病的发生也有密切关系。

大量事故案例表明，以下矿工常见生活事件引发的事故很多：职工结婚、生孩子、过生日、家人重病或亡故、青年人谈恋爱、失恋、职工家庭婚姻变故或严重家庭矛盾、农村家庭农忙或盖房、其他情绪波动和过度疲劳等情况。

近年来，下岗成为对职工影响较大的生活事件，研究表明，职工的工作稳定性对安全生产有较大影响。特别是我国矿工在很多情况下面临失业下岗的威胁，这对安全生产是十分不利的。关于这个问题国外的研究较多。例如，有人对一家工厂的 237 名员工进行了研究，该工厂在此之前解雇了一些员工。研究发现，报告工作不稳定、对自己在公司的前途没有把握的员工坚持安全工作的动机水平较低，也较少遵守安全政策。这些缺乏稳定感的员工不努力，因而导致工作场所事故和受伤次数增多。

另外，在节假日前后，如在过节、休班、请假探亲等前后，比较容易发生事故，这似乎已成为一个普遍的现象。例如，有的人过几天就要结婚了，在回家办喜事之前偏偏出了事故。家远的职工在回家探亲前或者刚回来上班这些时间里，也容易出事故。更有退休前的最后一个班，以及接到信息回家奔丧，或请假探望重病的父母或家人等前后而发生事故的情况。在节假日前后，由于与假日有关的事情，会在劳动者的头脑中起干扰作用，使他们在劳动过程中容易情绪不稳定，注意力分散。例如假日前，人们常会盘算着如何安排假日生活、和家人团聚以及走亲访友等。假期之后，假期中有关事件还未在头脑中消失，特别是一些令人兴奋或令人烦恼的事情，更不会在头脑中立即烟消云散，会造成劳动者思想不容易马上转移到工作上来，集中精力做好当前工作。显然这些情况都会对安全生产产生不利影响。煤矿生产现场的致创因素较多，客观上要求每个劳动者必须集中精力工作，因此，在职工喜庆、婚丧、节假日前后，领导者特别是基层管理干部要及时做好思想工作，提醒职工要在离队前和归队后排除一切外在干扰，将全部精力投入到工作中。除此之外，在指挥生产、安排任务时，也要考虑采取有关措施，如安排较安全的工作，或派人与之配合监护等。职工个人更要努力控制自己，在工作中不想工作以外的事情，以防患于未然。

五、注意分散

1. 注意的概念

注意是心理活动对一定对象有选择地集中。因为人在同一时间内不可能感知摆在面前的所有对象，只能感知环境中少数的对象。人要对事物获得清晰、深刻和完整的反映，就需要使心理活动有选择地指向有关的对象。就是说，被我们集中注意的东西只能是有限的一小部分。如果我们在同一时间内什么都注意，就等于什么都不注意。例如，在一个大会场里，如果我们同时把进入目光里的每个人都加以注意，就会哪个人的模样也看不清楚。

人的注意的心理机能对保障煤矿安全生产极为重要。没有注意，我们的感觉和知觉就会模糊不清，甚至无法对生产环境的信息产生感觉,也就不会作出有效的反应,或完成正确的操作。而注意力不集中时人的判断就易于失误,一切行动就失去协调和准确性。

如果一个人的注意力分散于当前的工作任务之外就叫注意分散,与"开小差""分心""走神儿"等类同。"开小差"的人容易出事故。例如,从事仪表监视工种的工人,在工作时必须长时间集中注意仪表运转的情况,以保证生产的正常进行并及时发现异常情况。许多生产事故往往是由于注意力不集中造成的。

2. 注意分散(分心)产生原因及对安全的影响

众多研究表明,注意分散是操作失误并导致事故发生的主要原因之一。

注意的分散状态是因为注意力受无关刺激的干扰或由单调刺激长时间的作用而产生的。那些与当前注意过程无关的、意外的附加刺激物,以及与个体情绪有关联的干扰都能引起注意的分散。引起注意分散的原因除了情绪低落之外还有过度疲劳或身体状况欠佳,他人干扰以及一些心理疾患等,而其中情绪低落是注意分散主要原因。

煤炭生产的安全工作实践表明,以下几种情况容易造成分心:

(1) 不安心井下工作时容易分心。
(2) 节前筹备过节时容易分心。
(3) 连续工作时间过长、休息不好或筋疲力尽时容易分心。
(4) 下班回家心切时容易分心。
(5) 受到批评或处分,思想有压力时容易分心。
(6) 身体不适、病理刺激时容易分心。
(7) 家庭负担过重时容易分心。
(8) 家庭不和、闹纠纷时容易分心。
(9) 亲人有病、牵肠挂肚时容易分心。
(10) 谈恋爱、热恋、失恋时容易分心。

另外，在煤矿生产劳动中，由于作业现场中动态对象较多，操作者要扩大自己的注意范围，适当分配自己的注意，例如，在打眼、支护等作业中除了掌握好手中的工作之外，还应时刻注意观察顶板的变化，留意异常的声响以及工友之间的动作避让等。所以，由于注意分配不当导致的事故也不少见。

在生产劳动中，从手中正干的工作突然转移到另一件工作时，如不能迅速地将注意集中于新的活动，就很容易出现差错。所以，要提出"慎始而善终"的劳动规范。在一个工作班次或完成一项特定任务的时间进程上，有这样一种现象，即工作一开始时，注意不易及时完全地转移到工作状态，而在工作将要结束时，往往又相反地过早转移到下班后的事务上。这两个转移点都容易使人产生"忽略性"失误。这种"人已到而心未至，人未走而心先离"的现象在实践中也确实被证明有危害性。如有的调查表明，在临下班之前和刚接班不久（或一个新的工作面开始生产时）发生的事故所占的比例较大。因此，在工作中要"慎始而善终"。这要求在煤矿安全工作中，除了在安全教育中应强调这一点之外，特别是生产指挥员，要发挥提醒、强调和引导、示范的作用。

注意力集中对安全生产有着极为重要的意义。"注意力不能集中于正在从事的工作"是事故发生的一个很重要的直接原因。一位在井下干了30年采煤工作而未出过事故的退休工人，曾告诉人们一个"秘诀"，即"遵章守纪，专心干活"。"专心"两字显然是指注意的集中或注意的稳定。但是保持注意的稳定也是有条件的，除了要有强烈的工作责任心外，再就是要保证充足的睡眠和稳定健康的情绪。另外要劳逸结合，适当搞些体育锻炼和娱乐活动，保持身体健康。

此外，在工作过程中还应掌握调节注意紧张度的技巧。注意的紧张度就是注意的集中程度。在一般情况下，人的注意力很难长时间地保持高度集中，而呈现出某种波动性。持续紧张的注意力集中，会使注意力产生"疲劳"，导致注意力集中困难。因此，这里存在一个如何调节注意的节奏问题。如操作者在机器运转正常、平稳时，可以适当放松一下，降低注意的紧张度，以保持长时间注意，稳定地工作。

第三节　不安全行为的心理原因分析

一、概述

不安全行为是引起事故的主要原因，各国的事故调查分析材料均无例外。国内的许多调查分析表明，在煤矿事故中，各种"违章"行为是引发事故的主要原因。如淮北矿务局对历年死亡事故的统计分析表明，90%以上的事故是因为"三违"造成的。虽然"三违"或"违章"的概念不如用"不安全行为"的概念更为准确，但这些数据说明，在煤矿事故直接触发原因中，人的不安全行为因素占主要地位。关于"不安全行为"，目前并未见有严格的定义，一般地说，凡是能够或可能导致事故发生的人为失误均属于不安全行为。我国煤矿生产中的违章指挥和违章作业便是较典型的不安全行为。根据行为时的心理状态，将其分为故意性不安全行为（冒险行为）和非故意性不安全行为（意外差错），并分别进行原因分析。

二、故意性不安全行为的主要心理原因

故意性不安全行为（冒险行为）是指在生产作业中明知有危险而故意作出的不安全行为。之所以叫做故意性不安全行为，是由于作业者知道自己的行为违犯安全法规、规程或安全其他规定，但由于某种冒险动机的作用，使他们有意识地进行可能带来危险的操作或指挥。这类违章行为主要是由于对安全生产的重要性缺乏正确的认识、侥幸心理、特殊性格和其他一些特殊的心理因素造成的。

1. 重生产、轻安全

这种情况是生产人员没有真正树立起"安全第一"的思想，当生产和安全发生矛盾时，往往更重视生产。由于产量常常是一个直接与劳动者经济收入相联系的指标，那么，职工的行为方向就可能以经济收入的多少而转移。为了尽量取得更多的产量，而忽视了对安全隐患的及时处理，有时可能就靠违章作业、冒险硬干、降低工程质量而赶进度、增产量。这样就颠倒了安全与生产的关系，更违背了"生产必须安全，不安全不生产"的原则。在这种故意性不安全行为大量出现的情况下，不可避免地会出现事故。

有时则是由于生产指标定得过高，在正常情况下按时完成有困难，为了赶进度、抢时间，把主要精力集中到了生产方面，而把安全放到第二位，或根本就忽视安全，"走捷径""找窍门"，故意违章作业。有些基层干部为了多出产量有时也故意违章指挥。如规程规定某操作岗位应由持有该工种资格证书的人员进行操作，但在工人缺勤的情况下，为了不失时机地争取产量而让无证的操作者去操作。

2. 侥幸心理

对于安全管理人员来说，一个很令人头痛和迷惑不解的问题是：为什么有的工人明知道某种操作方式有危险，而偏要那样做？这大多是侥幸心理所致。侥幸心理是在工作和生活中都广泛存在的一种心理现象。从性质上讲，侥幸心理应该是趋利意识作用下的投机心理，而这种心理又往往是冒险行为的主要心理因素构成成分。

在煤矿生产中，侥幸心理有着极其严重的危害性。在这种心理的支配下，人们可能为了省一点力气、少用点时间或多挣一点奖金而甘愿违章冒险作业。

产生侥幸心理的客观原因，在于事故的发生有某种概率性规律，即在许多次不安全行为中，只有很少数会发生事故，并且在事故总数中，不发生任何伤亡的次数要大于伤亡事故的次数，而伤亡事故中轻伤的次数又大于重伤或死亡事故的次数。也就是说，每一次违章行为所可能引起事故特别是伤亡事故的概率是比较小的。海因里希曾对几十万起工业事故进行过统计，得出"1：29：300"的"海因里希法则"，即在330起冒险经历中，必有一起重伤或死亡以上的重大灾害，有29件轻伤事故，还有300件无伤亡有惊无险的冒险。当然煤矿事故可能与此有较大差别，估计应比此数严重。如众所知，当现实生命危险就在面前时，人们都会本能地采取回避行动。然而，当某种冒险行为被行为者评估为具有较小的风险率时，便产生了侥幸心理。然而正是侥幸心理的存在，导致了众多悲剧。这是概率性法则的必然结果。这个客观现象就会使违章或冒险蛮干者产生"不会正巧我这次违章赶上出事"的侥幸心理。

在实际的生产过程中，我们常会问到一个问题：既然知道危险，为什么还要干？对安全强调了多少次，也处罚了不少人，为什么违章行为仍会发生？心理学理论告诉我们，当人们面临许多选择的时候，人们最终所采取的行动是受各种动机中的主导动机驱使的，采取行动回避风险的"避险"动机往往与"趋利"动机（如多挣钱、怕失业、省时、省力等）相互斗争最后产生优势动机。当趋利动机成为主导动机时，尽管认识到危险的存在，并且也知道如何避免危险，但操作者仍然会"心存侥幸"而不采取避险行动。例如，某建井工程处一名电机车司机，开车往工作面送车皮，在过道岔时，不停车就下去扳道岔，不慎滑倒，而被电机车，轧死。经调查，他经常这样违章冒险作业，别人提醒他那样做危险，但他并没接受，就抱着侥幸心理认为不会发生事故，而结果葬身于自己的冒险行为之中。

消除或纠正侥幸心理的关键，在于加强安全知识的教育和事故发生原因规律的教育。而其中安全心理学知识的教育更为必要，因为心理因素所致不安全行为而造成的事故是人们不易总结了解的。

3. 冒险倾向性格

冒险倾向是指个体具有的冒险意识和冒险行为倾向。研究表明，个体在冒险方面的差异十分明显，也就是说，有的人与其他人相比具有冒险倾向性格特征。实践证明，具有冒险倾向的人往往也是事故易发者。他们除了更容易有意接受风险外，还存在对风险的错误认知问题。另外，人的年龄、性别、职业、文化差异不同也与冒险倾向有关，一般而言，年轻人更容易冒险。

面临同样一种危险的情境，不同的人反应是不一样的，有的人可能三思而行，规避风险；有的人则可能拿生命当儿戏，冒险蛮干。研究和观察表明，有些人的某些性格特征与冒险行为密切相关。这类人的性格特征往往表现为：

对安全采取满不在乎的态度，自己想怎么干就怎么干，自以为是，性格外向，情绪不稳定，漫不经心，逞能好胜，甚至以冒险炫耀自己的勇气。这种性格倾向往往在青年工人中表现较多，由于这个时期实践经验和社会经历还不丰富，加上生理上的一些特殊情况，往往情绪不太稳定，思想较简单，而对事情的后果考虑较少，容易表现为感情冲动、缺乏耐心和争强好胜。

4. 时间紧迫感或焦急心理状态

时间紧迫感是一种类似于"焦急"的心理状态，这种心理状态是人们在有限的时间内感到难以完成预定或期望的工作量时产生的。这里的"有限的时间"和"预定工作量"既可以是个体自己限定的，也可以是生产管理者所限定。在时间紧迫感的状态下，会促使冒险行为的产生。特别是在临下班或交接班之前，由于交接班前的一轮工作没干完不算工作量，所以会出现紧迫焦急的心理状态，这很容易出现冒险凑合的行为。事故统计也发现，在临下班时事故要比其他时间段多，这其中就有这个原因。甚至有一起这样的事故：一掘进工作面临下班时，由于班长一再催促抓紧时间，一名把钩工未将矿车连接就把车推了下去，结果导致跑车撞死人的事故。

5. 重体力劳动下的省能心理和图省事心理

重体力劳动常给作业人员造成一种特殊的心理状态——省能心理，反映在作业动作上，常简化作业而故意违反操作规程。例如，某煤厂冬季煤堆表面冻结，作业人员在装煤时贪图省力，挖空煤堆底部，结果煤顶塌落，压死压伤多人。

图省事是一种为节省体力及精力而故意省略必要工序、减少劳动或工作量的动机和行为。与"怕麻烦、走捷径、找窍门"等含义类同。工人在疲劳或情绪消极等生理心理状态下很容易产生企图省劲、减少麻烦的心理。特别是在过度疲劳的情况下，由于机体的休息需要十分强烈，克服困难的意志力明显减退，这样会大大增强减少体力劳动的动机，以至于忽视安全，采取"走捷径"的不安全行为。例如，在图省劲的动机下，放炮员在母线不够长的情况下放炮，或者明火放炮；把钩工挂车时不挂保险绳；支柱工少打支柱；上下班的工人违章爬车等；而由此发生的事故是很常见的。

6. 迷信心理

由于煤矿生产条件较恶劣，各种事故时常发生，不少工人对事故发生的规律和原因不了解，特别是对由于人的不良心理因素所致的事故更缺乏知识。再加上煤矿不少事故从表面上看来，具有突发性和偶然性。有些人便容易产生对自己的命运难以掌握的心理，进而产生迷信思想。迷信心理对安全生产极为有害，它不但使人们不能正确地分析事故原因，总结经验，接受教训，而且使违章冒险行为更加难以纠正。

消除或纠正包括迷信心理在内的侥幸心理的关键，在于加强安全知识的教育和事故发生原因规律的教育。而其中安全心理学知识的教育更为必要，因为心理因素所致操作失误而造成的事故是人们最不容易总结了解的。

7. 麻痹心理

国内外的调查和统计资料表明：思想麻痹、轻视松懈是引起事故的重要因素。如瓦斯涌出量很大的矿井容易引起重视，而瓦斯涌出量很少的矿井可能使人们产生麻痹心理。英国一个多年来未测到瓦斯存在的矿井，曾发生两次瓦斯爆炸事故。2005年4月至5月初，全国发生6起10人以上瓦斯爆炸事故，其中3起发生在低瓦斯矿井，对此更值得深思。

在煤矿救护队员中也存在很多麻痹心理及其行为表现：如不认真检查维护氧气呼吸器，不按规定检查和更换氢氧化钙；战前检查不认真，不带呼吸器进灾区，或把呼吸器放在远离工作地点的地方；不认真检查工作地点有害气体浓度，不携带备用呼吸器或充满氧气的氧气瓶，不悬挂引线绳或不系联络绳；巷道交叉点不留标志或只在顶板上用粉笔做记号；尚未走到新鲜风流地点，就摘掉口具休息等。一般而言，麻痹多发生在经多见广的老队员身上。须知"麻痹大意害死人"，由麻痹大意所导致的事故数不胜数。

8. 屈从心理和从众心理

由于目前我国矿工所处的社会、经济等方面的弱势地位，违抗违章指令的代价是十分高昂的，屈从心理比较普遍。尽管并不一定所有的违抗都会有严重后果，但矿工会有心理预期，认为有权势的人在其指令被违抗的情况下会采取制裁自己的措施，因而在权势面前常妥协让步，违心地作出违章冒险行为。

另外，从众心理也是违章冒险行为的重要心理原因。很多人看到别人或大多数人都这么做，自己不这么做就会有心理压力，也就跟着违章作业了。

9. 逆反心理

许多领导干部真心想把安全搞好，或者真心为了工人好，但是采取的方法简单粗暴，甚至有些做法让职工的人格尊严受到伤害。在这种情况下，人们就会产生逆反心理，"你叫我这样，我偏要那样"。特别是青年工人更会如此。有时甚至会习惯性地产生与领导或规章制度的抵触和对抗心理,其表现形式很多可能是表面上听众,暗地里违抗。这对安全是十分不利的。

10. 好奇心理

好奇心是一种普遍存在的心理现象,它是促使人们探索未知事物的一种心理动力。但有时某些人会由于好奇心的驱使而干出非理智的行为。这在生产中就表现为故意性的不安全行为,这种心理在青年工人中表现尤甚。例如,对自己不懂的机器胡乱地摆弄,对不准经过、进入、靠近、触动的地方和设备,擅自进入和触动等。并且越是写有"禁止入内""不准乱动"等字样的地方越会激发他们的好奇心。某矿一新工人由于好奇心的驱使,而将自己的手指伸入旋转的风叶内,结果手指被切断。还有一些翻越栅栏而进入盲巷造成伤亡事故的案例。

三、非故意性不安全行为(意外差错)的主要心理原因

非故意不安全行为是指在生产作业中由于不利的心理生理条件而导致的意外差错。之所以叫做非故意性不安全行为,是由于作业者对自己行为的不安全性质或危险性并没有清醒的意识,是个人未能随意控制其行为性质的情况下作出的行为。由于这类不安全行为是非故意性的,所以,有时人们将其称为"意外差错"或"无意性失误"。这类不安全行为主要由于不良的管理行为因素、个人因素和作业环境因素而构成的作业者不适宜的内外部条件以及不利的心理和生理状态导致作业者作业可靠性的降低所造成。

作业者不利的心理状态和不利的生理状态一般有:缺乏知识和经验、情绪低落、注意分散(分心)、惊慌状态、过度疲劳、感知判断与记忆失误以及睡眠不足等。

根据目前我国煤矿安全生产的实际情况,引起矿工非故意不安全行为(意外差错)的主要原因有:

1. 缺乏知识和经验

在生产实践中我们常能了解到,由于有些工人和管理干部缺

乏安全知识和实践经验，工作中盲目蛮干，但他们并非故意违章，而是往往对不安全行为的危险性根本就没有明确的意识。有时，在生产过程中遇到情况发生变化，由于缺乏必要的安全技术知识，而仅凭个人不成熟的经验进行错误处理，以致发生事故。据统计，在煤矿，由于缺乏安全技术知识，操作技术不熟练，以及缺乏经验而导致的事故，占有不小的比例，特别是新入矿的工人更是如此。历年来由于新入矿井、不懂安全知识而引起的伤亡事故为数很多。另外，临时工、季节工的事故率一般要比正式工高，主要也是因为缺乏必要的教育与训练，有的根本就没经过任何安全教育和培训，昨天是种地的农民，今天就到井下作业，他们能知道什么是危险吗？经过训练和培养的作业人员可以在大脑中存储和长期记忆许多正确的经验，这些经验越多，人在处理信息时就会从记忆中提取正确的决定方式。否则在处理信息当中，由于经验不足、能力低，就会造成误处理。

2. 情绪低落

情绪低落是最常见的作业中不利的心理状态，它造成的感知觉和动作反应迟钝是导致操作差错或动作失误的主要原因。国外有学者研究，有多达50%的事故与不良情绪有关。情绪低落和情绪高涨引起的事故最多。人在情绪很低落时，大脑处于全面抑制状态，反应迟钝，注意范围狭窄，时刻被不愉快的事所缠绕，形成严重的注意分散，很容易导致错误操作而发生事故。在情绪很高涨时人的注意会缩小，并且容易忘记经验教训，也同样容易导致错误操作而发生事故。

造成职工情绪波动的主要原因是个人重大生活事件，包括个人、家庭、工作单位和社会各方面所发生的重要事件。另外，情绪低落还是造成工作中注意分散（分心）的主要原因。

3. 过度应激或惊慌状态下导致的失误

当发生意外事件、生命攸关之际，接受信息的瞬间十分紧张，这时一般人都会产生应激反应，这是很正常的。但部分人会出现过度的应激状态,使感知、记忆和思维混乱,产生惊慌现象,从而使处境更加危险,并可能导致伤亡事故。如某矿顺槽掘进施工中,矿车在未固定好的情况下,上把钩工即打点放车,而下把钩工违章提前打开了挡车装置,当车放下约 2 m 时固定回头轮的钢丝绳自矿车处脱出,造成装满矸石的矿车跑车。这时有人急呼:"跑车了!"下部车场几名工人均躲避成功,但有一名工人听到喊声惊慌失措,却顺着道轨向下跑去,被矿车追上,该工人这时一脚踩在轨道上,被车轮碾轧成重伤,导致截肢。又如,某矿两工人在独头巷道掘进中点炮未完而矿灯熄灭,由于紧张和摸黑向外跑,结果迷失了方向,又摸回了掌子头,炮响而导致一死一伤。这些都是在过度应激状态下由于惊慌导致的失误。有针对性地应急训练能防止此类事故的发生。

4. 过度疲劳及其他特殊状态下的失误

对于煤矿生产来说,由于工作条件艰苦,劳动强度大,而从事井下生产作业的矿工,又多兼顾农业生产,因此,疲劳在煤矿事故发生的原因中更占有突出地位。据研究,在露天矿,年龄高、身体动作迟缓、反应迟钝的老工人,在作业中遭受滚石伤害的概率,要比身轻敏捷的年轻工人的大。如很多跌倒摔伤事故,看起来是受害者分心或不注意造成的,实则可能是过度疲劳或过度紧张所致。因此,人在连续劳动、加班加点或激烈运动之后不易正确控制自己的动作,应在工间稍加休息。

另外,还有在强烈的期待状态下发生错觉而造成的失误。例如,车辆司机,特别是汽车司机,在快下班或有急事急了赶路时,会强烈期待每个交叉路口都是绿灯。在这种情况下,就容易产生将红灯看成绿灯的错觉,而导致撞车事故。又如,低速和超低速机器易使人麻痹,发现异常时伸手于其中检查,往往会被重而大的超低速转轮卷入而伤亡。

5. 感知、判断与记忆失误

(1) 感知觉失误

当一个信号发出后或某种危险状况出现时,生产作业人员没看见或看错、没听见或听错警告信号,从而没有采取正确的行为避免事故的发生,这种情况即属于感知觉障碍产生的非故意不安全行为。

在煤矿井下,由于空间狭窄、战线又长,照明又常不足,人们之间的工作配合主要靠非语言的声光信号,而操作控制人员在不少情况下又往往看不到被控制对象的运动情况,因此,由于信号感知、判断失误等引起的事故很多。

(2) 由于联络和确认不充分而相互误解信号造成的失误

1) 联络信号及其方法不完备或信号装置有故障。

2) 联络信号实施时不明确、不彻底。

3) 接受信号的一方没有确认信号的意义、产生误解而发生失误。

4) 发信号的人误发信号或双方都没有经过确认。

解决上述失误比较有效的方法是实行"接受复诵"制,又称"接受确认"制。即受方应向发信号人复诵一遍,使双方都真正确认无误后再操作。例如,井下把钩工、信号工向绞车司机发信号后,绞车司机回一次相同的信号(俗称回铃),即复诵自己收到的信号。特别是传述口头指令或相互约定使用手势、矿灯、口哨等信息发送方式时,更为重要。

有的事故是未经联络造成的,如一绞车司机往轨道下山放车,车到位后信号把钩工发出停车信号并前去摘钩头,绞车司机停车后发出余绳过多,在未经联络的情况下就急忙重新启动绞车,结果将矿车向上拉造成车掉道,将把钩工砸成重伤。

(3) 遗忘

许多工作任务包含着大量的记忆成分,操作人员必须记住各种操作顺序、部件名称以及各种指令和动作要领等。再加上现场中许多动态信息也需短时记忆,而由于人的信息加工能力是有限的,且易于受内部心理状态和外部环境的干扰,因此,有时会发生遗忘性的失误。1997年6月27日，北京东方化工厂发生了一起死亡9人伤39人，直接经济损失达3亿元的特大火灾事故，就是因为操作工人开错阀门，致使轻质柴油错灌到已经满罐的石脑油罐中，导致柴油大量溢出遇火引起爆炸。

在井下生产作业的许多场合，都存在工人之间互相配合协作来完成一项任务的情况。这时常需要用口头表达的方式来说明意图、要求、指令等。但是，这些口述的指令要求及接受者的应诺很容易被听错、曲解或遗忘，而导致操作失误，并常导致人员伤亡。这里有一个案例：某矿一掘进班，在喷浆施工中，由于喷枪堵塞，班长让工人小赵到后面去关上进风阀，以安全地排除故障，小赵答应着去关了。但当班长将喷头卸开时，一股强大的风压带着混凝土浆料喷射到班长的脸部，造成双目失明的重伤事故。原来，小赵正由于失恋而被烦恼的情绪所缠绕，班长的指令在小赵脑中转眼即忘，结果他并没有去关进风阀，而关了供水阀。

另外，还可能出现由于对信号未能充分感知或信号显示及操作装置设计不符合人的特点而发生选错操作工具、按错操作按键及弄错操作方向等失误。如有一起事故案例就是要"前进"，却按了"后退"的电键，致使煤矿井下巷道装岩机司机将自己挤压于岩壁而死亡。也有正在作业之时，突然外来干扰（如别人召唤、环境吸引等）使作业中断，等到继续作业时忘记了应注意的安全问题。

6. 睡眠不足

睡眠不足对生产安全有着严重的不利影响。它导致工人的生理功能和心理功能明显下降或紊乱，从而导致工作失误和事故的发生。特别是由此造成的瞌睡状态，是很多事故的直接原因。

由于严重睡眠不足而在班中睡意来临时，往往极难控制自己，易在操作中进入睡眠。如某矿一掘进班在喷浆作业中，喷浆手在工友去运料时睡意来临，竟抱着喷头睡着了。当同伴再次上料开机后,浆体高速喷射到他的面部,结果造成双目失明的重伤事故。

第四节 煤矿安全心理学在事故预防中的应用

目前,运用安全心理学原理来指导安全生产,进行煤矿安全管理,以更好地预防事故的发生,应主要抓好以下几个方面的工作。

一、重视岗位职业选拔和人员任用

重视人员的选拔与任用,其实质是使人与职业之间取得适当配合,达到提高效率减少失误的目的。对煤矿中重点岗位、特殊工种的作业人员进行职业选拔,有助于提高作业者的可靠性和降低事故率。在对重点岗位、工种进行作业特点、作业者素质要求等的职务分析的基础上,对那些与安全紧密相关的特殊工种和重点岗位的作业人员(如绞车司机、信号工、放炮员等)进行心理选拔,重点对其心理——动作反应速度和准确性、注意(即注意力)稳定性、情绪稳定性以及常规的视力、听力、身体素质等项目进行测量观察,还要对其性格特征进行鉴定(有条件者可运用已标准化的心理测试问卷及测量仪等进行鉴定),使选拔出的人员的生理、心理素质确能符合岗位的安全作业要求,再加上专门和专业技能培训,这样,对降低作业人员的失误率,减少事故发生将起到重要的作用。

二、建立职工不安全心理因素的监控机制

首先,要采用针对性的措施,防止违章心理的产生。根据故意性不安全行为的心理产生的原因和非故意性人为失误的产生原因,以采取针对性措施予以消除或减小其发生的程度。其次,要建立职工的心理波动因素的安全监控机制,目的在于防止职工因心理波动导致的可靠度降低使安全受到威胁。例如,对生理和心理状态发生较大波动（如过度疲劳、睡眠不足、患病、情绪低落、过度兴奋等）的职工，特别是从事井下一线工作的职工，要有监控措施。对情形较重者则应让其停工休息或不让其下井；对发生较大个人生活事件（如家人重病、亡故、结婚及家庭、社会、工作单位的人际纠纷等）的职工，也应有相应的安排。这些工作可以通过专门的规定委托基层干部和职工群众协同执行，并落实精神和物质的措施。也可以设专职人员并运用专门手段来完成上述任务。此外，建立劳动群体良好的人际关系，对职工的心理波动因素的消除也是十分重要的。

三、优化生产现场的环境和生产设备、设施的布置

大量研究表明，工作环境中的强噪声、高湿、粉尘和有害气体等因素会使人的生理、心理趋向紊乱；照明不良，工作空间狭窄、杂乱会导致事故增加。因此，要尽量控制生产现场中对作业人员有不良生理和心理影响的环境因素，以减轻对人的生理和心理的干扰。应做到：

1. 生产设备、设施的布置应方便作业人员进行操作、作业活动。

2. 主要设备的显示器（如仪表、信号灯、显示屏等）和控制器（如按钮、旋钮、操纵杆等）的设计、安装应符合安全人体工程学原理，即应符合人的信息接受、识别判断及动作反应的特点或规律，从而使作业人员能准确、及时、无误地完成操作、作业活动。

3. 作业人员工作服装的颜色应与生产现场环境有较鲜明的区别，以便于人与人之间的安全照应，运动的机械、机械的运动部件以及可能与作业者相接触而造成创伤的部位应涂上鲜明的颜色并保持清洁或增加照明，危险处应设警示标志，使致创源容易被人分辨、引起警觉。

4. 暴露的易于致创的机械及机械部件应尽量装设防护罩或增加隔离设施，并且使之可靠有效而不易被随意拆除。

第五节　安全检查工作应遵循的心理学原则

一、安全检查工作者应具备的素质

从安全心理学的观点来讲，安全检查是控制人的不安全行为（或违章行为）的有力手段，也是了解和掌握不安全行为表现规律的一个重要途径。煤矿职工在生产劳动过程中，能够受到高素质安全检查工的监督和检查，既可以防止或减少故意性的违章行为，又可以避免或纠正非故意性人为失误的发生，对煤矿事故的预防，保证生产的安全进行具有极为重要的作用。

根据安全检查工作的性质和要求，从安全心理学角度出发，安全检查工作者应具备以下几个方面的素质：

1. 应有强烈的责任感和人道主义精神。

2. 有良好的业务素质和丰富的现场工作经验。应具有中等或较高的文化水平，对生产的各个环节有细致的了解，对安全法规、作业规程应准确地掌握。

3. 具有勤劳、果断、坚毅的性格，有敏锐的观察力和较强的分析判断能力，有认真细致、坚持到底、百折不挠的工作作风。

4. 善于做人的工作，能够准确地表达自己的思想。善于说服别人，让人理解和赞同自己的观点，并能根据不同人的性格特点采用不同的工作方法。

5. 有较好的身体素质、视力、听力和较快的反应能力。

二、安全检查工作应遵循的心理学原则

为提高安全检查人员的工作艺术，使其工作更有成效，这里根据国内外工矿安全管理及检查人员的工作经验，结合安全心理学原理，对安全检查工的日常工作提出以下要求：

1. 尊重工人的劳动，使工人喜欢并尊敬你。启发工人的荣

誉感，取得对方合作并唤起他们的安全意识。

2. 加强对工人的思想教育工作而不是驱使和催迫；注意听其诉说困难，尽量帮助他们解决工作和生活上的困难，减轻其心理负担。

3. 了解本人和对方的个性特征，以避免刺激别人或使其产生敌对心理；了解矿工的喜恶、信念、需要和动机，测验被检查人员以检查其态度和能力，保存工人的个人安全或事故记录。

4. 预先解释情况的变化，清楚而准确地发布指令；征求意见和建议，急工人之所急。

5. 要有耐心，处理要公平合理，言行要一致，对人要友善和谦恭。

6. 为了更有效地发现和纠正违章行为，不要使自己出现于某工作现场的时间具有规律性，以避免作业人员早已有准备。根据人的生理节律和人在一天 24 h 内工作能力的波动规律（如在午后和凌晨人的工作能力处于低潮），在人的工作能力的低潮时间或事故多发地点、多发时间、多发季节或工作进行的不同阶段，要特别加强检查活动。

第六节 煤矿事故案例心理原因综合分析

案例 1 某矿冒顶致一人死亡事故

一、事故概况

某矿炮采工作面一采煤工，在放顶回柱时，顶板垮落被砸遇难。

二、事故经过

事故当日夜班零时许，一名老工人和两名青年工人正在该矿一采煤面放顶回柱子（柱子为金属摩擦支柱）。这次共需回 8 棵，现已回掉7棵，余下最后一棵。由于当时该柱受压很大，用回柱绞车拉了几次未拉动，于是老工人提议先清理柱子的底部，然后再用回柱绞车拉。这时，该班班长过来看工作进度，在知道他们几人很长时间未能回掉这棵柱子之后，很恼火，便说："你们几个真没用，给我拿锤来！"几位工人都说："劲（顶板压力）很大，用锤打危险！"他不听劝阻，并说："你们都闪开！"于是他猛地一锤砸下去，柱子落下，但顶板随即冒落下来，该工人被砸在下面，当即遇难身亡。

三、心理原因分析

1. 个性心理因素

该工人年龄24岁，工龄3年，家住农村，所受安全教育仅为入矿短期教育，未经正规培训。

该工人性格表现为争强好胜，常以冒险行为炫耀自己的勇气，自我控制力较差；工作热情虽高，但经常违章作业。这是他此次不安全行为的个性基础。

2. 个人生活事件及其对情绪的影响

（1）该工人一个月前被任命为生产班长，俗话说："新官上任三把火。"他上任后也时时在想提高产量，显示自己的本事，这样到上级那"好说话"。

（2）该工人的妻子几天前生了一个男孩，由于农村普遍存在重男轻女的思想，一家人都非常高兴，他的情绪很高涨。上班前他已向区队领导请好假，准备上完这最后一个班，回家庆贺一下。

双喜临门般的让其兴奋的事件，使他笼罩在一种"被胜利冲昏头脑"的气氛之中。劳动过程中情绪过于高涨，致使其思维及判断能力降低，警觉性下降。这是他采取不安全行为而导致事故的主要心理因素。

另外，情绪高涨状态也加强了他冒险倾向性特征，这也是他冒险用锤砸支柱行为的重要原因。

3. 社会心理因素及管理缺陷

当他发现几个工人一筹莫展时，为他"显示自己的能力"提供了机会。这也正是社会心理学中的"社会助长"作用。

另外，该单位有重生产、轻安全的倾向，生产任务压得很重，稍有时间耽搁便完不成任务，而完不成任务工人的收入就受影响，进而可能受人埋怨。这样更加剧了他想赶进度而冒险作业的心理。

四、教训

此事故告诉我们：对于发生个人生活事件的职工，特别是已请假、要回家办理重要事情的职工，千万不能再让他下这最后一个井，应首先叮嘱让他平静心情，然后回家。

另外，大量实践证明，请假休班前最后一个班是事故易发时间，区队班组对这种情况的职工，一定要做好思想工作，叮嘱其注意安全，加强现场安全管理。如果是因个人或家庭重要生活事件请假的职工就更应引起重视，最好不再让其下井，或者安排工作简单，危险因素少的工作并加强监护也可。而作为职工个人一定要提高安全意识，严防分心走神，在心神难定时坚决不要下井作业。

案例2　司机自己被伤害死亡的事故

一、事故经过

事故发生的班次是夜班，某矿一电机车司机驾驶电机车，从工作面拉8个载车往运输大巷集中，约在23时15分，当接近运输大巷的道岔时，他把电机车，挂到一挡。然后从电机车上跳下来，自己上前面去扳道岔，此时，电机车无人操作，仍在低速行驶。他在快步行走途中，一只脚踩进一个积水坑而摔倒，他还没爬起来，就被电机车碾住，导致遇难身亡。

二、原因分析

1. 事故前个人背景资料

该工人家住农村,有孩子一男一女。妻常有病,经济拮据。

2. 情绪低落和注意力分散

因妻治病,欠债,回家探亲,债主上门,由于还不起债,他十分忧愁。事故当日他从家中回矿第一天上班,事故发生前他情绪低落,导致不能有效地观察判断环境变化,是此次事故最主要的心理原因。

3. 疲劳和生理节律因素

从家中回矿,一路舟车劳顿,未经休息,饭也没吃就上了夜班,导致身心疲劳。另外,事故发生时已接近零点,人体生理机能和心理机能已进入全面下降阶段。两方面因素使其感知觉能力、动作协调性和反应速度等较差,应急避险能力下降,这是他不慎滑倒又未能及时爬起的重要原因。

4. 侥幸心理与冒险行为的强化

据了解,他不停车前去搬道岔是经常性的做法,这是风险很高的违章冒险作业行为,因为电机车一挡比人的步行要快,还要上下车并完成扳道岔,弄慢了就会来不及完成动作而出事。可以分析,其初次违章不可能没有冒险的感觉,但在侥幸心理支配下,还是做出了这种行为选择。

由于在很长时间经常这样违章作业,并未发生事故,而获得了省时省力的效果,于是,该行为得到强化。本次不安全行为可能只是被强化了的习惯动作的重复。

5. 管理缺陷

首先是分配方式问题,该工人采用这种冒险行为究其基本原因应是计件工资的影响。该矿当时对电机车司机以每班拉多少矿车为主要计薪依据,在其家庭经济很困难的情况下,他很可能为节省时间拉更多的车数以多挣钱而选择了这种冒险的作业方式。还有重要的一点,就是对矿工关心不够,班组了解他的这种情况却没有及时做出特殊安排(如让他休息一天再下井等),这些都是严重的管理缺陷。

综上所述，此次事故的主要原因是当事者的心理和行为因素，而管理方面的原因也明显存在。如巷道积水没有及时排除，治理违章不力而使其违章已成为习惯，对矿工关心不够，没有及时做出特殊安排等。

复习思考题

1. 什么是煤矿安全心理学？其主要研究内容有哪些？
2. 简述影响作业可靠性的内部和外部干扰因素。
3. 简述易致事故发生的生理因素。
4. 简述易致事故发生的心理因素。
5. 简述故意性不安全行为的主要起因。
6. 简述非故意性不安全行为的主要起因。
7. 试对一起煤矿事故进行综合心理原因分析。
8. 搞好煤矿日常安全心理管理应采取哪些措施？

第三章 煤矿安全管理与安全培训

第一节 安全管理基础知识

一、安全管理性质和地位

所谓安全管理,指的是管理者对安全生产工作进行计划、组织、指挥、监督和调控的一系列活动,目的是以实现生产中的人身安全和财产不受损失,保证生产的顺利完成。

企业管理是一个完整的大系统,它是由许多子系统组成的。安全管理就是企业管理这个大系统中的一个子系统。它的基本任务是防止生产过程中的工作事故和职业病,保证劳动者的安全与健康;保护企业的劳动对象和劳动手段;保护国家财产不受损失;保障企业生产经营的顺利进行。因此,安全管理在企业管理中处于十分重要的地位。

我国是以公有制为基础的社会主义国家,这就决定了其必须体现党和国家对职工群众的关心和爱护。"改善劳动条件,加强劳动保护"已载入我国宪法,这充分体现了我国社会主义制度的优越性。社会主义企业必须将其作为经营管理的基本原则之一。

随着人民生活水平的不断提高,广大职工必然产生更高的安全需求。对企业领导者来说,满足职工的这种需求,也是对主人翁地位的保障。因此,无论从职工对安全的需求,还是从稳定职工情绪,企业必须把安全管理摆到重要位置上。安全生产是人类进行生产活动的客观需要,是文明进步的必然趋势。近年来,人们把安全、卫生、舒适的劳动条件作为择业的重要标准就充分说明了这一点。

二、安全管理的主要内容和主要任务

1. 安全管理的主要内容

安全管理的基本内容是进行有关安全决策、计划、组织、协调和控制等方面的活动,根据安全管理的对象、功能和主要任务,安全管理的主要内容应包括以下三个方面:

(1) 安全管理的基础工作

包括纵向专业管理、横向各职能部门管理以及与群众监督相结合的安全管理体制、以企业安全生产责任制为中心的规章制度体系、安全生产标准体系、安全技术措施体系、安全宣传及安全技术教育体系、应急与救灾救援体系、事故统计、报告与管理体系、安全信息管理系统,制定安全生产发展目标、发展规划和年度计划(矿井灾害预防与处理计划),开展危险源辨识、评估评价和管理。

(2) 生产建设中的动态安全管理

主要指企业生产环境和生产工艺过程中的安全保障。包括生产过程中人员不安全行为的发现与控制,设备安全性能的检测、检验和维修管理,物质流的安全管理,环境安全化的保证,重大危险源的监控,生产工艺过程安全性的动态评价与控制,安全监测监控系统的管理,定期、不定期的安全检查监督等。

(3) 安全信息化工作

包括对国际国内安全信息、煤炭行业安全生产信息、本企业内安全信息的搜集、整理、分析、传输、反馈,安全信息运转速度的提高,安全信息作用的充分发挥等方面,以提高安全管理的信息化水平,推动安全生产自动化、科学化、动态化。

2. 安全管理的任务

安全管理的根本任务是预先发现、分析、消除或控制生产过程中的各种危险,防止发生事故、职业病和环境危害,避免各种损失,推动企业生产活动正常进行。安全管理的主要任务是在贯彻执行国家安全生产法律法规、方针政策的前提下，分析、研究、评价企业生产建设过程中各种不安全因素，从组织、技术、管理、培训等方面采取措施，消除或控制危险源，预防事故发生或最大限度控制事故的影响范围及程度，实现最优化安全状态，为企业生产建设的顺利进行和经营目标的实现提供保障。

三、安全管理的基本原则

安全管理过程中要遵守一些基本原则。实践证明，这些原则对搞好安全管理、提高对煤矿灾害的控制程度很重要。

1. "安全第一，预防为主"的原则

"安全第一，预防为主"的原则既是我国的安全生产方针，也是安全管理的原则。由于我国煤矿众多，各类煤矿的生产能力、技术装备和管理水平发展极不平衡，大多数矿井地质条件复杂，自然灾害严重，开采条件差，加之从业人员的文化素质普遍偏低，在我国的煤矿中不安全因素比有些国家要多得多。坚持安全第一、预防为主的原则对煤矿安全生产具有特殊意义，是煤炭工业实现高效、安全开采的必要条件。

2. 管生产必须管安全的原则

管生产必须管安全的原则是我国安全生产最基本的准则之一，起到十分重要的作用，同时，这一原则在国外也被普遍接受和采用。坚持管生产必须管安全的原则，企业法人和各级行政正职是安全生产的第一责任人，对本单位、本部门的安全生产负全责。其他管理人员都必须在承担生产责任的同时对职责范围内的安全工作负责。

3. "三同时"的原则

"三同时"的原则指矿山建设工程的安全设施必须和主体工程同时设计、同时施工、同时投入生产和使用。这是党和政府多年来一直倡导的安全生产原则。坚持"三同时"的原则，可以促使企业按照安全规程和行业技术规范的要求，投资解决安全设施问题，避免因投资不足而随意拆除安全设施；可以保证安全设施按质按量按时完成，避免安全设施欠账，为安全生产创造物质基础。

4."专管群治，全员管理"的原则

安全生产是一项综合性、群众性工作，必须坚持群众路线，贯彻专业管理和群众管理、民主监督相结合的原则，做到安全生产大家管理，各个重视，人人自觉，互相监督，制止"三违"，消除隐患。

5."安全具有否决权"的原则

安全管理是贯彻执行党和国家安全生产方针、政策、法律、法规的监督性工作，安全工作是衡量企业工作好坏的一项基本内容，必须放在首位，应具有否决权。

6."四不放过"的原则

"四不放过"的原则是指发生事故后，要做到事故原因没查清不放过，当事人未受到处理不放过，群众未受到教育不放过，整改措施未落实不放过。"四不放过"是我国事故管理的基本经验和原则，其基本出发点是预防事故。要充分利用事故这种反面教材，总结研究事故发生规律，开展典型案例教育，为制定安全技术措施提供依据。

四、安全管理的基本原理

安全管理的基本原理就是研究劳动生产过程中的自然条件、物的状况、人的行为和管理工作等方面的不安全因素与劳动生产中产生的矛盾和对立统一的规律，以便适应这些规律来实现安全生产。其主要原理有：

1. 人本原理

即一切为了人，依靠人为根本的原理。尤其在煤矿生产建设过程中，人是最宝贵的，必须把职工的生命与健康放在第一位。

2. 系统原理

即把管理的对象看成一个有机的"人、财、物、环"统一系统，对问题的各个方面和各种联系进行全面和系统的综合分析和研究，采取相应对策。体现在全企业、全部门、全过程、全面和全员管理。

3. 整分合原理

即安全管理要构成有序的管理体系，各层次各司其职，下一层次要服从上一层次的控制，下一层次不能解决的问题，要由上一层次来协调解决，体现上下左右，大家分工合作，为一个共同目标而奋斗。

4. 反馈原理

即将安全管理工作的产出传输回来，以便及时进行相应调整，使工作达标。安全信息管理就是其中一例。

5. 封闭原理

即任何一个系统内的管理手段必须构成连续的封闭回路，才能进行有效的管理活动。

6. 统一原理

即在一定时空条件下，工作内容、法规、标准、制度等必须协调统一，才能有效地工作。

7. 弹性原理

即对待不同条件有不同的措施，达到安全管理"应急性"的重要，即在保证安全的条件下，解决工作中的问题。

8. 动力原理

即安全管理要运用一些动力去推动工作有效地进行下去，如开展安全检查、竞赛活动、严格奖惩等。

五、煤矿现代安全管理

煤矿现代安全管理是以安全系统工程为核心，综合应用系统工程、人机工程、心理学、行为科学等原理和方法，在传统安全管理的基础上，进一步发展和完善起来的，其实质是本质安全化，是主动的条件管理，是治本之策。

煤矿现代安全管理包括安全现代管理意识、安全现代管理组织、安全现代管理人才、安全现代管理方法、安全现代管理手段等诸方面内容。其中,安全现代管理意识是实现煤矿安全现代管理的先导。

煤矿安全现代管理是建立在系统原理、人本原理、组织有效性原理、动态相关原理,控制反馈原理、效益最优化原理等的基础上。以上原理存在密切联系,效益最优化是各原理的总归宿,每个原理都应体现这一原理的实质要求,系统整体原理对其他原理来说又有综合的作用,它是深刻理解其他原理的重要基础,也就是说煤矿安全现代管理是应用系统工程的原理和方法,以煤矿安全为对象,以专业技术知识为基础,对煤矿存在的危险因素及其影响和影响程度进行分析,从而使煤矿的安全工作实现综合、全面、系统的管理。人体能动性也就是人本原理,是其他原理发挥作用的关键,人是一切管理活动的主体,在各种管理活动中应把人的因素放在第一位,尽量发挥人的自觉和自我实现精神,使全体成员明确组织安全目标、自己的安全职责,以及组织安全目标与个人安全目标,国家、集体与个人利益的一致性,使每个人的聪明才智充分发挥出来,主动参与安全管理,控制反馈原理是实现整体效益的最优化手段,它自始至终存在于煤矿安全生产系统发展过程中。

实行煤矿现代安全管理,本质安全是确保安全生产、预防事故的一项最基本的战略原则,是指当操作者发生操作失误时,设备系统能够通过某些结构来阻止或消除危险的发生,从而保证安全,即在任何情况下都不发生危险。研究本质安全的目的在于运用安全科学技术的一切成就,使形成事故的某些主要条件从根本上消除,如暂时达不到这种要求,可采取多种多重安全措施,形成最佳的安全保障体系,以获得最大限度的安全。本质安全的基本出发点是在对事故的科学分析的基础上,针对事故发生的主要原因,采取技术或工程措施,从根本上消除事故发生的主要条件,形成安全状态。例如,"风电闭锁"装置就是为了防止电气设备产生火花等意外事故而导致瓦斯爆炸,在局部通风系统中实行风电闭锁，即局扇一旦停风，就会带动系统中的电气设备无法送电，只有瓦斯检查合格，恢复正常通风后，才能送上电。又如，煤矿井下放炮作业安全中提到的"放炮三保险"，就是采用逻辑推理、应用多重措施预防放炮崩人事故的发生。当一地点放炮时，所有人员不准进入工作面是本质安全的要求，可一旦有人进入怎么办？采取的措施就是在所有的通道口挂放炮牌；若有人不注意看牌子进去了怎么办？再拉上绳或打上栏杆；若有人扯掉绳子进去，怎么办？再排人站岗；若站岗人的思想不集中，怎么办？放炮前 5 s 由放炮员大喊三声"放炮了"，提醒大家注意，然后才能放炮。若这些都失败怎么办？加强职工思想教育，制定相应规章制度，奖惩结合，实行自保互保等措施，确保生产安全。

第二节　煤矿安全检查

一、煤矿安全检查概述

安全检查是安全管理工作的重要手段，也是一项十分重要的基础工作。早在1963年国务院就明确规定安全检查必须有明确的目的、要求和具体计划，建立由企业领导负责的安全检查组织。煤矿安全生产检查是指对煤炭生产过程及安全管理中可能存在的隐患、有害与危险因素、缺陷等进行查证，以确定隐患或有害与危险因素、缺陷的存在状态，以及它们转化为事故的条件，以便制定整改措施，消除隐患和有害与危险因素，确保煤矿生产的安全。安全生产检查是安全管理工作的重要内容，是消除隐患、防止事故发生、改善劳动条件的重要手段。通过安全生产检查，可以发现生产经营单位生产过程中的危险因素，以便有计划地制定纠正措施，保证生产的安全。

1. 安全检查的主要目的

安全检查的主要目的是通过安全检查，及时了解情况，发现和解决问题，预防各类事故和职业病，促进企业不断改善劳动条件，保证安全生产，而且要通过检查，强化领导和职工的安全意识，促进互相学习，交流经验，不断提高安全机能。具体来说，开展安全生产检查是基于以下几方面的客观要求和目的：

(1) 安全检查是企业安全生产发展整体利益的需要

在安全生产过程中，个体行为与整体行为未必一致。为了整体利益，必须对个体的或极少数人的行为进行监督检查。

(2) 安全检查是对人的安全行为经常性、推动式的有效调整措施

人的行为受诸多生理、心理和环境因素的影响，未必能保持持久如一，必须对其进行经常性的提示和调整，以保持其行为的正确性。

(3) 安全检查是客观的、帮助性的调整行为

人在活动中往往缺乏自省能力，有时不能作出有效的、良好的自我调整和自我控制，需要他人在旁观者的位置上作出冷静的观察和思考，并采取帮助性措施，以防止其行为出现偏差。

2. 安全检查的对象和内容

安全检查对象的确定应本着突出重点的原则，危险性大、易发事故、事故危害大的生产系统、部位、装置、设备等应加强检查。安全检查的内容包括软件系统和硬件系统，具体主要是查思想、查管理、查隐患、查整改、查事故处理。

目前，对矿山企业要求强制性检查的项目有：矿井风量、风质、风速及井下温度、湿度、噪声；瓦斯、粉尘；矿山放射性物质及其他有毒有害物质；露天矿山边坡；尾矿坝；提升、运输、装载、通风、排水、瓦斯抽放、压缩空气和起重设备；各种防爆电器、电器安全保护装置；矿灯、钢丝绳等；瓦斯、粉尘及其他有毒有害物质检测仪器、仪表；自救器；救护设备；安全帽；防尘口罩或面罩；防护服、防护鞋；防噪声耳塞耳罩。

二、安全生产检查的方法及工作程序

1. 检查方法

(1) 常规检查法

常规检查是一种常见的检查方法。通常是由安全管理人员作为检查工作的主体，到作业场所的现场，通过感观或辅助一定的简单工具、仪表等，对作业人员的行为、作业场所的环境条件、生产设备设施等进行的定性检查。安全检查人员通过这一手段，及时发现现场存在的安全隐患并采取措施予以消除，纠正施工人员的不安全行为。常规检查完全依靠安全检查人员的经验和能力，检查结果直接受安全检查工个人素质的影响。因此，对安全检查工个人素质的要求较高。

(2) 安全检查表法

为使检查工作更加规范，将个人的行为对检查结果的影响减少到最小，常采用安全检查表法。

安全检查表是事先把系统加以剖析，列出各层次的不安全因素，确定检查项目，并把检查项目按系统的组成顺序编制成表，以便进行检查或评审，这种表就叫做安全检查表。安全检查表是进行安全检查，发现和查明各种危险和隐患，监督各项安全规章制度的实施，及时发现事故隐患并制止违章行为的有力工具。安全检查表应列举需查明的所有可能会导致事故的安全因素。每个检查表均需注明检查时间、检查者、直接负责人等，以便分清责任。安全生产检查表的设计应做到系统、全面，检查项目应明确。

编制安全检查表的主要依据有：①有关标准、规程、规范及规定。②国内外事故案例及本单位在安全管理及生产中的有关经验。③通过系统分析，确定的危险部位及防范措施都是安全检查表的内容。④新知识、新成果、新方法、新技术、新法规和新标准。

我国许多行业都编制并实施了适合行业特点的安全检查标

准，如建筑、火电、机械、煤炭等行业都编制了适用于本行业的安全检查表。企业在实施安全检查工作时，根据行业颁布的安全检查标准，可以结合本单位情况制定更具可操作性的检查表。

(3) 仪器检查法

机器、设备内部的缺陷及作业环境条件的真实信息或定量数据，只能通过仪器检查法来进行定量化的检验与测量，才能发现安全隐患，从而为后续整改提供信息。因此，必要时需要实施仪器检查。由于被检查的对象不同，检查所用的仪器和手段也不同。

2. 安全生产检查的工作程序

安全生产检查工作一般包括以下几个步骤：

(1) 安全检查准备

1) 确定检查对象、目的、任务。

2) 查阅、掌握有关法规、标准、规程的要求。

3) 了解检查对象的工艺流程、生产情况、可能出现危险、危害的情况。

4) 编制检查计划，安排检查内容、方法、步骤。

5) 编写安全检查表或检查提纲。

6) 准备必要的检测工具、仪器、书写表格或记录本。

7) 挑选和训练检查人员并进行必要的分工等。

(2) 实施安全检查

实施安全检查就是通过访谈、查阅文件和记录、现场检查、仪器测量的方式获取信息。

1) 访谈。通过与有关人员谈话来了解相关部门、岗位执行规章制度的情况。

2) 查阅文件和记录。检查设计文件、作业规程、安全措施、责任制度、操作规程等是否齐全，是否有效；查阅相应记录，判断上述文件是否被执行。

3) 现场观察。到作业现场寻找不安全因素、事故隐患、事故征兆等。

4）仪器测量。利用一定的检测检验仪器设备，对在用的设施、设备、器材状况及作业环境条件等进行测量，以发现隐患。

(3) 通过分析做出判断

掌握情况（获得信息）之后，就要进行分析、判断和检验。可凭经验、技能进行分析、判断，必要时可以通过仪器检验得出正确的结论。

(4) 及时做出决定并进行处理

做出判断后，应针对存在的问题做出采取措施的决定，即下达隐患整改意见和要求，包括要求进行信息的反馈。

(5) 整改落实

通过复查整改落实情况，获得整改效果的信息，以实现安全检查工作的闭环。

第三节 危险、有害因素辨识和煤矿安全隐患排查

一、危险、有害因素及其分类

危险因素是指能对人员造成伤亡或对物造成突发性损害的因素。有害因素是指能影响人的身体健康、导致疾病或对物造成慢性损害的因素。在通常情况下，两者并不加以区分而统称为危险、有害因素。

1. 按导致事故的直接原因分类

根据《生产过程危险和有害因素分类与代码》（GB/T 13861—1992）的规定，按导致事故的直接原因分为6大类，即物理性，化学性，生物性，心理、生理性，行为性，其他危险、有害因素。

(1) 物理性危险和有害因素

1) 设备、设施缺陷。
2) 防护缺陷。
3) 电危害。
4) 噪声。
5) 振动危害。
6) 电磁辐射。
7) 运动物危害。
8) 明火。
9) 高温物质。
10) 低温物质。
11) 粉尘与气溶胶。
12) 作业环境不良。
13) 信号缺陷。
14) 标志缺陷。
15) 其他物理性危险和有害因素。
(2) 化学性危险和有害因素
1) 易燃易爆性物质。
2) 自燃性物质。
3) 有毒物质。
4) 腐蚀性物质。
5) 其他化学性危险和有害因素。
(3) 生物性危险和有害因素
1) 致病微生物。
2) 传染病媒介物。
3) 致害动物。
4) 致害植物。
5) 其他生物性危险和有害因素。
(4) 心理、生理性危险和有害因素
1) 负荷超限。

2) 健康状况异常。
3) 从事禁忌作业。
4) 心理异常。
5) 辨识功能缺陷。
6) 其他心理、生理性危险和有害因素。

(5) 行为性危险和有害因素
1) 指挥错误。
2) 操作错误。
3) 监护失误。
4) 其他错误。
5) 其他行为性危险和有害因素。

(6) 其他危险和有害因素

2. 参照事故类别进行分类

参照《企业职工伤亡事故分类》(GB 6441—1986),综合考虑起因物、引起事故的诱导性原因、致害物、伤害方式等,将危险因素分为以下 20 类:物体打击、车辆伤害、机械伤害、起重伤害、触电、淹溺、火灾、高处坠落、坍塌、冒顶片帮、透水、爆破、火药爆炸、瓦斯爆炸、锅炉爆炸、容器爆炸、其他爆炸、中毒、窒息、其他伤害。

二、危险、有害因素辨别方法

在危险、有害因素的辨识中选用哪种辨识方法要根据分析对象的性质、特点、寿命的不同阶段和分析人员的知识、经验和习惯来定。常用的危险、有害因素辨识方法有直观经验分析方法和系统安全分析方法。

1. 直观经验分析方法

直观经验分析方法适用于有可供参考先例、有以往经验可以借鉴的系统,不能应用在没有可供参考先例的新开发系统。

(1) 对照、经验法

对照、经验法是对照有关标准、法规、检查表或依靠分析人员的观察分析能力，借助于经验和判断能力对评价对象的危险、有害因素进行分析的方法。

（2）类比方法

类比方法是利用相同或相似工程系统或作业条件的经验和劳动安全卫生的统计资料来类推、分析评价对象的危险、有害因素。

2. 系统安全分析方法

系统安全分析方法是应用系统安全工程评价方法中的某些方法进行危险、有害因素的辨识。系统安全分析方法常用于复杂、没有事故经验的新开发系统。常用的系统安全分析方法有事件树、事故树等。

三、危险、有害因素的识别

尽管现代企业千差万别，但如果能够通过事先对危险、有害因素的识别，找出可能存在的危险、危害，就能够对所存在的危险、危害采取相应的措施（如修改设计、增加安全设施等），从而大大提高系统的安全性。

1. 危险、有害因素的识别的顺序和范围

在进行危险、有害因素的识别时，要全面、有序地进行，防止出现漏项，宜从厂址、总平面布置、道路运输、建构筑物、生产工艺、物流、主要设备装置、作业环境、安全措施管理等几方面进行。识别实际上就是系统安全分析的过程。

（1）厂址

从厂址的工程地质、地形地貌、水文、气象条件、周围环境、交通运输条件、自然灾害、消防支持等方面分析、识别。

（2）总平面布置

从功能分区、防火间距和安全间距、风向、建筑物朝向、危险有害物质设施、动力设施（氧气站、乙炔气站、压缩空气站、锅炉房、液化石油气站等）、道路、储运设施等方面进行分析、识别。

(3) 道路及运输

从运输、装卸、消防、疏散、人流、物流、平面交叉运输和竖向交叉运输等方面进行分析、识别。

(4) 建构筑物

从厂房的生产火灾危险性分类、耐火等级、结构、层数、占地面积、防火间距、安全疏散等方面进行分析、识别。

从库房储存物品的火灾危险性分类、耐火等级、结构、层数、占地面积、安全疏散、防火间距等方面进行分析、识别。

(5) 工艺过程

1) 对新建、改建、扩建项目设计阶段危险、有害因素的识别：

①对设计阶段是否通过合理的设计进行考查，尽可能从根本上消除危险、有害因素。

②当消除危险、有害因素有困难时，对是否采取了预防性技术措施进行考查。

③在无法消除危险或危险难以预防的情况下，对是否采取了减少危险、危害的措施进行考查。

④在无法消除、预防、减弱的情况下，对是否将人员与危险、有害因素隔离等进行考查。

⑤当操作者失误或设备运行一旦达到危险状态时，对是否能通过连锁装置来终止危险、危害的发生进行考查。

⑥在易发生故障和危险性较大的地方，对是否设置了醒目的安全色、安全标志和声、光警示装置等进行考查。

2) 对安全现状综合评价可针对行业和专业的特点及行业和专业制定的安全标准、规程进行分析、识别。针对行业和专业的特点，可利用各行业和专业制定的安全标准、规程进行分析、识别。例如，原劳动部曾会同有关部委制定了冶金、电子、化学、机械、石油化工、轻工、塑料、纺织、建筑、水泥、制浆造纸、平板玻璃、电力、石棉、核电站等一系列安全规程、规定，评价人员应根据这些规程、规定、要求对被评价对象可能存在的危险、有害因素进行分析和识别。

3）根据典型的单元过程（单元操作）进行危险、有害因素的识别。典型的单元过程是各行业中具有典型特点的基本过程或基本单元。这些单元过程的危险、有害因素已经归纳总结在许多手册、规范、规程和规定中，通过查阅均能得到。这类方法可以使危险、有害因素的识别比较系统，避免遗漏。

（6）生产设备、装置

对于工艺设备可从高温、低温、高压、腐蚀、振动、关键部位的备用设备、控制、操作、检修和故障、失误时的紧急异常情况等方面进行识别。对机械设备可从运动零部件和工件、操作条件、检修作业、误运转和误操作等方面进行识别。

对电气设备可从触电、断电、火灾、爆炸、误运转和误操作、静电、雷电等方面进行识别。

另外，还应注意识别高处作业设备、特殊单体设备（如锅炉房、氧气站）等的危险、有害因素。

（7）作业环境

注意识别存在毒物、噪声、振动、高温、低温、辐射、粉尘及其他有害因素的作业部位。

（8）安全管理措施

可以从安全生产管理组织机构、安全生产管理制度、事故应急救援预案、特种作业人员培训、日常安全管理等方面进行识别。

2. 重大危险源的识别

重大危险源是指长期地或临时地生产、加工、搬运、使用或储存危险物质，且危险物质的数量等于或超过临界量的单元。

目前，国际上是根据危险、有害物质的种类及其限量来确定重大危险源。例如，欧盟的塞维索法令中列出了一些危险、有害物质的名称及限量。

在我国，有无重大危险源应参照《重大危险源辨识》（GB

18218—2000)进行识别。隐患通常是指可能导致事故发生的危险状态、人的不安全行为及管理上的缺陷,也指人机环境系统安全品质的缺陷。隐患排查管理是综合应用各种管理方法和技术,对生产作业中的各种隐患进行识别、分析、评价、排查和分级监控,以消灭或控制事故隐患。由于隐患排查管理突出了安全工作的重底,解决危及安全生产的关键要害问题,因此,有利于加强企业技术装备的基础建设,提高本质安全化水平。也可以以重点带动一般,推动企业安全管理水平的提高。

四、隐患排查控制管理

1. 隐患的分类

企业作业环境和生产工艺过程中的隐患各种各样,成因也各不相同。对隐患进行分类有助于分析研究问题和隐患管理。

(1) 按隐患危害程度分类

1) 一般隐患。危险性不大,事故影响或损失较小的隐患。

2) 重大隐患。危险性较大,可能造成较大事故,造成人员伤亡或财产损失的隐患。

3) 特别重大隐患。危险性大,可能造成重大人身伤亡或财产损失的隐患。

由于隐患危害程度的大小具有相对性,按这种方法进行隐患分类时,必须建立比较明确的标准。

(2) 按危险类型分类

可分为火灾隐患、水灾隐患、爆炸隐患、动力灾害隐患、电气隐患、冒顶片帮隐患、运输提升隐患、泄漏隐患、中毒隐患、危房隐患、滑坡隐患等。

(3) 按表现形式分类

可分为人的隐患(认识隐患、行为隐患)、物的隐患、环境隐患和管理隐患。

2. 隐患排查控制管理

隐患管理要以系统安全分析和系统安全评价为基本手段,对各种隐患进行预先识别、分析、评价、排查、分级监控和管理，并通过科学检查、信息反馈、隐患整改等措施提前设防。因此，隐患管理涉及隐患的分级管理、隐患识别排查和隐患评估等方面的技术。

(1) 隐患的分级分类管理

根据管理部门的有关规定，对国有大中型企业的隐患按如下规定进行分级管理：

1) 政府管理。划分为：一般隐患（县市级安全生产监督管理部门管理）；重大隐患（地市级安全生产监督管理部门管理）；特别重大隐患（省市级安全生产监督管理部门管理）。

2) 行业管理。划分为：一般隐患（厂级管理）；重大隐患（局、公司管理）；特别重大隐患（行业主管部门管理）。

3) 企业管理。进行分类、建档（台账）、班组报表、统计分析及适时动态监控。

根据原煤炭工业部的有关规定，煤炭企业隐患实现 A、B、C 级管理：

①A 级隐患。难度大，矿解决不了，必须由矿务局（公司）解决的隐患。

②B 级隐患。难度较大，区（队）解决不了，必须由矿解决的隐患。

③C 级隐患。由区（队）、业务部门必须解决的隐患。

(2) 隐患辨识与排查

隐患的辨识与排查应该在对企业进行全面调查的基础上，应用系统安全分析的科学方法，或者根据实践经验，或者把两者结合起来加以确定。可以采取仪表检测、自动监测、行为抽样等技术手段。

进行现场调查时，应该对作业内容、方法、危险因素、危险程度、曾经发生过的事故和未遂事件等进行全面的了解和分析，并应收集类似条件企业发生过的事故的情况。如有可能也可参考同类企业的危险辨识与排查结果。在隐患辨识与排查时，应广泛听取有实践经验的工人、工程技术人员、现场管理人员和安全专家的意见。隐患辨识工作应符合企业自身的实际情况。

(3) 隐患评估

隐患评估就是要对隐患进行分级，依据是隐患导致事故的可能性和可能导致灾害的严重程度（严重性）。根据对隐患的识别排查结果，可按表3—1的结论进行分级。

表 3—1　　　　　　　　　危险分级表

可能性＼严重性	灾难的	严重的	轻度的	轻微的	说明
频繁	●	●	○	▼	●不可接受，立即停产
很可能	●	●	○	▼	○不希望有，立即开展详细评估及整顿
有时	●	○	▼	◆	▼有控制的接受，在严格监控下运行
极少	○	▼	▼	◆	◆可以接受，不列为危险
不可能	▼	▼	▼	◆	

3. 隐患控制管理

对隐患的控制管理要从管理制度、定期排查、详细反馈、隐患整改、基础建设、考评奖惩等方面采取综合措施。具体对策是：

(1) 建立隐患排查规章制度

如安全生产责任制、煤矿重大事故隐患排查制度、安全检查制度、信息反馈制度、危险作业审批制度、考核奖惩制度等。

(2) 明确隐患排查管理责任

应根据隐患的等级确定各级负责人，并明确各自的具体责任，特别是各级隐患的排查责任。除作业人员必须每天自查外，还要规定各级领导定期参加排查。这不仅有助于增强领导干部的安全责任感，体现管生产必须管安全的原则，也有助于重大事故隐患的及时发现和整改。同时要明确专职安全技术人员对隐患排查的检查、监督和严格考评的责任。

(3) 加强各级领导和职工的教育培训

隐患排查管理能否得到贯彻执行及执行质量的高低，在很大程度上取决于人员的安全意识、安全知识和安全技术水平。隐患排查管理过程中必须加强领导和职工的安全教育、培训，提高其综合安全素质，以推动管理活动的有效进行。

(4) 严格事故隐患的定期排查

实行局（公司）、矿、专业、区队、班组分级定期排查隐患，分专业综合管理，排查和整改结果实现文件化。每月底之前矿总工程师应组织人员对全矿的重大事故隐患进行排查分类，确定等级，排查情况要形成文件。各专业副总工程师应在每月下旬对本部门下月的事故隐患进行排查，并对本月隐患整改进行总结，分别填写事故隐患排查统计表和事故隐患处理验收卡。各区队应把隐患排查作为每周安全活动日的主要内容，由区长、技术员主持本区队施工范围内下周的事故隐患进行详细排查，将排查内容、整改措施、完成期限和负责人等形成文件，予以上报。班组在每班作业前要进行隐患排查。

(5) 严格隐患的及时整改和验收

应明确规定事故隐患整改的总负责人和具体负责人，并加强整改情况的监督和综合管理。隐患整改可实行分级销号管理，整改项目经相应级别的机构组织验收合格后予以销号。隐患整改的各种信息资料要实现文件化管理。

(6) 抓好信息反馈

要建立健全信息反馈系统，完善信息反馈机制，做好信息收集、整理和存储工作，规定信息反馈的具体负责人。

(7) 做好重大危险源管理的基础工作

除建立健全各项规章制度和隐患管理体系外，还要健全重大事故隐患档案，在重大隐患点悬挂标志牌，标明危险等级和负责人。

(8) 搞好隐患排查管理的考核评价和奖惩

应制定各方面工作的考核标准,并力求量化,分出等级。定期严格考核和按照标准及时兑现奖惩。应逐年提高要求,促进隐患排查管理水平的不断提高。

第四节 煤矿安全培训

一、安全培训的性质和目的

《安全生产法》规定:"生产经营单位应当对从业人员进行安全生产教育和培训,保证从业人员具备必要的安全生产知识,熟悉有关的安全生产规章制度和安全操作规程,掌握本岗位的安全操作技能。未经安全生产教育和培训合格的从业人员,不得上岗作业。"

"生产经营单位的特种作业人员必须按照国家有关规定经专门的安全作业培训,取得特种作业操作资格证书,方可上岗作业。"

"生产经营单位采用新工艺、新技术、新材料或者使用新设备,必须了解、掌握其安全技术特性,采取有效的安全防护措施,并对从业人员进行专门的安全生产教育和培训。"

安全培训是安全生产的基础。只有从事煤炭生产的人员熟练地掌握安全技术,才能正确地按作业规程的要求进行操作。只有学会预防事故发生的有关知识和技术,才能有效地保护自身安全和健康,提高劳动效率。

安全培训的目的就是努力提高职工队伍的安全素质;提高广大职工对安全生产重要性的认识,增强安全生产的责任感;提高广大职工遵守规章制度和劳动纪律的自觉性,增强对安全生产的法制观念;提高广大职工的安全技术知识水平,熟练掌握操作技术要求和预防、处理事故的能力。

国家安全生产监督管理总局制定的《生产经营单位安全培训规定》(2005年12月28日局长办公会议审议通过,自2006年3月1日起施行)规定,生产经营单位从业人员应当接受安全培训,熟悉有关安全生产规章制度和安全操作规程,具备必要的安全生产知识,掌握本岗位的安全操作技能,增强预防事故、控制职业危害和应急处理的能力。

二、安全培训教育的形式

我国传统的煤矿安全培训教育的形式主要有三级教育、经常性教育、特殊岗位和工种的专门教育等。

1. 三级教育

三级教育是新工人入矿教育、车间教育和班组(岗位)教育,是厂矿企业安全生产教育制度的基本形式。

《生产经营单位安全培训规定》规定,加工、制造业等生产单位的其他从业人员,在上岗前必须经过厂(矿)、车间(工段、区、队)、班组三级安全培训教育。

2. 经常性教育

经常性安全教育是职工业务学习的主要内容,应贯穿于生产活动的全过程中,坚持党政工团齐抓共管,如班前班后会、安全知识竞赛、广播、黑板报、事故现场会、安全录像等。

3. 特殊岗位和工种的专门教育

特殊工种的专门培训教育是针对煤矿特殊工种作业人员进行的。煤炭系统的特殊工种作业人员必须经脱产培训,考核合格后,取得操作资格证后,方可上岗作业。

按照国家煤矿安全监察局有关规定要求,煤炭企业和管理部门的局长,必须经过培训,取得安全工作资格证书;煤矿矿长必须经过培训,取得矿长资格证书。

三、安全教育的主要内容

1. 关于管理人员安全培训内容的要求

国家煤矿安全监察局制定的《煤矿安全培训教学大纲》规定：

（1）煤炭企业主要经营管理者必须学习煤矿安全生产方针、政策与法律、法规；矿井建设与煤矿生产技术；矿井通风与灾害防治技术；煤矿安全管理与安全培训；抢险救灾与事故处理；自救、互救与创伤急救知识。

（2）正副区（队）长、班（组）长必须学习煤矿安全生产方针、政策与法律、法规；区（队）、班（组）安全管理知识；煤矿生产技术；安全技术理论知识；矿井灾害发生规律、预防措施和处理方法；自救、互救与创伤急救知识。

2. 关于三级安全培训内容的要求

《生产经营单位安全培训规定》规定的三级安全培训内容分别是：

(1) 厂（矿）级岗前安全培训内容

1) 本单位安全生产情况及安全生产基本知识。

2) 本单位安全生产规章制度和劳动纪律。

3) 从业人员安全生产权利和义务。

4) 有关事故案例。

5) 煤矿等高危行业生产经营单位厂（矿）级安全培训除包括上述内容外，应当增加事故应急救援、事故应急预案演练及防范措施等内容。

(2) 车间（工段、区、队）级岗前安全培训内容

1) 工作环境及危险因素。

2) 所从事工种可能遭受的职业伤害和伤亡事故。

3) 所从事工种的安全职责、操作技能及强制性标准。

4) 自救互救、急救方法、疏散和现场紧急情况的处理。

5) 安全设备设施、个人防护用品的使用和维护。

6) 本车间（工段、区、队）安全生产状况及规章制度。

7) 预防事故和职业危害的措施及应注意的安全事项。

8) 有关事故案例。

9) 其他需要培训的内容。

(3) 班组级岗前安全培训内容

1) 岗位安全操作规程。

2) 岗位之间工作衔接配合的安全与职业卫生事项。

3) 有关事故案例。

4) 其他需要培训的内容。

3. 对培训时间的规定

一般生产经营单位新上岗的从业人员，岗前培训时间不得少于24学时。

煤矿、非煤矿山、危险化学品等高危行业的生产经营单位新上岗的从业人员安全培训时间不得少于72学时，每年接受再培训的时间不得少于20学时。

4. 关于重新培训的几种情况

(1) 从业人员在本生产经营单位内调整工作岗位或离岗一年以上重新上岗时，应当重新接受车间（工段、区、队）和班组级的安全培训。

(2) 生产经营单位实施新工艺、新技术或者使用新设备、新材料时，应当对有关从业人员重新进行有针对性的安全培训。

5. 安全培训复训的内容

包括：近期颁发的有关煤矿安全的方针、政策与法律、法规；国内外安全生产的新形势、新要求；有关岗位及相关安全生产的新技术、新装备和新工艺；有关煤矿安全管理的新经验和新方法；近期典型事故案例分析；有复习初训时学习过的安全生产知识，特别是重大灾害事故的发生规律及防治措施。

四、安全培训的有关管理制度

煤炭企业安全技术培训各类资格证书由国家煤矿安全监察局统一监制。培训、考核、发证、认证工作分别由国家煤矿安全监察局、省级煤矿安全监察局和煤矿安全监察分局管理。

为了加强对煤矿安全技术培训教学单位和教师的管理工作，保证安全培训质量，国家煤矿安全监察局根据各安全培训机构的办学条件、培训对象和布局，将全国的煤矿安全培训机构划分为四个级别，并分别规定了培训对象：

1. 一级煤矿安全培训机构。负责培训各级煤矿安全监察人员，地、市煤炭局正副局长、总工程师，国有重点煤矿正副矿长、总工程师，二、三级煤矿安全培训机构的教师。

2. 二级煤矿安全培训机构。负责培训本省（区）国有重点煤矿正副区、队、科级生产安全管理人员，人数稀少的特种作业人员，地方国有煤矿和乡镇煤矿正副矿长、总工程师、区（队）长，四级煤矿安全培训机构的教师，上级安排的其他安全培训。

3. 三级煤矿安全培训机构。负责培训本地区、本企业班（组）长、特种作业人员，区、队以下生产安全管理人员，上级安排的其他安全培训。

4. 四级煤矿安全培训机构。负责上述三级安全培训机构范围以外的煤矿企业从业人员的安全培训。

复习思考题

1. 安全管理有哪些特征？
2. 煤矿安全管理的基本原则有哪些？
3. 煤矿现代安全管理有哪些特征？
4. 简述《生产过程危险和有害因素分类与代码》（GB/T 13861—1992）中规定的心理、生理性危险和有害因素。
5. 行为性危险和有害因素有哪些？
6. 安全隐患的分级分类管理是怎样的？
7. 简述煤矿安全培训教育的主要内容。

第四章 煤矿安全监察与事故调查

第一节 煤矿安全监察概述

一、煤矿安全监察机构

煤矿安全监察机关是安全监察工作的行政执法机构,依法对煤矿履行国家监察职责。1999年12月30日,经国务院批准,国家煤矿安全监察局正式成立。这标志着我国煤矿进行安全监察垂直管理、分级监察的管理体制正式运行。我国煤矿安全监察分为以下三级机构:

1. 国家煤矿安全监察局

2003年第10届全国人民代表大会国务院机构改革方案中,国家安全生产监督管理局(国家煤矿安全监察局)"改为国务院直属机构",是"为进一步强化安全生产的监管",承担煤矿安全监察职能。

2. 省(自治区、直辖市)煤矿安全监察局

为国家煤矿安全监察局的直属机构,实行国家煤矿安全监察局与所在省(自治区、直辖市)政府的双重领导,以国家煤矿安全监察局为主的管理体制。

3. 煤矿安全监察分局

省(自治区、直辖市)煤矿安全监察局在大中型矿区设立煤矿安全监察办事处,作为其派出机构。

二、安全监察机构职责

1. 国家煤矿安全监察局的主要职责

(1) 研究拟定煤矿安全生产工作的方针、政策，组织起草有关煤矿安全生产的法律、法规草案，制定煤矿安全生产规章、规程，拟定煤炭工业安全标准，提出保障煤矿安全监察规划和目标。

(2) 贯彻执行国家关于煤矿安全生产的方针、政策和法律、法规及有关规章，履行国家煤矿安全监察职责。

(3) 组织调查和处理煤矿重大、特大事故，负责全国煤矿事故与职业危害的统计分析，发布全国煤矿安全生产信息。

(4) 指导有关煤矿安全生产的科研工作，组织煤矿使用的设备、材料、仪器仪表的安全监察管理工作。

(5) 拟定开办煤矿的安全标准，组织煤矿建设工程安全设施的设计审查和竣工验收，组织对不符合安全生产标准的煤炭企业的查处工作。

(6) 组织、指导煤炭企业安全生产技术培训工作，负责煤炭企业主要经营管理者安全资格认证工作。

(7) 监督检查煤矿职业危害的防治工作。

(8) 组织、指导和协调煤矿救护队及其应急救援工作。

(9) 按照干部管理权限负责直属煤矿安全监察机构的干部管理工作，组织煤矿安全监察人员的培训、考核工作。

(10) 开展煤矿安全生产方面的国际交流与合作。

(11) 承办国务院和国家经贸委交办的其他事项。

2. 省（自治区、直辖市）煤矿安全监察局的主要职责

(1) 贯彻落实国家关于煤矿安全生产方针、政策和法律、法规及规章、规程。

(2) 按照分级管理的原则和上级授权，组织调查和处理煤矿伤亡事故。

(3) 组织、指导煤矿安全生产技术培训、职业危害防治、煤矿救护队及其应急救援工作。

(4) 负责煤矿使用的设备、材料、仪器仪表等的安全监察管

理工作。

(5) 查处不符合安全生产标准的煤炭企业。

(6) 承办国家煤矿安全监察局交办的其他事项。

3. 煤矿安全监察分局的主要职责

在省(自治区、直辖市)煤矿安全监察局的领导下,负责划定区域内煤矿的安全监察和执法工作。

三、煤矿安全监察的内容

煤矿安全监察属于行政执法活动,对煤矿实施监察可划分为两部分,一部分是对煤矿建设工程实施安全监察,另一部分是对煤矿的生产活动实施安全监察。其中对煤矿生产活动的监察是重中之重。

1. 对煤矿建设工程设计及竣工的监察

按分级负责原则,设计生产能力在120万t/a(含120万t/a)以上的,由国家煤矿安全监察机构负责;设计生产能力在30万t/a以上,120万t/a以下的,由省煤矿安全监察机构负责;设计能力在30万t/a(含30万t/a)以下的,由煤矿所在地煤矿安全监察办事处负责。煤矿建设工程的安全设施必须和主体工程同时设计,同时施工,同时投入生产和使用。

煤矿安全监察机构接到煤矿建设工程安全设施设计审查和竣工验收申请后,应在30天内审查、验收完毕,做出书面答复。

2. 对煤矿安全管理方面的监督检查

如是否制定行之有效的事故预防及应急计划;是否制定发现和消除隐患的措施并加以落实;是否建立了安全生产责任制;是否设置了安全生产机构;是否依法提取和使用安全技术措施专项费用;是否向职工发放所需的劳动保护用品等。

3. 对煤矿职工安全培训情况进行监察

如矿长是否具备安全专业知识,取得矿长资格证书;特种作业人员是否取得操作资格证书等。

4. 对煤矿安全设施和条件进行监督检查

如煤矿矿井通风、防火、防瓦斯、防毒、防尘等安全设施和条件是否符合有关标准、《煤矿安全规程》要求；作业场所的瓦斯、粉尘或其他有毒有害气体的浓度是否超过国家安全标准或行业安全标准等。

5. 对煤矿使用的生产设备、器具进行安全检查

如煤矿使用的设备、器材、仪器、仪表、防护用品是否符合国家安全标准或行业安全标准；是否使用人员专用升降容器；是否使用明火明电照明等。

6. 对开拓、开采方面进行监察

如煤矿是否擅自开采保安煤柱；是否采用危及相邻煤矿安全生产的危险方法；是否独眼井开采等。

第二节 煤矿安全检查工应具备的条件、职责及权限

一、安全检查工应具备的条件

1. 热爱煤矿安全检查工作，爱岗敬业，认真负责，作风严谨，坚持原则，实事求是。
2. 在井下现场工作满 5 年以上。
3. 对检查现场和专业熟悉了解，且能掌握煤矿三大规程（《煤矿安全规程》《各工种操作规程》《工作面技术作业规程》）等有关安全法规。
4. 具有初中以上文化程度。
5. 身体健康，能够胜任井下安全检查工作。

二、安全检查工的职责

1. 对被检查单位贯彻执行党和国家安全生产方针、政策、法令、法规、规程、条例、指令以及上级安全决议措施情况进行检查。

2. 参加审查工程设计、作业规程、安全措施并监督实施。参加新建和改扩建工程、新盘区、新采掘面的投产验收。

3. 参加制定并监督检查安全生产责任制度、业务保安责任制度、安全管理制度、岗位作业标准等的贯彻执行。

4. 监督检查安全设备、设施、装置和仪器的使用。

5. 监督检查工程质量、设备质量、操作质量及与安全有关的产品质量。参与工程设备质量的等级审定和安全质量评估活动。

6. 参与组织安全大检查，经常检查现场事故的隐患，督促有关单位对隐患"三定"处理，限期整改，并跟踪复查整改情况。

7. 在所有检查活动中随时随地检查规章制度的执行情况，发现并及时制止违章作业、违章指挥和违犯劳动纪律的"三违"现象。对重大"三违"行为要汇报安全管理部门给予处罚和帮教。

8. 监督检查安全经费、安全奖惩、安全结构工资等的使用执行情况及安全技措工程的进度和效益。

9. 调查安全情况，监督组织安全活动，总结安全工作。

10. 发生事故要立即组织参与抢救并尽快向上级汇报，要保护好事故现场，做好事故现场勘察记录，并按规定参加事故调查、统计、分析和上报。对事故防范措施的执行情况进行监察检查。

11. 协同有关部门对职工进行安全培训、安全教育和安全规程措施的学习考试，并对这些活动和持证上岗情况进行监督检查。

12. 监督检查灾害预防处理计划、重大事故防范措施的编制、演习和执行；对矿山救护和工伤抢救工作进行监督检查。

13. 指导支持群众开展安全检查的活动。

14. 按照安全系统工程和安全信息工作的要求，及时准确地收集、汇报和传递安全信息。

15.参加安全生产有关会议，审查与安全工作有关的文件、记录、资料、报告和图纸等。

三、安全检查工的权限

1.安全检查工凭安全检查证，在所管辖的范围内有权进入任何作业场所进行安全检查。有权检查所管辖单位的安全情况和部门的业务保安情况。单位部门领导和职工不得以任何借口阻挠和妨碍安全检查。

2.安全检查工发现不安全问题和隐患，有权要求有关部门和单位采取措施限期解决整改。无故不处理整改的，安全检查工有权停止作业并按规定给予责任者处罚或帮教。发现有造成事故的紧急危险情况时，安全检查工有权命令立即停止作业，撤出人员。

3.安全检查工有权制止违章指挥、违章作业和违犯劳动纪律行为，有权直接对"三违者"开罚款单或送交安全部门对其帮教。

4.安全检查工有权对所辖单位的晋级、评先进、奖励进行审查，对严重"三违"和事故责任者有权提出否决意见。

5.煤矿各级领导拒不接受安全检查工的正确意见，坚持违章指挥冒险生产，或因工作打击报复安全检查工，安全检查工有权越级上告。

安全检查工在以下三种情况下有权越级上告：

(1)企业、单位领导不接受正确意见，坚持违章冒险生产的。

(2)企业单位领导因职工行使安全权利拒绝违章指挥对其打击报复的。

(3)领导干部因安全检查人员对本单位及个人提出安全上的意见而进行打击报复的，可根据情节轻重提请行政或司法部门处理。

四、煤矿安全检查工的职业道德规范

随着安全工作的加强,各煤矿企业不断强化了安全约束和激励机制。安全状况和安全检查的结果已经影响到对煤矿各单位管理经营状况的综合评价,最直接的影响一般都体现在对工程质量等级的评定、工资奖金收入和各种荣誉,甚至影响干部的晋升和选拔任用。就可能出现对安全检查结果的求情,甚至对安全人员的贿赂,职工群众也怕安全检查工乱罚乱扣,这就对安全检查工的职业道德提出了更高的要求:既要坚持原则、严格检查、不徇私情,又要照章办事、实事求是、廉洁奉公,不允许以权谋私、滥用职权。要遵守职业道德规范和工作纪律,要经常不断地加强对安全检查工的思想教育,培养和发现好的典型,表扬忠于职守、廉洁奉公的好人好事,对违反道德规范和工作纪律者及时给予批评教育,经批评教育不改的应该调离,情节恶劣造成严重后果的给予党纪政纪处分,触犯刑律的送交司法部门依法处理。安全检查工的职业道德规范应该包括如下几个方面:

1. 遵守劳动和工作纪律,坚持原则,尽职尽责,努力做好本职工作。

2. 坚持照章办事以理服人。所查隐患和"三违"行为都要符合规程制度、质量标准和有关安全文件的规定,并且耐心地与被查单位和有关人员讲清楚。使检查活动和检查意见既能避免事故发生,也能宣传安全方针政策和规章制度。

3. 所有检查意见都要做好文字记录,把隐患地点、内容、整改处理措施、整改处理期限、整改处理负责人或"三违"内容、"三违"者姓名等记录清楚,并要求被查单位现场负责人或"三违"者签字认定。对被查"三违"者不提供姓名、拒不签字者应要求现场负责人指认代签,如现场无他人作证代签时,可查验"三违"者的上岗证或矿灯、自救器号码,以备出井核查。

4. 遇有紧急情况和重大隐患,要大胆果断采取相应措施,立即停止作业和撤出人员。安全检查工应勇于负责,不准优柔寡

断或推诿逃避。遇有停工撤人受阻情况,要紧急汇报并采取应急措施,尽最大努力避免事故发生。

5. 安全检查工应尊重被查单位和人员,以礼待人,和气平等,文明检查,不准训斥谩骂,恶语伤人。当被查对象情绪失控时,更应冷静对待,有理有节,尽量避免矛盾激化。

6. 不准接受被查单位和个人的任何馈赠,不准参加被查对象的宴请和消费性娱乐等活动。

7. 不准要求被查对象为自己和亲友办理私事等,更不准借机索要钱物或报销单据等。

第三节　煤矿事故调查处理

一、煤矿事故及其分类

事故是人们在进行有目的的活动中,发生违背人的意愿的意外事件,它迫使人们有目的的活动暂停或永久停止。凡是能给煤矿生产或人员生命安全、财产造成严重危害的事故统称煤矿重大灾害事故。煤矿重大灾害事故影响范围大、伤亡人员多(每起事故造成死亡人数达3人以上)、中断生产时间长、损毁井巷工程或生产设备严重。

煤矿中常见的重大灾害事故有5类:瓦斯、煤尘爆炸;矿井明火火灾;煤与瓦斯突出;矿井突水;冲击地压和大面积冒顶。全面的分类方法一般有以下几种:

1. 按事故成因划分

事故可分为责任事故和非责任事故两大类。

(1) 责任事故

责任事故是指人们在生产、建设过程中不执行有关安全法规,违反规章制度而发生的事故。

(2) 非责任事故

非责任事故可分为以下 3 种：
1) 自然事故。指地震、海啸、暴风、洪水等不可抗拒的天灾。
2) 技术事故。指人们认识不足、技术条件尚不能达到而造成的事故。
3) 意外事故。指突然发生、出乎意料、来不及处理而造成的事故。

2. 按事故伤害对象划分

事故可分为伤亡事故和非伤亡事故两大类。

(1) 伤亡事故

伤亡事故是指企业职工在生产劳动过程中，发生人身伤害、急性中毒等突然使人体组织受到损伤或某些器官失去正常机能，致使机体负伤中断工作，甚至终止生命的事故。

伤亡事故可进行如下分类：

1) 按伤害程度分类。可将伤亡事故分为轻伤、重伤、死亡 3 种。

①轻伤事故指负伤后，需休工一个工作日以上，但未达到重伤程度的伤害。

②重伤事故是指负伤后，按国务院有关部门颁发的《关于重伤事故范围的意见》，经医师诊断为重伤的伤害。有下列情形之一的，均作为重伤处理：经医师诊断成为残疾或有可能成为残疾的；伤势严重，需要进行较大手术才能挽救的；人体要害部位严重灼伤、烫伤或非要害部位灼伤、烫伤占全身面积 1/3 以上的；严重骨折，严重脑震荡的；眼部受伤较严重，有失明可能的；大拇指断一节，其余四指任何一个断两节或任何两指同时断一节的；手部肌腱受伤甚剧，引起机能障碍的；脚趾轧断三个以上的，或脚部肌腱受伤甚剧，引起机能障碍的；内脏受损较剧，影响新陈代谢的。

③死亡事故是指事故中有人死亡。

2) 按伤害程度及死亡人数分类。一般分为以下 6 类：

①轻伤事故是指负伤职工中只有轻伤的事故。

②重伤事故是指负伤职工中只有重伤（多人事故时包括轻伤）的事故。

③死亡事故是指一次死亡 1~2 人（多人事故包括重伤、轻伤）的事故。

④重大伤亡事故是指一次死亡 3~9 人的事故。

⑤特大伤亡事故是指一次死亡 10~49 人的事故。

⑥特别重大事故是指一次死亡 50 人以上或一次造成直接经济损失 1 000 万元及其以上的事故。

3) 按伤亡事故性质分类。一般分为以下 8 类：

①顶板事故是指矿井冒顶、片帮、冲击地压等事故。

②瓦斯事故是指瓦斯、煤尘燃烧、爆炸，煤与瓦斯突出窒息、有害气体中毒等事故。

③机电事故是指触电、机械伤人等事故。

④运输事故是指车辆撞人、轧人、跑车、蹲罐、皮带伤人等事故。

⑤火药爆破事故是指爆破崩人、熏人等事故。

⑥水灾事故是指洪水灌井下、井下渗地面水等事故。

⑦火灾事故是指矿井内因火灾、外因火灾等事故。

⑧其他事故是指除上述 7 类事故以外的事故。

(2) 非伤亡事故

非伤亡事故是指由于各种原因造成生产中断、设备设施损坏，但没有人员伤亡的事故。

非伤亡事故可做如下分类：

1) 按非伤亡事故的性质分类。一般分为以下 3 类：

①生产事故。包括工作面塌落；其他井巷塌落；采掘方面的其他事故；机电、运输等在生产过程中出现的事故。

②基建事故。包括井建、土建和安装过程中出现的事故。

③地质勘探事故。包括地质勘探过程中的各种孔内事故、机械事故等。

2）按非伤亡事故的灾害程度分类。一般分为以下3个级别：

①有下列情况之一者，为一级非伤亡事故：发生的事故使全矿停工8 h以上或采区停工3昼夜以上；瓦斯、煤尘爆炸事故；煤与瓦斯突出，其突出煤量50 t（含50 t）以上；井下发火封闭采区或影响安全生产；水灾使全矿或一翼停产。采区通风不良，风流瓦斯超限或瓦斯积聚，造成停产；采煤工作面冒顶长10 m（含10 m）以上；掘进工作面共冒顶长5 m（含5 m）以上；巷道冒顶长10 m（含10 m）以上。

②有下列情况之一者，为二级非伤亡事故：发生的事故使全矿停工2 h以上，但不足8 h或采区停工8 h以上，但不足3昼夜；井下发火封闭采掘工作面；煤与瓦斯突出，其突出煤量10 t（含10 t），但不足50 t；水灾使采区停产；采掘工作面通风不良，风流中瓦斯超限或瓦斯积聚，造成停产；采掘工作面冒顶长超过5 m（含5 m）；掘进工作面冒顶长超过3 m（含3 m）；巷道冒顶长超过5 m（含5 m）。

③有下列情况之一者，为三级非伤亡事故：发生的事故使全矿停工30 min至2 h或采区停工2~8 h；通风不良或局部通风机无计划停电，使风流中局部瓦斯积聚；煤与瓦斯突出、突出煤量10 t以下；范围不大的井下发火；水灾使一个采掘工作面停产；采煤工作面冒顶长度3 m（含3 m）以上；掘进工作面冒顶长度3 m以下；巷道冒顶长度5 m以下。

二、事故调查的基本原则

煤矿出现事故后要进行调查处理，在调查处理过程中要遵守相应的程序和规定。一般经过以下几个阶段：

1. 煤矿伤亡事故的报告

伤亡事故发生后要立即报告，便于有关部门组织抢救、调查、处理。

凡发生轻伤事故，应立即将事故发生的单位、时间、地点、事故经过、伤害程度及部位、初步原因报告给企业负责人和业务主管部门。

凡发生重伤、死亡事故，事故单位必须立即将事故发生的单位、时间、地点、事故经过、伤害程度、初步原因报企业主管部门、煤矿安全监察部门和当地政府有关部门。

凡发生重大以上的伤亡事故，应立即将事故的基本情况上报省煤矿安全监察局、当地政府有关部门、省（自治区、直辖市）人民政府和国务院归口管理部门。

事故报告应掌握的基本原则：一是程序，就是哪类事故，哪个级别的事故汇报给哪个部门；二是内容，就是报告给有关部门事故发生的概要情况；三是时间，就是尽量采用最快的方法，在最短的时间内将事故报告给相应部门。

2. 煤矿伤亡事故抢救

煤矿出现伤亡事故，应立即组织人员进行抢险救灾。在实施抢救过程中，应遵循以下几个基本原则：

（1）领导赶赴现场组织抢救的原则。事故单位的有关领导、主管部门的有关人员应立即到现场组织人员，进行抢险救灾。

（2）确定抢救方案的原则。根据不同类别的事故，确定不同的抢救方案和抢救方法。

（3）先侦察后抢救的原则。重大伤亡事故发生后，应先派少量的救助人员到灾区侦察情况，然后再确定有效的抢救方法。

（4）便于调查分析的原则。与事故有关的一些物品、痕迹应保持原样，必须动时，要做好记录。

3. 煤矿事故的调查分析

煤矿出现事故后，由有关部门组织成立事故调查组。其主要职责是：

（1）查明事故详细经过、人员伤亡及财产经济损失情况。

（2）查明事故原因、事故性质及责任者。

(3) 提出事故处理及防止类似事故再次发生所应采取措施的建议。

(4) 提出对事故责任者处理意见。

(5) 写出事故调查报告。

要求事故调查组的成员与发生的事故没有直接利害关系或具有事故调查所需的某一方面专长。

事故调查权限划分的基本原则如下：

1) 一次死亡 1～2 人的事故，由煤矿安全监察局分局负责组织调查，或由煤矿安全监察办事处授权有关部门或煤矿企业组织事故调查，事故调查处理报告报煤矿安全监察办事处批复。

2) 一次死亡 3～9 人的事故，由煤矿安全监察局分局负责组织调查。事故调查报告在征求所在地区人民政府和有关部门的意见后，报省煤矿安全监察局批复，向国家煤矿安全监察局备案。

3) 一次死亡 10～29 人的事故，由省煤矿安全监察局组织调查。事故调查报告在征求省政府或有关部门意见后，报国家煤矿安全监察局批复。

4) 一次死亡 30 人以上的事故，由国家煤矿安全监察局负责组织调查并批复。

5) 国务院认为应当由国务院调查的特大恶性事故，由国务院或国务院授权的部门组成事故调查组进行调查，事故调查报告报国务院批复。

煤矿事故调查必须实事求是，尊重科学，严肃认真，秉公调查。避免人为臆断、弄虚作假、混淆是非的倾向，保证事故调查的真实性、可靠性。特别是在事故调查过程中，提供虚假情况或无正当理由拒绝调查、拒绝提供有关情况和资料的，必须依法严肃处理。

4. 煤矿事故的结案处理

煤矿事故的结案处理包括事故调查组提出的防范措施的落实和对事故责任者处理。事故调查组在综合事故原因、教训的基础上,提出针对性、可行性较强的防范措施,要求事故单位从技术上到管理上明确责任、落到实处。对于责任性事故要对责任者进行分析,依法提出处理意见。

三、事故的责任追究与责任者处理

1. 事故的责任追究

(1) 事故责任分类

事故责任分类是根据在事故发生过程中的作用确定责任的类别。通常有以下几类:

1) 直接责任

直接责任是指行为人的行为与事故之间有直接因果关系,对事故发生起决定性作用。

2) 间接责任

间接责任是指与事故之间有间接的联系,是造成事故的条件,起重要作用但不起决定性作用。

3) 直接领导责任

直接领导责任是指领导错误而直接导致事故发生。

4) 主要领导责任

主要领导责任是指领导过于疏忽而导致事故发生。

5) 领导责任

领导责任是指对安全管理不严致使下属单位出现事故。

(2) 事故责任划分

责任划分是政策性很强的工作,应依据有关规定,同时结合煤矿事故实际。一般应掌握以下原则:

1) 要划分责任事故和非责任事故。属于责任事故,必须找出直接责任者。

2) 遇有多因一果的直接责任者要分清主要直接责任者和次要直接责任者。

3) 要区分具体实施人员的直接责任与领导人的直接责任。如受命领导实施的行为或提出过修正意见未被领导采纳而造成的事故由领导负直接责任。如具体实施人员提出违规做法、主张，领导轻信同意实施，或具体实施人员明知领导实施的行为错误，但不反映，仍继续实施造成事故的则实施人员和领导人都负直接责任。

4）要分清职责范围与直接责任的关系。如果行为人不是法定职责和特定义务范围内的作为或不作为而造成事故的，不负直接责任。如果分工不清，职责不明，就以实际工作范围和群众公认的职责范围作为认定责任的依据。

5）如果事故是由集体研究做出错误决定的行为造成的，应追究主持研究、拍板定案的主要领导的直接责任。

2. 事故责任者的处理

（1）对事故责任者的处理方式

根据事故责任者、事故类别及严重程度差异，对责任者处理方式也不相同。对企、事业单位及行政机关有关责任者的处理主要有行政处分、行政处罚、追究刑事责任。对个体矿责任人的处理主要有行政处罚、追究刑事责任。对于是党员的责任人根据实际情况还要给予党纪处分。

（2）处理责任者要有确凿的证据

煤矿安全监察机关在对责任者处理前，必须收集有关证据，形成证据材料。询问时要有笔录；现场勘察、检查后填写事故隐患登记表；对不符合安全标准的设备、设施要进行录像、拍照；安全监察指令要以书面形式交责任人签收后保留；收集煤矿有关原始资料要登记、立案。这些都可作为证据使用。

证据主要有物证、书证、视听资料、证人证言、当事人陈述、鉴定结论、勘察笔录、现场笔录等。

（3）对责任者处理要有明确的法律依据

对责任者处理，特别是对责任者实施行政处罚时，必须有法律依据，否则处罚无效。

必须依据国家有关法律，主要有《中华人民共和国刑法》

《中华人民共和国矿山安全法》《中华人民共和国煤炭法》《中华人民共和国矿产资源法》等。

必须依据国家有关行政法规，主要有《国务院关于特大安全事故行政责任追究的规定》《煤矿安全监察条例》《特别重大事故调查程序暂行规定》《企业职工伤亡事故报告和处理规定》《乡镇煤矿管理条例》等。

必须依据有关地方性法规，主要有各省（市、区）人大及常务委员会审议通过的有关劳动保护、职业安全、矿山安全的地方性法规。

必须依据煤炭行业的有关规程、规范、标准，如《乡镇煤矿管理条例实施办法》等。

(4) 对责任者处理要按一定法定程序

由法律规定的方式和步骤就是法定程序。对责任者当场处罚时要出示证件，说明处罚依据、填写处罚通知书，由做出处罚与被处罚的双方当事人签字。对责任者不能当场处罚时，应按立案、调查、审查、决定等一般程序进行。在做出处罚决定前，应告知当事人做出处罚决定的事实、理由及依据，听取当事人的陈述、申辩。同时告知当事人有要求举行听政、复议、诉讼的权利。

(5) 对责任者处理应掌握一定原则

1) 事故责任处理不能模棱两可，要明确、肯定，要说明错误事实。

2) 追究领导责任要有一定影响，不能责任均摊，无关痛痒。

3) 不能单纯看死人多少负责任大小，死人少时，也可同样追究刑事责任。

4) 对责任者处罚要慎用自由裁量权，实现公平、公正执法。

复习思考题

1. 煤矿安全检查工应具备哪些条件？
2. 煤矿安全检查工有哪些职责？
3. 伤亡事故按伤害程度是怎样分类的？
4. 事故调查的基本原则有哪些？
5. 我国煤矿安全监察分为哪三级机构？
6. 简述煤矿安全监察的内容。
7. 简述事故调查的基本原则。
8. 简述事故责任划分的原则。

第五章 煤矿生产系统的安全检查

第一节 煤矿生产技术基础

一、煤矿地质基本知识

1. 煤层埋藏特征

（1）煤层厚度

煤层厚度差异很大，有的煤层只有几厘米厚（属不可采煤层）；有的煤层可达几十米或百余米；少数煤层还可能出现分岔或尖灭。

煤层的厚度是确定采煤方法的主要因素之一。我国根据开采技术特点，将煤层按厚度不同分成。

薄煤层——从最小可采厚度至 1.3 m 的煤层。

中厚煤层——厚度在 1.3～3.5 m 的煤层。

厚煤层——厚度大于 3.5 m 的煤层。

在生产工作中，习惯上将厚度大于 6 m 的煤层称为特厚煤层。

从我国已探明的煤炭储量和已开采的煤层看，近水平煤层及薄煤层较少，而中厚煤层和厚煤层占有较大的比重。

（2）煤层顶、底板

煤层顶、底板是指煤系中位于煤层上下一定距离内的岩层。按照沉积的顺序，先于煤生成的岩石是煤层底板，后生成的是煤层顶板。在正常情况下，煤层顶板位于煤层之上，而煤层底板位于煤层之下。当地质构造破坏较剧烈时，有可能发生倒转。简单而言,煤层的上覆、下伏岩层称为煤层的顶、底板。煤层的顶底板岩层的岩石性质、结构构造、岩石强度、含水性是煤矿生产中确定支护方式、采空区处理方法的重要依据,对煤矿生产和安全管理有着直接影响。

1) 顶板。根据岩层的相对位置及开采过程中岩层变形、垮落的难易程度,顶板可分为伪顶、直接顶和基本顶(又称老顶)(见图 5—1)。

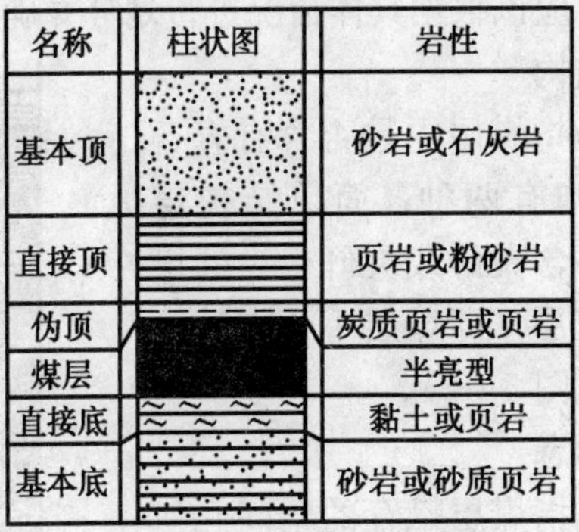

名称	柱状图	岩性
基本顶		砂岩或石灰岩
直接顶		页岩或粉砂岩
伪顶		炭质页岩或页岩
煤层		半亮型
直接底		黏土或页岩
基本底		砂岩或砂质页岩

图 5—1 煤层顶底板

伪顶是指直接覆盖在煤层上的一层炭质页岩,一般厚度在 0.5 m 以下,对顶板管理影响不大,往往随采随落,对煤质有一定的影响。

直接顶指位于伪顶或煤层(无伪顶时)之上相对稳定的砂岩、粉砂岩、页岩岩层。厚度较大,可达几米至十几米,强度较大,一般在移架或回采后能自行垮落,在采煤过程中,是顶板管理的重要部位。

基本顶指位于直接顶之上或直接位于煤层之上(无直接顶和伪顶时)的岩层,多为厚度较大、较稳定的粗砂岩、砾岩或石灰岩,一般不易垮落或达到一定面积后才垮落。

2) 底板。位于煤层之下的邻近岩层,称为煤层底板。它分为直接底和基本底两种。

直接底是指直接位于煤层之下的岩层，一般由泥岩和页岩组成，常见有植物根化石，其主要特点为遇水容易膨胀，出现底鼓现象，破坏巷道运输轨道或支架。

基本底是指位于直接底之下的厚层砂岩或石灰岩岩层，其厚度和岩石强度均较大，岩层稳定，永久性的集中运输巷道一般布置在该层中。

煤层顶底板发育情况，反映了成煤时期地质作用情况，不同地区有所不同，应该根据具体情况进行划分并确定管理方法。

(3) 煤层结构

煤层结构是指煤层中是否含有岩石夹层。煤层结构有两种：简单结构煤层，即煤层中不含夹矸或夹矸很少的煤层；复杂结构煤层，即煤层中含有较稳定的夹矸层（见图5—2）。

(4) 煤层形态

煤层形态是指煤层赋存的空间几何形态。按其成层的连续程度，以及可采面积与不可采面积的比例，煤层形态分为层状煤层、似层状煤层和不规则状煤层三类。

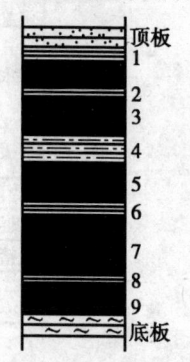

图5—2 复杂结构煤层
1，3，5，7，9—煤层
2，4，6，8—夹矸层

层状煤层是指层位稳定、连续性好、厚度变化小、规律性较强的煤层。似层状煤层是指层位比较稳定、有一定的连续性、厚度变化较大、无一定的规律性的煤层，如藕节状煤层、串珠状煤层、瓜藤状煤层。不规则状煤层是指层位极不稳定，连续性很差，厚度变化很大，常见分叉尖灭现象，无规律可循的煤层，如鸡窝状煤层、扁豆状煤层、透镜状煤层等。

(5) 煤层产状要素

煤层原始生成时呈水平状态，但由于地壳的运动，煤层及岩层即由水平状态变成倾斜或弯曲状态。描述煤层的赋存状态和位置用产状要素来表示。煤层产状要素就是它的走向、倾向和倾角。这3个要素就能表示出煤层在空间的位置。煤层层面与水平面的交线叫走向线；走向线的方向就叫走向。在煤层层面上与走向线垂直向下延伸的线叫倾斜线，倾斜线在水平面投影的方向叫倾向。煤层层面与水平面的夹角叫倾角。煤层的倾角在 $0°\sim 90°$ 之间变化。根据目前开采技术，我国按倾角将煤层分为4类：

1) 近水平煤层——8°以下。
2) 缓倾斜煤层——$8°\sim 25°$。
3) 倾斜煤层——$25°\sim 45°$。
4) 急倾斜煤层——$45°\sim 90°$。

在一般情况下，倾角小的煤层开采比较容易，倾角大的煤层如开采急倾斜煤层就比较困难，特别是实行机械化开采更为困难。

2. 煤矿地质构造及其对安全生产的影响

在地壳运动作用下，煤层和岩层改变原始的埋藏状态所产生的变形或变位的形迹称为地质构造。地质构造的形态多种多样，较为常见的有褶皱、单斜、断裂、冲蚀、岩溶塌陷和岩浆侵入等。

地质构造是影响煤矿安全生产的重要地质因素。一方面，它使岩、煤层发生构造变动，直接影响煤矿的生产建设，另一方面，它又是地下水、瓦斯、陷落柱及煤层厚度变化的控制因素之一。因此，对煤矿生产和安全来说，对地质构造的研究具有十分重要的意义。

按照地质构造变动所造成岩层的基本变形情况，把地质构造分为单斜构造、褶皱构造和断裂构造三类。

(1) 单斜构造

岩层受地质作用力的影响，产生向一个方向倾斜的形态称为单斜构造。岩层向着一个方向倾斜，一般局限在一定范围内，一系列岩层大致向同一个方向倾斜，在较大的区域内，单斜往往是某种构造形态的一部分，如褶曲的一翼、断层的一盘等。

单斜岩层在地壳中的空间位置和产出状态,称为岩层的产状。岩层的产状是以岩层面在空间的方位及其与水平面的关系来确定的。通常用岩层的走向、倾向及倾角来表示。

1) 走向。倾斜岩层的层面与水平面的交线,称为走向线,走向线两端所指的方向称为岩层的走向。走向是表示倾斜岩层在水平面上的延伸方向。

2) 倾向。岩层面上垂直于走向线,并沿层面倾斜向下引出的直线叫真倾斜线。真倾斜线在水平面上的投影所指岩层向下倾斜的方向,就是岩层的倾向,又称为真倾向。在层面上,斜交岩层走向所引的任一条直线称为视倾斜线,对应的倾向称为视倾向。

3) 倾角。真倾斜线与其在水平面上投影线的夹角称为岩层的倾角,称为真倾角。即倾斜岩层面与水平面所夹的最大锐角。视倾斜线与其在水平面上投影线的夹角,称为视倾角。真倾角永远大于视倾角。

(2) 褶皱构造

煤层或岩层由于地壳升降或水平方向的挤压运动,被挤成弯弯曲曲但依然保持连续性和完整性的构造形态称为褶皱构造。岩层褶皱构造中的每一个弯曲部分为一个基本单位称褶曲。其中,煤层和岩层向上凸起的部分称为背斜,向下凹陷的部分称为向斜。在自然界中,背斜和向斜在位置上往往是彼此相连的。

褶曲是由于地壳运动所产生的水平挤压形成的,因此,在褶曲两翼必然存在一个压应力,当地壳运动停止后,由于任何物体都有一个恢复原来状态的趋势,所以,又产生了一个拉应力。因此,在褶曲构造带势必储存一个应力能,我们把它叫做构造应力。据测定构造应力是原始应力的 20 倍。这就给顶板管理和安全生产带来一定的困难,尤其在有冲击地压煤层中困难就更大。

(3) 断裂构造

岩(煤)层受地质作用力的影响,超过其强度极限时,则会在一定部位沿一定方向产生断裂,断裂面两侧岩块可有明显位移,或没有明显位移,岩层受地质作用力后遭到破坏,失去了连续性和完整性的构造形态称为断裂构造。

根据岩层断裂后沿断裂面两侧岩块有无明显位移,可将断裂构造分为裂隙和断层两种基本类型。

裂隙又称节理。岩层断裂后,两侧岩块未发生显著位移的断裂构造,称为裂隙。

裂隙与煤矿生产及安全有着密切关系,如在裂隙发育地段,会影响爆破效果。该部位岩石破碎,给顶板管理带来一定困难;由于通水通气性能好,要特别注意预防瓦斯突出及水灾事故。

岩层受地应力的作用而发生变形,当应力超过岩层的强度极限时,岩层发生断裂,在力的继续作用下,两侧岩块沿断裂面发生显著相对位移的断裂构造,称为断层(见图5—3)。断层要素如图5—4所示。

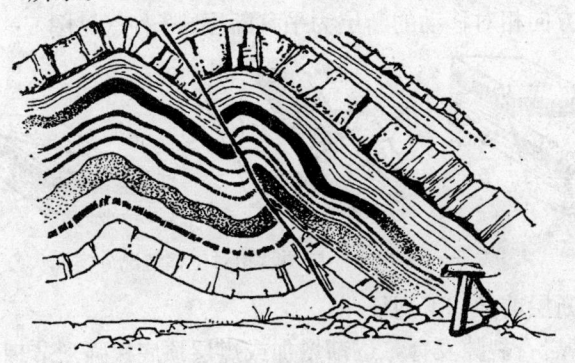

图5—3 断层素描图

断层对煤矿生产及安全有很大影响,其影响有:断层破碎带是水和瓦斯的良好通道。地表水和含水层水能沿着断层破碎带的缝隙流入井下,有时还可能突然发生透水事故;在瓦斯含量较大的煤层中,常常在断层破碎带积聚很多瓦斯,在煤与瓦斯突出矿井,在断层破碎带附近易发生煤与瓦斯突出事故。因此,在较大

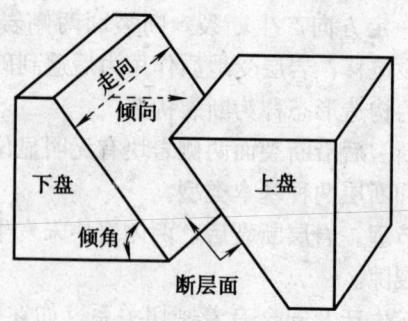

图 5—4 断层要素

断层两侧必须留设一定宽度的煤柱,将断层与开采区隔离开。井巷通过破碎带时,必须注意防止发生瓦斯事故以及冒顶事故。

根据断层两盘相对位移情况,断层可分为正断层(上盘相对下降,下盘相对上升的断层为正断层)、逆断层(上盘相对上升,下盘相对下降的断层为逆断层)、平移断层(两盘岩块沿断层面作水平方向相对移动的断层为平移断层)3种(见图5—5)。

图 5—5 根据断层两盘相对位移情况分类

遇断层前常有下列征兆:

1)岩石裂隙发育,逐渐增加或煤层顶底板强烈节理化。

2)煤层和围岩强度明显降低,表示为强烈破碎,煤层结构遭到破坏,或呈鳞片状。

3)煤(岩)层产状剧烈变化,倾角变陡或变缓,甚至直立、反倾。

4)煤层厚度发生突变,在巷道延伸方向上煤层突然变厚、薄或尖灭,顶底板出现不平行的现象。

5) 巷道延伸方向上出现渗水、滴水、淋水甚至涌水，这是逐渐靠近断层的预兆。如某矿一轨道顺槽掘进过程中，顶板出现滴水、淋水现象，继续施工渐趋严重，进而为短时 6 m^3/h 的涌水，继续施工，很快揭露落差 13 m 的断层。

6) 在高瓦斯矿井中的巷道掘进过程中，如瓦斯涌出量逐渐增加，也是邻近断层的征兆。

二、矿井开拓

1. 矿井开拓方式

在井田范围内，由地表进入煤层为开采水平服务所进行的井巷布置和开拓工程，称为井田开拓或矿井开拓。这些井下巷道的形式、数量、位置及其相互关系称为开拓方式。不同的井巷形式可组成多种开拓方式，通常以不同的井硐形式为依据，将矿井开拓方式分成斜井开拓、平硐开拓、立井开拓和综合开拓。

（1）斜井开拓

斜井开拓是我国矿井广泛采用的一种开拓方式，是指利用倾斜巷道由地表进入地下，并通过一系列巷道通达煤层的开拓方式。按井田内的划分方式的不同，斜井开拓可分为集中斜井（有的地方也称阶段斜井）和片盘斜井，一般以一对斜井进行开拓。

根据矿井生产能力、井筒倾角大小不同，井筒装备也不一样。对生产能力小的小型斜井，可以只装备一个井筒，采用单钩串车提升；对中小型斜井，可以装备两个井筒，主井用双钩串车提升，副井用单钩串车提升，井筒倾角很缓时，可用无极绳提升；对中型斜井，主井有条件时，可采用胶带输送机，副井则采用串车提升；大型斜井的主井宜装备胶带输送机、在其一侧应设检修用的轨道，副井可采用双钩串车提升；对生产能力很大的特大型斜井，主井应采用强力胶带输送机或钢绳胶带输送机，为减少通风阻力和解决辅助提升的不足，可以装备两个副井。

按照井田再划分方式及阶段内的布置不同，斜井开拓有单水平分带式、单水平分区式、多水平分区式、多水平连续式等多种方式。

采用斜井开拓时，根据煤层埋藏条件、地面地形以及井筒提升方式，斜井井筒可以分别沿煤层、岩层或穿越煤层的顶、底板布置。

斜井的井筒掘进技术和施工设备相对简单，掘进速度快；一般无需大型提升设备，因而初期投资较少，建井期较短；在多水平开采时，掘进石门的工程量和沿石门的运输工作量较少；延深斜井井筒的施工比较方便，对生产的干扰少。

斜井的缺点是：围岩不稳固时，井筒维护费用高；采用绞车提升时，提升速度较低、能力较小、钢丝绳磨损严重、动力消耗大、提升费用较高，当井田斜长较大时，若采用多段绞车提升，则转载环节多、系统复杂，占用设备和人力多；沿井筒敷设管路、电缆所需的管线长度较大；通风网路较长，井筒断面小，通风阻力过大；当表土为富含水的冲积层或流沙层时，斜井井筒掘进技术复杂。

当井田内煤层埋藏不深、表土层不厚、水文地质情况简单、井筒不需特殊法施工的缓倾斜和倾斜煤层，一般可采用斜井开拓。

(2) 平硐开拓

处在山岭和丘陵地区的矿区，广泛采用有出口直接通到地面的水平巷道作为井硐形式来开拓矿井，这种开拓方式就叫做平硐开拓。

采用平硐开拓时，一般以一条主平硐开拓井田，担负运煤、出矸、运料、通风、排水、敷设管缆及行人等任务；而在井田上部回风水平设回风平硐。当地形条件允许和生产建设需要，且不增加过多的工程量时，可以在主平硐、回风平硐之外，另掘排水、排矸等专用平硐。

由于地形和煤层赋存情况不同，平硐的布置方式也不一样。按平硐与煤层的相对位置，可分为走向平硐、垂直平硐或斜交平硐。

平硐开拓的优点是：井下出煤不需提升转载即可由平硐直接外运，因而运输环节和运输设备少、系统简单、费用低；平硐的地面工业建筑较简单，不需结构复杂的井架和绞车房；一般不需设硐口车场，更无需在平硐内设水泵房、水仓等硐室，减少井巷工程量；平硐施工条件较好，掘进速度较快，可加快矿井建设；平硐无需排水设备，对预防井下水灾也较有利。

采用平硐开拓时，应注意平硐的硐口要地势平缓，有足够的面积布置工业场地，且硐口位置不受洪水、滑坡、雪崩等自然灾害的威胁。硐口到主要交通干线要便于铺设铁路或尽可能利用其他机械化运输设备。另外，平硐开拓的上山部分应有足够的可采储量。

（3）立井开拓

立井开拓是一种广泛应用的开拓方法，一般以一对立井（主井及副井）进行开拓，装备两个井筒，通常主井用箕斗提升，副井用罐笼提升。

立井开拓与斜井开拓相比较，立井井筒的掘进及延深需要较高的施工技术，井筒开凿所需用到的设备较多，掘进速度也将慢一些，井筒装备复杂，基本建设的投资相对较大。

但是，立井对地质条件的适应性强，通常不受煤层倾角、厚度、水文等地质条件的限制。当煤层埋藏深、表土层厚或水文地质情况复杂时，井筒需要特殊施工，或者在多水平开拓急倾斜煤层以及地质条件不适合斜井开拓时，都可以采用立井开拓。在同样的开采深度条件下，立井具有井筒短的特点，由此带来井筒的通风阻力小并缩短了各种管线的长度、提升速度快、提升能力大等诸多优点，生产经营费用也相对低些。

（4）综合开拓

在一般情况下，矿井开拓的主副井都是同一种井筒形式。但是，有时会在技术上出现困难或经济上出现效益不佳的问题，所以，在实际矿井开拓中往往会有主、副井采用不同的井硐形式，这就是综合开拓。

根据不同的地质条件和生产技术条件，综合开拓可以有立井与斜井、立井与平硐、斜井与平硐等形式。

2. 矿井生产系统

煤矿的生产系统主要有：采煤系统，运煤系统，通风系统，运料、排矸系统，排水系统，供电、供水、供压气系统等。它们由一系列的井巷工程和机械、设备、仪器、管线等组成。

(1) 采煤系统

采煤巷道的掘进一般是超前于回采工作进行的。它们之间在时间上的配合以及在空间上的相互位置，称为采煤巷道布置系统，也即采煤系统。在实际生产过程中，有时在采煤系统内会出现一些诸如采掘接续紧张、生产与施工相互干扰的问题，应在矿井设计阶段或掘进工程施工前统筹考虑解决。

(2) 运煤系统

运煤系统实际上就是把煤炭从采场内运出，并通过一些关联的巷道、井（硐），最后运送到地面的提升运输路线和手段，各种矿井开拓方式、不同的采煤方法都有其独特和完整的运煤系统。

为了保持矿井产煤、运煤的稳定性和连续性，一般在井下都设有与矿井（或采区）产量、运力相匹配的一定容量的煤仓，用来缓解采、运之间的矛盾，以实现均衡生产。

(3) 通风系统

矿井通风系统包括通风方法、通风方式和通风网路。

(4) 运料、排矸系统

在一般情况下，煤矿井下掘进、采煤等场所所需的材料、设备，都是从地面通过副井，经由井底车场、大巷等运送的；而采煤工作面回收的材料、设备和掘进工作面运出的矸石，又要由相反的方向运至地面，这就形成了运料、排矸系统。可见，不同的矿井、不同的工作地点，运料、排矸的路线也各不相同。

(5) 排水系统

为保证煤矿的生产安全，井下的自然涌水、工程废水等，都必须排至井外。由排水沟、井底（采区）水仓、排水泵、排水管路等所形成的系统，其作用就是储水、排水，防止发生矿井水灾事故。

在一般情况下，水仓的容量、水泵的排水量等只比正常涌水量略大一些，如何合理配置备用设施，应根据具体的水文地质条件确定，既不要长期闲置，又要保证能应对中小型的突发涌水。

(6) 供电、供水等系统

煤矿的正常生产需要许许多多相关的辅助系统。

矿井供电是非常重要的一个系统，它是采煤、运输、通风、排水等系统内各种机械、设备运转时不可缺少的动力源网络系统；供水系统将保证井下工程用水，特别是防尘用水；井下还有一些风动工具则要由空压机提供的压缩空气作动力，这就需要建立1个供压气系统；为了防止瓦斯超限、及时发现事故隐患，避免引起各类灾害，还要有安全监测（控）系统、调度指挥系统等。

总而言之，矿井的生产系统既各自独立运行又相互关联，要搞好煤矿的安全生产，必须协调地、有效地使各生产系统都保持正常运作。

第二节 采煤系统安全检查

一、采区系统安全检查主要内容和方法

采区系统安全检查的重点有两个方面，一是检查采区系统的完善性和安全性，二是检查采区设计、采煤工作面作业规程、采掘衔接关系以及相关生产技术资料是否符合有关规定。检查时按有关规定逐项检查，其主要内容和方法有以下几个方面：

1. 生产技术资料检查

（1）检查内容

采区有无完整的采区地质资料和图件；有无规范的采掘工程平面图、工作面衔接图等图件；有无矿山压力预测预报资料；有无断层预测预报资料。

（2）检查方法

查阅有关资料、图件、记录、报表，与有关规定要求对比进行分析。

2. 采区设计检查

（1）检查内容

有无经局总工程师批准的采区设计方案；采区设计是否符合采区设计方案，并经矿总工程师审批；采区设计项目、内容是否完善；采区设计是否组织贯彻实施。

（2）检查方法

按《煤矿安全规程执行说明》的规定检查采区设计及其图件、批审记录和贯彻设计登记簿。设计内容不全或不符合有关规定，要立即补充或改正。

3. 作业规程检查

（1）检查内容

每一采煤工作面是否有符合实际的作业规程；规程是否经矿总工程师批准，综采作业规程是否报矿务局备案；规程是否完善；作业规程是否组织贯彻执行。

（2）检查方法

检查时通过分项查对，发现无作业规程、或套用旧的作业规程，或作业规程未经会审批准，要停止工作面作业；对作业规程的要求按《煤矿安全规程执行说明》的规定检查；查阅贯彻规程登记簿和作业规程考试记录，考试不及格者不准上岗作业。

4. 生产衔接检查

检查是否制定采区或工作面衔接表,分析其可行性,控制的采掘比是否合理。

5. 采区系统检查

(1) 检查内容

实际系统与采区设计是否相符。采区采煤、运输、通风、供电、通信等子系统是否健全。采区、采煤工作面是否具备两个以上畅通无阻的安全出口。巷道断面尺寸是否符合作业规程的要求。

(2) 检查方法

根据采区设计、作业规程,查对采掘工程平面图或进行现场实际测定。采煤工作面两个以上安全出口无法保证时,是否经矿务局总工程师批准,查对批文。

二、综采工作面现场安全检查

1. 现场安全检查的重点

综采工作面设备使用环境复杂多变,若管理不善,一旦发生事故会对生产造成重大影响。综采工作面容易出现的问题是采煤机、液压支架的安全使用、上下安全出口的安全、工作面冒顶片帮等;由于产量高,也易发生瓦斯煤尘事故。这些应作为安全检查重点。

2. 综采工作面现场安全检查表

综采工作面现场安全检查可使用表 5—1 所示的安全检查表,现场安全检查完成后,要写清存在的问题,给出总体评价,提出处理意见。

表 5—1　　　　综采工作面现场安全检查表

单位:　　　　　　检查地点:　　　　　　　年　月　日

检查项目	检查内容及要求	存在问题	评价
上下顺槽	(1) 检查巷道断面和人行道宽度是否符合作业规程的要求,其中上顺槽净断面应不小于 10 m^2,下顺槽净断面应不小于 12 m^2;人行道宽度不小于 1 m,另一侧宽度不小于 0.5 m		

续表

检查项目	检查内容及要求	存在问题	评价
上下顺槽	（2）巷道支护是否完整，有无断梁折柱或空帮空顶 （3）下顺槽中横跨带式输送机或刮板输送机时是否有过桥 （4）巷道有无积水、杂物、浮煤或浮矸，材料设备是否码放整齐，并有标志牌 （5）巷道维修有无专人负责		
安全出口	（1）是否按作业规程规定进行了超前支护；安全出口 20 m 范围内支架是否完整，并有超前支护；巷道高度是否不低于 1.8 m （2）是否按作业规程规定采取支架防滑防倒措施，倾角超过 15°时，排头支架是否安装防倒千斤顶，并经常保持拉紧状态；倾角大的工作面下部端头需架设木垛，以支撑第一架支架防止下滑		
工作面支护	（1）检查支架是否排成直线，支架排列偏差不应超过±50 mm；中心距是否符合作业规程规定，相邻支架间是否存在明显错差，中心距偏差不应超过±100 mm；错差不应超过顶梁侧护板高的 2/3，歪倒应小于±5° （2）支架架设要与底板垂直、不得超高，与顶板接触要严密，迎山有力，不许空顶 （3）支架是否完好，无漏液，不串液，不失效，架内无浮煤、浮矸堆积 （4）支架是否采用编号管理		
采煤作业	（1）检查采煤机状态能否满足安全生产的要求，如备件是否齐全，截齿是否齐全、锋利，喷雾是否畅通、正常 （2）采煤机运行时，牵引速度是否符合规定 （3）采煤机割煤时，顶底板是否割得平整，油泵工作压力是否保持在规定范围内 （4）采煤机停机后，速度控制、机头离合器、电气隔离开关是否已打在断开位置，供水管路是否完全关闭 （5）采煤机是否被作为牵引或推顶设备		
移架工作	（1）检查移架前是否整理好架前推移空间，清除架间杂物和顶梁上冒落的坚硬岩块		

续表

检查项目	检查内容及要求	存在问题	评价
移架工作	（2）倾斜煤层中的移架顺序是否坚持由下而上 （3）移架操作时，是否保持支架中心距相等和移架步距相等；是否追机作业，滞后采煤机后滚筒 4～8 架；移架工是否站在架箱内，面向煤壁操作；升架是否有足够初撑力，与顶板接触是否严密 （4）移架前支架是否前后窜动，频繁升降 （5）移架区内是否有人工作、停留或穿越 （6）移架是否一次移好，有无随意升降支架现象；架间空隙是否背严，有无漏矸或采空区矸石窜入支架底部 （7）移架完成后，操作手柄是否打到零位，并关闭截止阀		
推溜工作	（1）检查是否严格掌握输送机的"平直"，遵循程序推溜原则 （2）推溜距移架距离是否满足要求，是否出现陡弯，推溜只在输送机工作时进行 （3）每次推溜是否推移一个步距，上下机头是否不落后，也不超前 （4）推移上下机头时，是否将机头和过渡槽处的杂物清理干净，机头是否飘起		
工作面设备	（1）刮板输送机铺设是否平稳，接头是否严密，刮板螺钉是否齐全，状况是否良好 （2）转载机状况是否良好，工作是否正常 （3）液压泵站安放是否平稳，零部件完好，无漏液，运转正常，有运转记录 （4）乳化液是否清洁，无析皂现象，配制浓度控制在 3%～5%。运行曲轴温度不高于 75℃，油量适当，泵体温度不高于 60℃；电动机运转声音是否正常，保护装置是否符合防爆要求 （5）胶带输送机是否上下托轮齐全，卡扣排列均匀紧固，机头机尾无块煤、杂物，检查螺栓、销子是否齐全、紧固；液压联轴节的易熔合金塞保护是否齐全无损，不漏液，液量符合规定；油嘴是否完好、畅通；输送带有无跑偏，张紧是否适当		

续表

检查项目	检查内容及要求	存在问题	评价
工作面设备	（6）检查电缆敷设有无"鸡爪子""羊尾巴""明接头"和严重护套损伤现象；电缆悬挂整齐，符合规定；插销无裂痕，防爆面无锈蚀，零件齐全，联结紧固；动力电缆和控制电缆应用铁质标志牌将有关事项标明清楚 （7）移动变电站工作是否正常，防护设施灵活可靠，有完整的电气图和运转记录 （8）通信系统是否健全，控制系统准确可靠，通话清晰		
工作面管理	（1）是否有经局总工程师批准的工作面设计和作业规程，并有考试记录 （2）工作面是否有区队干部跟班上岗，区队长或班长实行现场交接班 （3）工作面是否有质量验收员上岗 （4）是否执行开工牌制度和特殊工种持证上岗制度 （5）工作面是否坚持支护质量和顶板动态监测 （6）工作面是否具备施工图板		

三、机采工作面现场安全检查

1. 机采工作面现场安全检查重点

与综采工作面相比，机采工作面装备水平较低，支护强度较小，容易发生顶板事故，因而工作面支护、上下安全出口、回柱放顶等应是机采工作面现场安全检查的重点。同时对工作面机电设备在使用过程中的安全问题也必须注意。

2. 机采工作面现场安全检查的内容

机采工作面现场安全检查可使用表5—2所示的检查表，现场安全检查完成后，要写清存在的问题，给出总体评价，提出处理意见。

表 5—2　　　　　　机采工作面现场安全检查表

单位：　　　　　　检查地点：　　　　　　　年　月　日

检查项目	检查内容及要求	存在问题	评价
上下顺槽	（1）检查巷道断面是否符合作业规程要求，高度不小于1.8 m，人行道宽度不少于0.8 m （2）巷道支护是否完整，无断梁折柱，无空帮空顶；架间撑木齐全 （3）巷道是否有专人负责维修 （4）机电设备是否上架进壁龛，电缆悬挂是否整齐 （5）巷道有无积水、杂物、浮煤；材料码放是否整齐，并有标志牌		
安全出口	（1）检查顺槽至煤壁线20 m范围内支架是否整齐，并有符合规定的超前支护 （2）有无符合规定的端头支护，端头对梁距工作面第一架支架的距离不应超过0.7 m （3）巷道高度是否不低于1.6 m，人行道宽度不低于0.7 m （4）采空区侧或煤壁侧是否有大于0.6 m，不低于工作面采高90%的人行通道 （5）安全出口处煤壁是否至少超前一刀，斜长不小于2.0 m		
工作面支护	（1）检查柱距、排距是否符合作业规程规定，呈一条直线，支架架设偏差不应超过100 mm （2）顶梁铰接率是否大于90%，是否出现连接不铰接，机道与放顶线是否配足水平楔 （3）支柱初撑力、迎山、棚梁、背板、柱鞋、柱窝是否符合作业规程规定 （4）是否存在失效柱、梁和空载支柱，不同型号支柱是否混用 （5）是否按作业规程及时架设密集支柱或木棚木垛，其数量、位置是否符合规定 （6）支柱是否全部编号管理，并做到牌号清晰		
顶板管理	（1）是否执行敲帮问顶制度 （2）顶底板移近量是否小于每米采高100 mm （3）工作面是否出现台阶下沉 （4）梁端至煤壁冒落高度是否大于200 mm，当出现大于200 mm时，是否采取接实顶板措施		

续表

检查项目	检查内容及要求	存在问题	评价
采煤工作	（1）采煤机割煤时顶底板是否割平 （2）采煤机工作时液压油泵的工作压力是否保持在规定范围内 （3）采煤机停机后其速度控制、离合器、隔离开关是否打在断开位置，并关闭水管 （4）采煤机是否用于牵引或推顶设备		
移溜	（1）是否遵循程序移溜原则 （2）移溜距采煤机的距离是否符合规定，是否出现陡弯 （3）推溜工作是否只在输送机运行中进行 （4）推移上下机头时是否将杂物清理干净，机头是否飘起		
煤壁及支护	（1）煤壁是否平直，并与顶底板垂直 （2）是否出现超过规定的伞沿 （3）采全高时是否见顶见底 （4）是否按作业规程要求及时架设齐全的贴帮点柱 （5）悬臂梁是到位，端面距小于 300 mm，梁端接顶，挂梁及时 （6）悬臂梁支柱支设是否及时，改临时柱时是否先支后回		
机电设备	（1）检查乳化液泵站压力是否高于 18 MPa，浓度不低于 2%～3%，液压系统完好，不漏液 （2）刮板输送机铺设是否平稳，接头严密，刮板螺钉齐全 （3）小绞车是否有牢靠的四压二戗和地锚，信号是否灵敏可靠，钢丝绳磨损是否超限 （4）机组电缆绝缘是否良好，无"鸡爪子"、无"羊尾巴"，电缆架设是否牢靠、安全		
回柱放顶	（1）检查是否按作业规程规定及时放顶，控顶距是否符合规程要求，上下顺槽是否与工作面放齐 （2）回柱是否采用先支后回、由下而上、由里往外的三角回柱法 （3）回柱与支柱距离是否不小于 15 m （4）分段回柱距离是否大于 15 m，掐头处是否打上隔离柱 （5）回柱地点以上 5 m、以下 8 m 处是否有与回柱无关人员滞留		

续表

检查项目	检查内容及要求	存在问题	评价
管理	(1) 工作面是否有区队干部跟班上岗，区队长或班长实行现场交接班 (2) 工作面是否有质量验收员上岗，执行开工牌制度和特殊工种持证上岗制度 (3) 工作面是否坚持支护质量和顶板动态监测 (4) 工作面是否具备施工图板		

四、炮采工作面现场安全检查

1. 炮采工作面现场安全检查的重点

炮采工作面生产时容易出现的问题是冒顶片帮和爆破事故，因此，炮采工作面安全检查的重点应是工作面支护与顶板管理、上下安全出口的安全、放顶安全作业、爆破安全作业等。应按工作面作业规程和其他有关规定实施重点检查。

2. 炮采工作面现场安全检查的内容

炮采工作面现场安全检查可使用表 5—3 所示的检查表，现场安全检查完成后，要写清存在的问题，给出总体评价，提出处理意见。

表 5—3　　　炮采工作面现场安全检查表

单位：　　　　　检查地点：　　　　　　年　月　日

检查项目	检查内容及要求	存在问题	评价
上下顺槽	(1) 检查巷道断面是否符合作业规程的要求，巷道净高是否低于 1.8 m (2) 巷道支护是否完整可靠，有无断梁、折柱，空顶 (3) 机电设备是否上架进壁龛，电缆悬挂是否整齐 (4) 巷道有无积水、浮渣、杂物 (5) 材料、设备码放是否整齐，并有标志牌		
安全出口	(1) 检查顺槽至煤壁线 20 m 范围内支架是否完整 (2) 是否按作业规程规定进行超前支护 (3) 巷道高度是否不低于 1.6 m		

续表

检查项目	检查内容及要求	存在问题	评价
安全出口	(4) 有无符合作业规程规定的端头对梁 (5) 工作面有无超过 0.6 m 宽的人行通道，高度不低于工作面采高的 90% (6) 超前工作面煤层开采的距离是否符合规程规定		
工作面支护	(1) 检查柱距、排距是否符合作业规程规定，呈一条直线，支架架设偏差不应超过 100 mm (2) 顶梁铰接率是否大于 90%，是否出现连接不铰接，机道与放顶线是否配足水平楔 (3) 支柱初撑力、迎山、棚梁、背板、柱鞋、柱窝是否符合作业规程规定 (4) 是否存在失效柱、梁和空载支柱，不同型号支柱是否混用 (5) 是否按作业规程及时架设密集支柱或木棚木垛，其数量、位置是否符合规定 (6) 支柱是否全部编号管理，并做到牌号清晰		
顶板管理	(1) 是否执行敲帮问顶制度 (2) 顶底板移近量是否小于每米采高 100 mm (3) 工作面是否出现台阶下沉 (4) 梁端与煤壁冒落高度是否大于 200 mm，当出现大于 200 mm 时是否采取接实顶板措施		
煤壁及支护	(1) 煤壁是否平直，并与顶底板垂直 (2) 是否出现超过规定的伞沿 (3) 采全高时是否见顶见底 (4) 是否按作业规程要求及时架设齐全的贴帮点柱 (5) 悬臂梁是否到位，端面距小于 300 mm，梁端接顶，挂梁及时 (6) 悬臂梁支柱支设是否及时，改临时柱时是否先支后回		
工作面放炮	(1) 是否按作业规程规定布孔、钻孔 (2) 是否按规定装药量和装药方法装药，装药前是否清除炮眼内的煤粉 (3) 是否按规定使用炮泥封孔，不装空心炮，并使用水炮泥 (4) 是否坚持一组装药一次起爆、一炮三检和三人连锁放炮制度		

续表

检查项目	检查内容及要求	存在问题	评价
工作面放炮	(5) 雷管、炸药是否分开存放，并且上锁 (6) 哑炮处理是否按规程规定处理 (7) 雷管、炸药是否账物相符，领退有记录，并有签字		
工作面设备	(1) 检查煤电钻有无综合保护 (2) 刮板输送机铺设是否平稳，接头是否严密 (3) 工作面小绞车是否有四压、二线和地锚，钢丝绳磨损是否超限 (4) 电缆架设是否牢靠安全		

第三节 矿井掘进系统安全检查

一、机掘工作面的安全检查

机掘是目前我国煤矿掘进工程中最先进的一种方式。机掘工作面配备了先进的大功率掘进机、锚杆钻孔机、带式输送机、梭车、吸出式除尘风机，以及与这些设备相配套的乳化液泵、水泵、供电及电气控制设备。掘进工序中的巷道开挖成形，装载全部实行了机械化并且大多配套有锚杆支护、皮带或梭车运输，所以劳动强度小、工作效率高、掘进速度快，大大降低了掘进成本，为集约化生产和建设高产高效矿井奠定了基础。机掘工作面安全检查重点内容及要求如下：

1. 局部通风机应有消音装置，风筒吊挂平直规范。无死弯，无漏风跑风，工作面风筒出风风量充足，出风口与掌子头距离不超过规程规定。

2. 瓦斯监测探头安装的位置符合规程要求。工作面空气净化水幕符合要求，能够正常喷雾降尘。

3. 运输轨道铺设质量符合规程要求，牵引绞车稳固完好，电气设备防爆性能好,信号装置齐全好用。

4. 带式输送机或刮板输送机平直稳、运行良好,带式输送机应具备堆煤满仓保护、跑偏保护、断带保护、慢速保护及高温保护装置。输送带完好无损伤,上下托辊齐全转动灵活。刮板输送机做到刮板齐全,刮板无歪斜和缺螺钉现象。

5. 吸出式除尘风机及综掘机的除尘设备齐全运行良好,除尘降尘效果好。

6. 掘进机往外巷道内管线吊挂整齐规范,巷道内无积水、无杂物、无浮煤,材料场内材料码放整齐且不影响行人行车和通风。工作面图牌板齐全规范。

7. 巷道断面、中线符合规程要求。中线偏差不大于±0.05 m,巷壁或棚子保持直线,偏差不大于±0.10 m。

8. 乳化液配比、泵站压力符合规程规定。

9. 掘进和支护之间的关系合理,最大空顶距符合相关规定。

10. 棚子质量合格,棚梁平齐,刹顶刹帮严紧,无空帮空顶现象。棚子梁腿结构严实,无吊口(唇)抚肩、后空、后硬现象,棚腿插角合格,迎山有力,无歪斜射箭现象。

11. 锚杆眼布置和深度角度符合要求,托板齐全,螺帽紧固并用力矩扳手拧紧螺帽。锚杆外露部分不大于0.05 m,螺帽必须满扣拧紧。锚杆拉拔试验初锚力和锚固力符合规程要求。

12. 掘进机照明良好,各操作手柄和按钮灵活可靠。司机和副司机必须持证上岗。

13. 掘进机切割顺序和轨迹必须符合规程要求,做到成形规范不割顶板。

14. 掘进机开机前必须先发出信号,机器前不准有人,喷雾正常后才可开机。机器后退或调整位置必须先发信号,活动范围内撤出所有人员才可移动机器并且要操作平稳,速度适中。

15. 停机前先把切割头后退,切割头落地然后关机,关机后要断开电源和电磁启动器的隔离开关。

16. 切割头和切割臂不得用做托举棚梁等。

17. 检查修理综掘机时,必须先断开电源和电磁启动器的隔离开关,防止误操作伤人。

二、炮掘工作面的安全检查

炮掘是我国大多数煤矿的掘进方式,其主要特点是打眼放炮,巷道由爆破成形,装载方式有人工装车,也有装煤机、装岩机、耙斗机等机械装载,还有的是把刮板运输机直接铺到掌子头,用铁锹把煤或矸石装入输送机再运到天井装车等。支护形式上有架木棚(铁棚)(当然还有因为是坚硬岩石顶板而支设点柱,如大同矿区)、锚杆、锚喷、砌碹(料石碹、砼碹)等。炮掘工作面的安全检查重点内容及要求如下:

1. 查局部通风机供风情况。要求运行平稳,风筒(袋)吊挂平直规范,无跑风漏风现象。工作面风筒出风量充足,风筒出风口距掌头距离符合规程的规定。

2. 巷道内管线吊挂整齐规范,干净卫生,无积水,无浮煤,无杂物,材料场内材料码放整齐且不影响通风、行人和行车。

3. 工作面图板齐全规范,牌板内容符合标准化要求。

4. 甲烷报警器安装位置符合规定,空气净化喷雾装置运行良好。

5. 必须坚持打眼前检查瓦斯,放炮前、装药前和放炮后检查瓦斯,只有 CH_4 浓度不超过规定时才可操作。

6. 火药雷管按规定严格管理,按规定要求装配引药。当班用不完的火药雷管必须退库。

7. 按规程规定布置炮眼,尤其是巷道周边炮眼必须按爆破说明书的设计布置,眼距、孔深、角度必须合格,以保证成形效果良好。

8. 严格按操作规程由持证的放炮员装药放炮,不准放明炮、糊炮和明火放炮。坚持使用水炮泥,封泥长度要符合规程的规定。

9. 放炮母线必须认真悬挂且长度符合规程要求。放炮前先把所有人员撤到安全地点，由放炮员连接母线和雷管脚线。放炮前按规定设置警戒岗哨，然后清点人数，确认放炮区内无人后必须先发出爆破警号，5 s后才可发爆。

10. 发爆不响应静候5 min后由放炮员进去查找原因。

11. 出现瞎炮时，要按规程要求认真处理。

12. 放炮前要加固支架并在距工作面迎头（掌头）10 m以内采取防倒措施。

13. 放炮时，装炮、联炮和发爆必须由放炮员本人进行。发爆器钥匙（或手把）必须由放炮员随身携带，不准交给别人。

14. 放炮后吹散炮烟必须先由放炮员、班组长和瓦斯检查工进入放炮区，检查通风、瓦斯、支架和顶板情况，并洒水灭尘，修理被炮崩松或崩倒的棚子，然后在棚子的支护下进行敲帮问顶，确认安全后才可解除放炮警戒，恢复工作。

15. 巷道支架必须齐全紧固。顶板刹严刹紧，不准缺棚或有断梁折柱和空帮空顶现象。棚子必须达到质量标准化要求，棚距、中线、巷道断面规格以及棚腿插角必须符合要求，误差不大于±0.1 m。棚子梁腿接口严实，不得出现吊口（唇）、后空、后硬、抚肩、射箭以及歪斜等问题。

16. 放炮后最大空顶距不得超过规程的规定，并且要架设前探支架，以临时支护放炮后暴露出来的空顶，并在前探支架掩护下，尽快支护新棚子，形成永久支护。

17. 坚持采用湿式打眼，不准干打眼。

18. 机电设备要做到完好防爆，尤其是接线盒、电铃、信号、电话等小型电气设备更要严格要求，杜绝失爆。

19. 在把刮板输送机铺到工作面迎头时，刮板输送机机尾要采取打压柱或地锚等措施防止翻机伤人。

三、巷道支护的检查

巷道支护的检查重点包括：

1. 对于锚杆支护和锚喷支护，最大空顶距、最小空顶距、初喷与复喷的间距都要在规程中明确规定并严格执行。

2. 掘进工作面临时支架和永久支架必须使用前探铁刹杆护顶，前探距离不得超过 1 架棚距，后面要别在 2 架棚梁上。锚喷巷道要采用吊环前探梁端头临时支护，严禁空顶作业。

3. 临时支护距工作面的距离一般不大于 2 m，锚喷巷道不大于 3~4 m，软岩层应紧跟工作面。

4. 倾斜巷道的棚子必须保持足够的迎山角，棚子间用铁丝联系好，每节棚要打好劲木和扣木，以防棚子推倒。

5. 斜巷掘进工作面上方要设牢固的安全挡板。距工作面上方 20 m 处，要设安全栏遮挡。

6. 砌碹用的料石材质和几何尺寸必须符合规程要求并经检验合格，不准用风化石料。使用前要进行检查挑选，每架碹胎组立完后，至少要打 3 个压顶楔子，跨度超过 5 m 的巷道砌碹拱时，碹内必须打上顶子，防止碹胎变形或塌落。碹体和顶帮之间必须用不燃物充满充实。

7. 顶板不好时要有专门措施，实行短掘短砌。要明确最大空顶距，并不准超过最大空顶距。空顶区应用无腿托钩棚、前探支架等措施进行支护，托钩棚的棚梁、托钩和托钩插入岩帮长度必须符合规定，托钩棚的上部要刹紧接顶。

8. 砌碹翻棚应先检查施工地点前后巷道的顶板压力情况和棚子质量情况，并将翻棚附近的棚子进行加固；斜巷要打好顶子或补齐劲木，用铁丝联系好。

9. 砌碹翻棚空顶距离：顶板岩石坚硬、无浮石时，最大不超过 5 m，一般为 2 m；顶板压力大、浮石较多，每次只准翻 1 架砌 1 m。翻棚后要进行找顶，顶板不好时，要采取临时挑顶办法护顶。

10. 大断面巷道施工必须架设牢固的脚手架，脚手架上面不准存放过多的材料。

11. 在交叉点施工时，木支架巷道中的支巷开口处架设台棚后才能进行支巷掘进。交叉点的"牛鼻子"与其背后岩层间的空隙必须用混凝土充填严实，如空隙超过 250 mm，允许用坚硬的毛石充填并用砂浆灌碴。

12. 锚杆支护和锚喷支护对巷道断面成形要求严格，在综合掘进机开挖时要严格掌握，在爆破成形时更要搞好光面爆，尤其是巷道断面周边眼的布置、眼距、孔深、角度及装药量，必须严格执行规程设计规定，这是保证成形质量的关键。

锚杆眼的方向要与岩层面或主要裂隙面垂直，当岩层与裂隙面不明显时，可与周边轮廓垂直；锚杆眼的孔径、深度、间距及布置形式要符合设计要求；锚杆安装前，要先用压风清煤，托板应紧贴岩石，接触不严时，必须用水泥砂浆填实，不准用木材、石块等材料垫上；木锚杆外楔安装方向应与托板顺纹垂直；砂浆凝固或树脂固化前不得碰撞杆体；钢筋网要随岩石铺设，间隙不应小于 30 mm；钢筋网与锚杆要连接绑扎牢靠；在松软、膨胀性岩层中进行锚喷支护时，喷射前不得用水冲洗岩石；在过断层、破碎带、冒顶区进行锚喷支护时，应打超前锚杆护顶；在围岩有淋水、滴水的情况下，锚喷作业前要先做好防治水工作。

四、装车、运输的检查

装车、运输的检查重点包括：

1. 超过 400 mm 长的大块矸石必须经过破碎后方准装车。经过斜井的矸石车装车高度不准超过车沿。

2. 装岩机停止运转检修时，要用木头、石头等物品垫簸箕，用铁插销卡住或放到底板上停电修理。装岩机电缆要指定专人看管，防止压坏。工作面的各种机械要指定专人开动，不准乱动。

3. 推车经过弯道、道岔口、下坡道、风门等地点时要大声喊话，并注意不要将手伸出车外边。推车要往前看，防止碰人。

4. 暗斜井上部必须设挡车器，并要经常检查，保证安全行车。

5. 倾斜巷道上下山掘进,要搭好牢固的溜子口和溜子道,并经常进行检查,人员上下要取得联系,超过37°的倾斜巷道、溜子口和溜子道要搭盖板。使用绞车提升时,要用铁楔子固定好导向轮。

6. 上下山掘进使用电耙子,一定要搭好牢固的平台和溜子口,电耙子开动时禁止人员上下;需要通过人员时,必须用信号取得联系,待电耙子停止后方可通过。

第四节　矿井电气系统安全检查

一、检查重点

煤矿井下电气事故主要有人身触电事故、电气火灾事故、电气设备引爆瓦斯或煤尘事故、停电引起的瓦斯积聚事故等。因此,煤矿井下电气设备的检查主要包括防止触电、防止电气火灾、电气防爆和安全供电等。其检查重点如下:

1. 矿井供电线路是否符合《煤矿安全规程》的有关规定。

2. 用于煤矿井下的电气设备是否符合《煤矿安全规程》的有关规定,防爆型电气设备是否达到防爆标准的要求。

3. 矿用电气设备的过流保护装置的整定、熔断器的选择是否符合有关规定。

4. 煤矿井下电网漏电保护和煤电钻综合保护是否灵敏可靠。

5. 井下电气接地系统是否完好。

6. 矿井安全监控装备是否按要求装备、使用与维护。

7. 井下电缆的管理和使用是否符合《煤矿安全规程》的规定。

8. 井下变、配电硐室、机电设备硐室是否符合《煤矿安全规程》的规定。

9. 在井下电气设备检修和停送电作业中,是否有违章指挥和违章作业情况。

二、地面供电线路的检查

矿井用电及主要设备机房（主要通风机、提升设备等）均属一类负荷，必须保证矿井和主要设备机房供电的安全可靠。即使发生了电源线路断线、倒杆、地面变电所设备故障等意外事故，也必须保证矿井和主要设备机房的可靠供电。

矿井地面线路检查表见表5—4。

表5—4　　　　矿井地面线路检查表

单位：　　　　　检查地点：　　　　　　年　月　日

序号	检查项目及内容	检查情况	备注
1	应有两回电源线路		
2	两回电源线路分别来自区域变电所或发电厂		
3	任一回路均能担负矿井全部负荷		
4	电源线路上均不得接任何负荷		
5	严禁装负荷定量器		
6	两回路架空电源线不能共杆架设		
7	防断线检查巡视记录		
8	防倒杆事故检查巡视记录		

三、防爆电气设备的检查

1. 矿井电气设备选用与使用环境条件的检查

煤矿井下不同工作地点的瓦斯浓度差别较大。因此，用于煤矿井下的各种电气设备的防爆形式必须根据使用环境和《煤矿安全规程》进行选择。设备的类型不符合《煤矿安全规程》要求时，必须制定安全措施，报省（区）煤炭局批准。普通型携带式电气测量仪表只准在瓦斯浓度1.0%以下的地点使用。

2. 隔爆型电气设备的检查

（1）隔爆型电气设备是否经过考试合格的防爆电气设备检查员检查其安全性能，并取得合格证。

(2) 外壳是否完整无损，无裂痕和变形。

(3) 外壳的紧固件、密封件、接地件是否齐全完好。

(4) 隔爆接合面的间隙和有效宽度是否符合规定，隔爆接合面的表面粗糙度、螺钉隔爆结构的拧入深度和啮合扣数是否符合规定。

(5) 电缆接线盒和电缆引入装置是否完好，零部件是否齐全，有无缺损，电缆连接是否牢固、可靠。与电缆连接时，一个电缆引入装置是否只连接一条电缆；密封圈外径与电缆引入装置内径之差，是否大于 2 mm；电缆与密封圈之间是否包扎其他物；不用的电缆引入装置是否用厚度不小于 2 mm 钢板堵死。

(6) 连锁装置功能完整，保证电源接通打不开盖，开盖送不上电；内部电气元件、保护装置是否完好无损、动作可靠。

(7) 接线盒内裸露导电芯线之间的电气间隙，是否符合规定；导电芯线是否有毛刺，上紧接线螺母时是否压住绝缘材料；外壳内部是否随意增加了元件，能否防止电气间隙小于规定值。

(8) 在设备输出端断电后，壳内仍有带电部件时，是否在其上装设防护绝缘盖板，并标明"带电"字样，防止人身触电事故。

(9) 接线盒内的接地芯线是否比导电芯线长，即使导线被拉脱，接地芯线仍保持连接；接线盒内保持清洁，无杂物和导电线丝。

(10) 隔爆型电气设备安装地点有无滴水、淋水，周围围岩是否坚固；设备放置是否与地平面垂直，最大倾斜角度不得超过 15°。

(11) 是否使用失爆设备及失爆的小型电器。发现失爆是否追究责任者及有关人员的责任。

四、井下供电三大保护的安全检查

1. 井下电气设备保护接地的检查

把电气设备的金属外壳和构架用导线与埋在地下的接地极连

接起来，称为保护接地。对电气设备实行保护接地后，当电气设备绝缘破坏使外壳带电时，人身即使接触了这个带电的外壳，因为接地装置与人体构成了并联电路，对人体起分流作用，大大地减小了通过人体的电流，这样就减少了人体触电的危险。所以，电气设备的保护接地，是预防触电事故的重要措施之一。安全检查人员应按《煤矿安全规程》要求对保护接地进行如下检查：

(1) 保护接地的外壳检查

1) 检查设备外壳的保护接地连接线是否完整、连续，接头是否松动、锈蚀，接地线是否断裂或断面减小。

2) 每台电气设备是否使用独立的导线与接地母线相连接，设备是否串联接地，是否使用专用的接地螺钉。

3) 接地连接导线与接地母线相连接时，是否焊接。如果是螺钉连接，是否用镀锌、镀锡螺钉和螺母接牢；绞接时，其长度是否小于 100 mm，绞接是否牢固。

4) 接地装置的材料是否使用铜材或钢材。

(2) 保护接地网的检查

1) 主接地极的检查。主接地极应在主、副水仓中各埋一块，并由面积不小于 $0.75 m^2$、厚度不少于 5 mm 的钢板制成；接地母线应采用截面积不小于 $50 mm^2$ 的铜线、截面积不小于 $100 mm^2$ 的镀锌铁线或厚度不小于 4 mm、截面积不小于 $100 mm^2$ 的扁铜。

2) 局部接地极的检查。①每个装有电气设备的硐室是否装设局部接地极。②每个单独设置的高压电气设备是否装设局部接地极。③每个低压配电点是否装设局部接地极，无低压配电点时，采煤工作面的机巷、回风巷和掘进巷道内至少应分别设置一个局部接地极。④连接动力铠装电缆的每个接线盒是否装设局部接地极。⑤局部接地极是否设置于巷道水沟内或其他就近的潮湿处。⑥设置在水沟中的局部接地极，应用面积不小于 $0.6 m^2$、厚度不小于 3 mm 的钢板或具有相同有效面积的钢管制成，并平放于水沟深处。⑦设置在其他地点的局部接地极，应用直径不小于 35 mm、长度不小于 1.5 m 的钢管制成，管上至少钻 20 个直径不小于 5 mm 的透眼，并垂直埋入地下。⑧低压机电硐室的辅助接地母线，电气设备外壳同接地母线（包括辅助接地母线）的连接，电缆接线盒两头的铠装、铅皮的连接应使用截面积不小于 25 mm^2 的铜线、截面积不小于 50 mm^2 的镀锌铁线或厚度不小于 4 mm、截面积不小于 50 mm^2 的扁铜。⑨低于或等于 127 V 的电气设备的接地导线、连接导线应采用断面不小于 6 mm^2 的裸铜线。

3）采掘移动设备保护接地的检查。采掘工作面移动设备的金属外壳应采用橡套电缆中的接地芯线与配电点的控制设备外壳相连；通过电缆接到低压配电点的局部接地极，应组成一个保护接地网，并不受其他因素的干扰。除用作监测接地回路外，不得兼作其他用途。

(3) 保护接地的测试检查

1）接地网上任一保护接地点测得的接地电阻值不得超过 2 Ω，每季度测一次。

2）移动式和手持式电气设备同接地网的保护接地用的电缆芯线的电阻值，不得超过 1 Ω，超过时应及时更换。

3）每年应将主接地极和局部接地极从水仓或水沟中提出，进行详细检查。

2. 井下电网漏电保护的检查

安全检查人员应对漏电保护装置的安装、运行、试验等进行现场检查。检查重点包括：

(1) 检漏继电器一定要与带跳闸线圈的自动馈电开关一起使用，不能在同一电网中使用两台或更多的检漏继电器。

(2) 检漏继电器的辅助接地线应是橡套电缆，其芯线总面积不小于 10 mm^2。辅助接地极应单独设置，规格要求与局部接地极相同，距局部接地极的直线距离不小于 5 m，不能使用同一个接地极。

(3) 检漏继电器应水平安装在适当高度的支架上,并要求动作可靠,便于检查试验。

(4) 值班电工每天是否对检漏继电器的运行情况进行一次检查,是否有试验记录。检查试验记录内容是否符合要求;检漏继电器的外观、防爆性能是否完好;欧姆表的指示数值是否正常;发生故障的设备或电缆在未消除故障以前,是否禁止投入运行。

(5) 运行中的电气设备绝缘是否受潮或进水。

(6) 电缆运行中是否受到机械或外力伤害、挤压、砍砸、过度弯曲而产生裂口。

(7) 电缆与设备连接是否牢固,运行中是否有接头松动脱落或与外壳相连或发热烧毁绝缘现象。设备内部导线绝缘是否损坏,造成与外壳相连。

(8) 操作电气设备时,是否有弧光放电产生。

(9) 电气设备与电缆因过负荷运行有无损坏或直接烧毁绝缘。

在检查以上各项保护时,可以通过试验按钮进行试验来检验保护装置是否灵敏可靠。

3. 井下电网过流保护的检查

对过流保护进行现场检查主要有以下几个项目:

(1) 对电气设备选择的检查

1) 电气设备额定电压与所在电网的额定电压是否相适应。

2) 所选电气设备的额定电流应大于或等于它的长时最大实际工作电流。

3) 电缆截面的选用是否符合设备容量的要求。

4) 高、低压开关设备切断短路电流的能力,即开关的额定断流容量是否大于或等于线路可能产生的最大三相短路电流(其短路点应选在开关的负荷侧端子上)。

(2) 对电气设备使用的检查

1) 在电缆的敷设和连接中，不要将电缆浸泡在水沟里，要防止砸、碰、压电缆，发现问题及时处理。

2) 安装地点能否使电气设备免遭碰撞、砸和淋水的影响。

3) 电气设备安装前后测量其绝缘电阻值是否合格，使用中是否定期测试。

(3) 对过流保护装置整定值的检查

过流保护分为短路保护、过负荷保护和断相保护。井下各类电气设备应具备的保护可按表5—5所列各项进行检查。

表 5—5 井下各类电气设备应具备的保护

内容＼类别	短路保护	过负荷保护	单相保护	欠电压释放保护
井下高压电动机和动力变压器的高压侧	√	√	—	√
由采区变电所移动变电站或配电点引出的馈电线上	√	√	—	—
低压电动机	√	√	√	—

注：表内"√"表示有相应保护，"—"表示无保护。

(4) 对选择的熔体额定电流的检查

根据现场负荷情况，检查选择的熔体额定电流是否正确，然后再按短路电流进行校验。

(5) 对千伏级电网过载及过流保护装置的整定的检查

千伏级电网国产设备都装有过载及过流保护装置。应在现场对其过载及过流保护的整定是否正确进行检查。

五、预防井下电气火灾的检查

煤矿井下常见的电气火灾有：低压电缆着火，电缆接线盒放炮着火，矿用变压器着火，油浸启动变阻器着火、油浸开关着火，用灯泡取暖着火，架线电机车电弧引燃木支护棚着火等。发生电气火灾的主要原因是：电缆连接的电气设备和电缆接线盒有严重缺陷及电缆受挤压短路，保护失灵，设备与电缆的阻燃性差，无火灾监视，现场的灭火设施不起灭火作用等。安全检查工对预防井下电气火灾的检查应注意以下几个方面：

1. 电缆发生短路故障时，高低压开关由于断流容量不足而不能断弧，引燃电缆。在检查中要检查高低压开关断流容量，检查专业人员计算各地点的短路电流是否正确，校验系统中的继电保护是否灵敏可靠。

2. 为了防止已着火的电缆脱离电源或火源后继续燃烧，必须采用合格的矿用阻燃橡套电缆。

3. 电缆不准盘圈成堆或压埋送电，电缆悬挂要符合《煤矿安全规程》的要求。

4. 必须有继电保护，并按《矿井低压电网短路保护装置整定细则》进行整定，保证灵敏可靠。若开关因短路跳闸，不查明原因不许反复强行送电。

5. 高压电缆接线盒，尤其是铝芯电缆接线盒要加强检查。铝芯接头处极易氧化，产生较大电阻使接头过热以至于接地放电，引起芯线相间短路，造成接线盒"放炮"，熔化起火。接线盒处不得有可燃物。

6. 矿用变压器接线端子接触不良，或变压器检修时掉入异物会造成高压短路。变压器油不定期化验，会造成绝缘油失效，使变压器升温，发生过热，造成套管炸裂，绝缘油喷出着火。

7. 井下不准用灯泡取暖，应悬挂照明灯，不准将照明灯放置在易燃物上。

8. 架线电机车运行时产生电弧，当架空线距木棚太近或接触木棚时，高温电弧可能引燃木棚着火。另外，当架线断落在高压铠装电缆外皮上，直流电弧沿电缆燃烧，烧毁电缆的铠装和油浸纸绝缘。为预防上述事故发生，应严格按规定架设架线。架线电机车行驶的巷道，必须是锚喷、砌碹或混凝土棚支护。

9. 检查变配电硐室是否备有足够的消防电火器材，机电硐室不得用可燃性材料支护,并应有防火门。

六、矿井通风安全监控的检查

矿井通风安全监控的检查主要包括以下几个方面:

1. 是否在采区变电所设置了专为局部通风机供电的专用变压器,专为局部通风机供电的高压防爆开关和低压馈电开关(带低压检漏继电器)和由专用变压器的低压侧接出的专为局部通风机供电的电缆。掘进工作面的局部通风机是否装备有甲烷—风—电闭锁装置或甲烷断电仪和风电闭锁装置。

2. 是否按要求装备了安全监控装置。安全监控设备的供电电源是否取自于被控制开关的电源侧。安全监控设备之间是否使用专用阻燃电缆连接。井下安全监控设备的输入输出信号是否为本质安全型信号。安全监控设备是否具有故障闭锁功能。

3. 甲烷断电仪是否能保证甲烷超限时,声光报警,并切断被控区域电源。甲烷—风—电闭锁装置是否能保证甲烷超限时或停风时声光报警,并切断被控区域电源。

4. 矿井安全监控系统是否具有甲烷断电仪和甲烷—风—电闭锁装置的全部功能。当主机或系统电缆发生故障时,系统是否具有甲烷断电仪和甲烷—风—电闭锁装置的全部功能。当电网停电后,系统是否能保证继续连续正常工作时间不小于 2 h。系统是否有防雷措施。

5. 甲烷传感器的设置地点、悬挂位置是否符合要求。其报警浓度、断电浓度、复电浓度和断电范围是否正确。

6. 安全监控设备是否按要求定期调试、校正和测试。甲烷超限断电功能和甲烷—风—电闭锁功能是否按要求定期测试。甲烷校准气样是否按要求制备。

7. 矿长等入井人员是否按要求携带了便携式甲烷检测报警仪等。

8. 是否按要求建立了安全监控管理机构。安全监测员是否经过专业培训,并经有关部门考试合格取得上岗证。

七、井下电缆的检查

安全检查工在对电缆的安全供电进行检查时，以防止电缆漏电、短路着火为重点，要从电缆的选用、敷设、吊挂以及电缆的连接几个方面进行现场检查。

1. 电缆选用的检查

（1）电缆实际敷设地点的水平差，是否与电缆规定的允许敷设水平差相适应。

（2）采区工作面电源电缆油浸纸绝缘是否达到要求。

（3）电缆是否带有供保护接地用的足够截面的导体，即保障作保护接地用的电缆芯线，其电阻值应不超过规定值。用于移动式和手持式电气设备的电缆的保护接地用电缆芯线的电阻值不得超过 $1\ \Omega$；其他电气设备电缆的保护接地用电缆芯线的电阻值不得超过 $2\ \Omega$。

（4）采用铝芯电缆的检查：①在进风斜井、井底车场及其附近、井下主变电所至采区变电所之间的电缆可采用铝芯。其他地点的电缆不得用铝芯电缆。②采区低压电缆是否采用铝芯电缆。③发现铝芯电缆的接线盒温度较高时，是否停电处理。④接地线是否使用铝芯电缆。

（5）固定敷设的高压电缆的检查：①在立井井筒或倾角 $45°$ 及其以上的井巷内，应采用钢丝铠装不滴流铝包纸绝缘电缆、钢丝铠装交联聚乙烯绝缘电缆、钢丝铠装聚氯乙烯绝缘电缆或钢丝铠装铅包纸绝缘电缆。当垂深大于 $100\ m$ 时，应采用双层细圆钢丝或粗圆钢丝铠装电缆。②在水平巷道或倾角 $45°$ 以下的井巷内，应采用钢带铠装不滴流铅包纸绝缘电缆、钢带铠装聚氯乙烯绝缘电缆或钢带铠装铅包纸绝缘电缆。

（6）移动变电站是否采用监视型屏蔽橡胶电缆。

（7）低压动力电缆的检查：①无论是固定的还是移动的低压动力电缆，都应是矿用不延燃橡胶电缆。②$1\ 140\ V$ 设备使用的电缆，应用分相屏蔽的矿用移动屏蔽橡套软电缆。③对承受拉力的电缆是否采用 VCBPQ 采掘机用抗拉型移动屏蔽橡套软电缆。④采掘工作面中 660 V 或 380 V 电气设备，是否使用带有分相屏蔽的橡胶绝缘屏蔽电缆。⑤煤电钻是否使用专用的 UI 型橡套电缆。⑥固定敷设的照明、通信、信号和控制用电缆是否采用铠装电缆、不延燃的橡胶电缆或矿用塑料电缆（塑料电缆应有不延燃性和遇高温或燃烧时不析出大量有毒气体）。非固定敷设的，是否采用不延燃橡胶电缆。

（8）电缆截面的检查：①高压动力电缆的截面是否按电源的经济电流密度、允许负荷电流、电力网路的允许电压损失进行选择，并按短路电流校验电缆的热稳定性。流过电缆的最小两相短路电流是否满足过流保护装置的灵敏系数要求。②低压动力电缆的截面是否按电缆的允许负荷电流、低压供电系统的允许电压损失进行选择，是否满足电动机启动时对启动电压的要求。流过电缆的最小两相短路电流是否满足过流保护装置的灵敏系数的要求。③经常移动的电气设备使用的橡套电缆的截面应不小于按机械强度规定的最小截面，并按表 5—6 选择。

表 5—6　　满足机械强度要求的最小截面

序号	用电设备名称	电缆主芯线最小截面/mm^2
1	截煤机组	35～50
2	截煤机及功率相近的可弯曲输送机	16～35
3	一般小功率的刮板输送机	10～25
4	回柱绞车	16～25
5	电动装岩机	16～25
6	调度绞车	4～6
7	手持式电钻	4～6
8	照明设备	2.5～4

2. 电缆敷设与悬挂的现场检查

(1) 在用机械提升的进风倾斜井巷和使用木支架的立井井筒，溜放煤、矸、材料的溜道等地点。

(2) 敷设电缆时，应有可靠的保护措施，并经矿务局总工程师批准。

(3) 电缆是否悬挂，电缆挂钩、夹子、卡箍是否齐全，悬挂的安全高度和距离是否符合要求。悬挂高度是否影响运输，在矿车掉道时是否受撞击，坠落时，是否会落在轨道或输送机上。

(4) 电缆是否遭受淋水、浸蚀，是否悬挂在风管或水管上；在回风管、水管同一侧敷设时，电缆是否在其上方并保持 0.3 m 以上的距离，防止管路垮落损坏电缆和人身触电。

(5) 电话和信号的电缆，是否同电力电缆分挂在井巷两侧。在井筒内受条件限制时，是否敷设在距电力电缆 0.3 m 以外。在巷道内，是否敷设在电力电缆上。

(6) 高、低压电缆在巷道同侧敷设时是否符合规定。

(7) 电缆穿过墙壁时，是否用套管保护。电缆沿线每隔一定距离是否有标志牌，标明用途、电压、编号等。

(8) 敷设电缆的最小允许弯曲半径是否符合规定。

3. 电缆连接的现场检查

(1) 电缆同电气设备的连接，是否使用与电气设备性能相符的接线盒。

(2) 电缆芯线是否使用齿形压线板（卡爪）或线鼻子同电气设备进行连接。

(3) 不同型电缆（如纸绝缘电缆同橡胶电缆或塑料电缆）之间是否直接连接，是否用符合要求的接线盒、连接器或母线盒进行连接。

(4) 同型电缆之间直接连接时，是否遵守下列规定：①纸绝缘电缆必须使用符合要求的电缆接线盒连接，高压纸绝缘电缆接线盒必须灌注绝缘充填物。②橡胶电缆的连接（包括绝缘、护套已损坏的橡胶电缆的修补）必须使用硫化热补或同热补有同等效能的冷补，在地面热补或冷补后的橡胶电缆，必须进行浸入耐压试验，合格后方可下井使用。③塑料电缆的连接处的机械强度以及电气、防潮密封、老化等性能应符合该型矿用电缆的技术标准要求。

(5) 电缆与电缆的连接以及电缆与电气设备的连接，应通过电缆接线盒、插销连接器、母线盒等连接装置，不得有明接头、冷包头、"鸡爪子"和"羊尾巴"。

(6) 电缆应整体进入电缆引入装置，并用防止电缆拔脱装置压紧。

(7) 高压油浸纸绝缘电缆相互连接用的电缆接线盒中，应灌注绝缘充填物。设在平巷井筒或斜巷的接线盒，应放置在托架上或吊起，注意接头是否承力，接线盒上方是否淋水。使用沥青绝缘充填物的电缆接线盒，在其前后 10 m 以内的井巷中，不应有易燃物，如果有易燃物时，应用石棉板等难燃物或不燃物遮盖，以防电缆接线盒爆炸时带火的沥青充填物溅上而引起燃烧。

(8) 井下橡套电缆直接连接时，应按规定采用硫化热补或同硫化热补有同等效能的冷补工艺进行连接，不应有冷接头。井下应急连接或修补橡套电缆时，应采用与热补同等效能的冷浇注工艺，线芯连接采用压接工艺。冷补的电缆在采掘工作面结束后，应进行浸水耐压试验，试验合格的方可继续使用。

八、井下机电设备硐室的检查

井下机电设备硐室的安全要求，《煤矿安全规程》第 460 条有专门规定，其检查重点主要有以下几个方面：

1. 永久性井下主变电所和井底车场内的其他机电设备硐室，是否砌碹或用其他可靠的构筑方式支护。

2. 采区变电所、采掘工作面配电点是否用不燃性材料支护。

3. 从硐室出口防火铁门起 5 m 内的巷道，是否砌碹或用其他不燃性材料支护。引出的电缆套管是否严密封堵，并剥掉麻皮。

4. 硐室是否装设向外开的防火铁门。铁门全部敞开时，是否妨碍巷道交通。铁门上是否装设便于关严的通风孔，以便必要时隔绝风。装有铁门时，是否加设向外开的铁栅栏门，是否妨碍铁门的关闭。

5. 井下主变电所和主要排水泵房的地面，是否比其出口同井底车场或大巷连接处的底板高出 0.5 m。

6. 变电硐室长度超过 6 m 时，是否在硐室的两端各设一个出口与巷道联通。

7. 装有带油的电气设备硐室，是否设集油坑。

8. 所有硐室内是否有滴水现象。

9. 硐室内设备与墙壁之间、各设备之间的通道是否符合检修的需要。

10. 硐室入口处是否悬挂"非工作人员禁止入内"牌；硐室内有高压电气设备时，入口处和硐室内是否在明显地点悬挂"高压危险"牌；无人值班的硐室是否关门加锁。

11. 硐室的过道是否存放无关的设备和物件，通道是否保持畅通。硐室高度和宽度是否满足搬运最大设备的要求。

12. 硐室内有无灭火砂、电气火灾灭火器等灭火工具器材。

13. 有无合格的高压绝缘手套、绝缘台、绝缘靴。

14. 设备与电缆标志牌是否齐全、标明清楚，有无停送电牌。

九、井下电气设备检修、停送电作业的检查

对井下电气设备检修、停送电作业，《煤矿安全规程》有专门规定，应作为检查的主要依据。其检查重点主要有以下几个方面：

1. 井下电气设备的检查、维护和调整，是否由电气维修工进行。

2. 是否执行工作票制度和制定安全措施。工作票的签发人、工作负责人、操作人是否有不同的安全责任制。

3. 高压停、送电的操作是否书面申请或采用其他可靠的联系方式，由专责电工执行。是否执行谁停电、谁送电的停电制度。是否有约时停送电现象发生。断开了的隔离开关的操作机构是否锁住，是否在操作手把上悬挂"有人作业，禁止合闸"的标志牌。

4. 检修和搬迁井下电气设备时是否停电。检修是否用经过试验合格的验电器验电，确认无电后再在三相上挂装接地线，对电气设备进行放电。验电、接地、放电工作，在煤矿井下应在甲烷浓度为1.0%以下时进行。

5. 部分停电作业，有无遮挡。检修完恢复送电时，是否由原操作人员取下标志牌，然后合闸送电。

6. 高压线路倒闸操作时，是否实行操作制度和监护制度。操作人员是否填写操作票，操作票中是否写明被操作设备的线路编号及操作顺序。是否有带负荷拉开隔离开关的现象发生。

7. 操作时，是否有两人执行，一人操作，一人监护。操作中是否执行监护复诵制度，操作人员是否使用试验合格的绝缘工具，戴绝缘手套，穿绝缘靴或站在绝缘台上。

8. 井下防爆电气设备的运行、维护和修理工作，是否符合防爆性能的各项技术要求。失爆设备是否继续使用。

第五节 矿井运输提升系统安全检查

一、机车运输的安全检查

1. 机车
（1）列车或单独机车都必须前有照明，后有红灯。
（2）正常运行时，机车必须在列车前端。调车和处理事故时，不受此限。
（3）列车过风门必须设有列车通过时能够发出在风门两侧都

能接收到声光信号的装置。

（4）巷道内应装设路标和警标。机车行近巷道口、硐室口、弯道、道岔、坡度较大或噪声大等地段，以及前面有车辆或视线有障碍时，都必须减低速度，并发出警号。

（5）两机车或两列车在同一轨道同一方向行驶时，必须保持不少于100 m的距离。

（6）在能自动滑行的坡度上停放车辆，必须用可靠的制动器将车辆稳住。

（7）机车司机必须按信号指令行车，在开车前必须发出开车信号。

（8）机车运行中，司机严禁将头或身体探出车外。司机离开座位时，必须切断电动机电源，将控制手把取下保管好，扳紧车闸，但不得关闭车灯。

2. 架线电机车

（1）低瓦斯矿井进风（全风压通风）主要巷道用架线电机车，巷道用不燃性材料支护。

（2）高瓦斯矿井进风（全风压通风）主要巷道，使用架线电机车规定：沿煤层或穿煤层的巷道要砌碹或锚喷；瓦斯涌出的掘进巷的回风，不得进入架线机车巷道；用碳素滑板或其他能减小火花的集电器；装煤点和有瓦斯涌出的巷道，装瓦斯自动检测报警断电装置，保证在进风流中瓦斯浓度超过0.5％时，切断该区域架线电机车的电源。

（3）架空线：行人巷、车场及人行道同运输巷交叉处悬挂高度为2 m，非行人巷为1.9 m，井底车场为2.2 m。距巷道顶或棚梁不小于0.2 m。距悬吊绝缘子每侧不超过0.25 m。

（4）架线机车轨道：两轨间，隔50 m连一根断面不小于50 mm^{2}的铜线或其他有等效电阻的导线；所有钢轨接缝处，用导线或轨缝焊接连接；不回电轨道和回电轨道间要绝缘。

3. 蓄电池机车、矿用防爆柴油机车

(1) 高瓦斯矿井进风（全风压通风）主要巷道、掘进的岩石巷道、瓦斯矿井的主要回风道和采区进、回风道内，应使用矿用防爆特殊型蓄电池机车或矿用防爆柴油机车。

(2) 在煤（岩）与瓦斯（一氧化碳）突出矿井和瓦斯喷出区域中，在全风压通风的主要风巷内，使用矿用防爆特殊型蓄电池机车或矿用防爆柴油机车，必须在机车内装设瓦斯自动检测报警断电（油）装置。若风巷是沿煤层掘进或有穿过煤层，必须用不燃性材料支护。

(3) 矿用防爆型柴油机车的排气口排气温度不超过 70℃ 及其表面温度不得超过 150℃；部件不得用铝合金，非金属材料应阻燃和抗静电。油箱及管路必须用不燃性材料。

4. 单轨吊、卡轨车、齿轨车和胶套轮车

(1) 胶套轮材料和钢轨的摩擦系数不得小于 0.4。

(2) 保证设备最突出部分与巷道之间以及对开列车最突出部分之间的间隙。

(3) 卡轨车、齿轨车和胶套轮车运行的轨道，应采用不小于 22 kg/m 的钢轨。

(4) 牵引机车和驱动绞车，应具有可靠的制动系统。

(5) 单轨吊和卡轨车的运输系统，有列车司机与牵引绞车司机联络信号和通信装置。

5. 人力推车

(1) 一人只准推一辆车。同向推车的间距，在轨道坡度小于或等于 5‰时，不得小于 10 m；坡度大于 5‰时，不得小于 30 m；坡度大于 7‰时，禁止人力推车。

(2) 夜间或井下，推车人有矿灯，照明不足区段应将矿灯挂在矿车行进方向的前端。

(3) 推车时要时刻注意前方。开始推车、停车、掉道、发现前方有人或障碍物，坡度较大的地方向下推车及接近道岔、弯道、巷道口、风门、硐室出口，必须及时发出警号。

(4) 严禁放飞车。

6. 斜巷串车与绞车提升

(1) 严格岗位责任制，保险装置和其他装置处于良好状态。

(2) 斜井串车，严禁蹬钩。行车时严禁行人。运送物料时严禁开车前把钩工检查牵引车数、各车的连接和装载情况。

(3) 串车提升规定：安设跑车防护装置、挡车装置、阻车器、信号装置。

(4) 斜巷绞车提升要装设轨枕防滑装置，托绳轮（辊）转动灵活；有足够的过卷距离。

二、胶带输送机运输安全检查

1. 滚筒驱动胶带输送机用阻燃输送带；巷道充分照明；装设防滑保护、烟雾保护、温度保护和堆煤保护装置；有自动洒水装置和防跑偏装置、张紧力下降保护装置和防撕裂保护装置；在机头和机尾防止人员与驱动滚筒和导向滚筒相接触的防护栏；斜巷胶带输送机，装设防逆转装置或制动装置；液力耦合器不准使用可燃性传动介质；严禁乘人。

2. 钢丝绳牵引胶带输送机保护装置：过速保护、过电流和欠电压保护、钢丝绳脱槽保护、局部过载保护、钢丝绳拉紧车到达终点和拉紧重锤落地保护。

3. 斜巷钢丝绳牵引胶带机，设置弹簧式制动闸或重锤式制动闸，制动力矩与最大静拉力差在闸轮上作用力矩之比不得小于 2 大于 3；事故断电或保护装置发生作用时能自动施闸。

三、平巷与斜巷运人安全检查

1. 新建和扩建井不得用空矿车运人。严禁用翻斗车、底卸车、物料车和平板车运人。

2. 生产矿井用空矿车运送人员，空矿车内的人数，应作明确规定；运人矿车到达终点，有专人对每辆矿车检查，确认全部下车后，方可将矿车拉走；报矿务局局长批准。

3. 运人斜井罐笼有保险链和可靠的防坠器；罐底铺满钢板，

不得有孔。如果罐底有防坠器的连接件时，必须设有牢固的检查门；进出口有罐帘；装设座位。

4. 车辆运人：每班发车前，检查各车连接装置、轮轴和车闸等；严禁同时运送爆炸性的、易燃性的或腐蚀性的物品，或挂物料车；行驶速度不得超过 4 m/s；人员上下车地点有照明，架空线安设分段开关或自动停送电开关，人员上下车时必须切断该区段架空线电源；双轨巷道乘车场设信号闭锁，人员上下车，严禁其他车辆进入乘车场。

5. 乘车人员听司机及乘务员指挥，开车前将车门或防护链挂好；人身及所携带工具和零件严禁露出车外；严禁两车厢间乘人；严禁扒车、跳车和坐重车；架线机车牵引矿车运人，临近电机车的两辆矿车严禁乘人；严禁超员；车辆掉道时向司机发停车信号。

6. 运人的斜巷，装设乘坐人在途中任何地点都能向司机发送紧急停车信号的装置。多水平运时，各水平所发出的信号有区别。人员上、下地点应悬挂信号牌。任一区段行车时，各水平皆必须有信号显示。

7. 斜巷运人车辆有顶盖；跟车人坐在列车行驶方向的第一辆车内的第一排；手动防坠器把手或制动器把装在该车内。每班运送人员前，检查人车连接装置、保险链和防坠器，先放一次空车，证实巷道和轨道不会引起掉道或有其他危险。

四、立井提升的检查

1. 管理及各项规章制度的检查

（1）提升容器、连接装置、防坠器、罐耳、罐道、阻车器、罐座、摇台、装卸设备、天轮和钢丝绳以及提升绞车各部分，包括滚筒、制动装置、防过卷装置、限速器、调绳装置、传动装置、电动机和控制设备等，是否每天检查一次，发现问题，是否立即处理；检查和处理结果，是否留有日志；是否定期检查制度执行情况，检查记录是否完备或有无漏洞。

（2）井口和井底车场把钩人员是否持证上岗，是否执行岗位责任制。

2. 提升信号的检查

（1）提升装置是否装有从井底到井口、从井口到绞车司机室的信号装置；井口信号装置是否同绞车的控制回路闭锁；是否在井口把钩工发出信号后，绞车才能启动；除常用的信号装置外，是否有备用信号装置。井底车场和井口之间、井口和绞车司机台之间，除具有上述信号装置外，是否还装设直通电话和传话筒。

（2）一套提升装置供几个水平使用时，各水平是否设有信号装置和闭锁，发出的信号是否有区别。

（3）信号电源变压器和电源指示灯是否独立设置。

（4）提升信号装置与提升绞车的控制回路是否闭锁，不发开车信号绞车能否启动。

（5）多水平提升时，是否设置水平指示信号，各水平信号之间有无闭锁，是否允许一个水平向井口发出开、停车信号。

（6）井上下安全门和非通过式摇台与提升信号有无闭锁。

（7）多层罐笼升降人员时，各层出入平台间的信号是否与井口信号闭锁。

（8）检修井筒时是否设置检修信号。

（9）绞车司机与井口、井底把钩工之间有无可直接联系的电话。

3. 升降人员装置的检查

（1）是否使用普通箕斗升降人员，如必须使用普通罐笼升降人员时，是否有安全措施。

（2）使用罐笼（包括有乘人间的箕斗）升降人员时，是否符合要求。

（3）罐顶应设置可以打开的铁盖或铁门；罐底必须满铺钢板；两侧用钢板挡严，内装扶手；进出口必须装设罐门或罐帘，高度不得小于 1.2 m；罐门或罐帘下部距罐底距离不得超过 250 mm；罐帘横杆间距，不得大于 200 mm；罐门不得向外开；罐笼高度最上层不得小于 1.9 m，其他层净高不得小于 1.8 m；罐笼一次能容纳的人数应明确规定，并应在井口公布；超过规定人数时，井口把钩工有权制止；单绳提升的罐笼（包括带乘人间的箕斗）必须装设可靠的防坠器。

（4）凿井期间，立井中升降人员采用吊桶时，是否遵守下列规定：吊桶必须沿钢丝绳罐道升降；在凿井初期尚未装设罐道时，吊桶升降距离不得超过 40 m；吊桶上方必须装保护伞；吊桶边缘上不得坐人；装有物料的吊桶不得乘人；用自动翻转式吊桶升降人员时，必须有防止吊桶翻转的安全装置；严禁用底开式吊桶升降人员；吊桶提升到地面时，人员必须从地面出入平台进出吊桶，并只准在吊桶停稳和井盖门关闭以后进出吊桶；双吊桶提升时，井盖门不得同时打开。

4. 防止井筒坠物的检查

（1）罐笼提升的立井、井口及各水平的井底车场内，靠近井筒处，是否设置防止人员、矿车及其他物件坠落到井下的安全门；井口安全门是否在提升信号系统内设置闭锁装置；安全门未关闭时，是否能发出开车信号。

（2）在井口及罐笼内部是否设置阻车器；井口阻车器是否与罐笼停止位置相连锁；罐笼未达停止位置，能否打开阻车器；井口、井底和中间运输巷是否都设置摇台；是否在提升信号系统内设置闭锁装置；摇台未抬起时，能否发出开车信号。

（3）升降人员时，是否使用罐座。

5. 防止罐笼运行中摇摆的检查

（1）木罐道任何一侧磨损量是否符合《煤矿安全规程》的规定。

（2）钢轨罐道轨头任一侧磨损量是否超过 8 mm，或轨腰磨损超过原有厚度的 25%；罐耳的任一侧磨损量是否超过 8 mm，在同一侧罐耳和罐道的总磨损量是否超过 10 mm，或罐耳和罐道的总间隙是否超过 20 mm。

(3) 组合钢罐道任一侧的磨损是否超过原有厚度的 50%。

(4) 钢丝绳罐道和滑套的总间隙是否符合《煤矿安全规程》的规定。

6. 罐顶作业防止坠人的检查

(1) 在罐笼或箕斗顶上，是否装设保险伞和栏杆，活动平台拆除后，是否捆绑固定。

(2) 罐顶乘人是否佩戴保险带。

(3) 罐顶乘人检修作业时，是否有可靠的安全措施，罐顶是否有直通绞车房的信号和电话。

(4) 提升速度是否符合《煤矿安全规程》的规定。

第六节　矿井通风、瓦斯、煤尘和防灭火安全检查

一、矿井通风系统安全检查

1. 现场安全检查重点

矿井通风系统担负着向井下输送足量新鲜空气，排放瓦斯煤尘，创造井下良好作业环境的重要任务。对其实施安全检查的重点应是：

(1) 通风系统的完善性。矿井必须采用机械通风，有完备的进回风系统。

(2) 通风系统的可靠性。必须供给井下足量新鲜空气，保证井下风流连续、稳定、可靠。

(3) 矿井通风管理的有效性。应适应矿井安全生产的要求。

2. 现场安全检查的主要内容与方法

(1) 矿井通风系统的完善性检查

1) 检查项目：①无主要通风机，采用自然通风；②用局部通风机或局部通风机群当主要通风机使用；③无独立进回风系统；④主要通风机无独立双回路供电，经常停电；⑤主要通风机无管理制度，经常停开。发现其中之一时要停止矿井生产。

2) 检查方法：①地面检查。查看通风系统图、通风网络图。②主要通风机房检查。查看通风机的型号、电源线路、运转和停开记录。③井下检查。检查井下通风网络，尤其是回风系统；检查井下风流路线、流向。

(2) 矿井通风的可靠性检查

1) 检查项目：检查是否存在：①主要通风机供风量小于井下需风量；②两台以上通风机并联运转不匹配，造成一台抽一台吸；③风流不稳定、无风、微风或反向；④串联通风。

2) 检查方法：①地面检查。查看通风系统图，分析风流间的关系；查阅测风记录、风量分配记录和通风瓦斯月报，计算总用风量，当计算值超过报表风量时，可能存在串联通风；根据瓦斯报表分析用风地点通风是否满足要求。②通风机房检查。查看主要通风机实际工况、风量和风压特性曲线。③井下检查。检查风流路线、流向，测定风速和瓦斯浓度，分析供风是否足量、风流是否稳定，研究风流失稳感度，整体评价通风可靠性。

(3) 主要通风机运转的检查

1) 检查项目：风机工况及其变化；电压电流的稳定情况；风机故障情况。

2) 检查方法：在机房查看负压表；用风表测量风速；根据负压值在风机特性曲线上查找工况；检查运转记录；听通风机运转声音；检查电压表、功率表、功率因素表。

(4) 井巷通风的检查

1) 检查项目：风速；断面。

2) 检查方法：用风表现场测量风速；查阅通风报表；查看

巷道断面状况。

(5) 矿井通风设施的检查

1) 检查项目：反风设施；风门、风桥、测风站、密闭墙，重点是风门和密闭墙。

2) 检查方法：①分析反风设施的可靠性，检查反风设施操作和维修记录，查阅矿井反风演习报告；②根据通风系统图，分析通风设施的设置是否合理，数量是否齐全。③根据有关设施质量标准进行现场实际检查。

(6) 矿井漏风的检查

1) 检查项目：检查矿井内部漏风和外部漏风，漏风率超过规定时要查明原因。

2) 检查方法：仔细查阅通风旬报和通风月报，并进行计算；必要时进行井下现场检查。

(7) 矿井通风管理的检查

1) 检查项目：主要检查通风资料、牌板、管理制度、记录、通风报表；通风测定报告，包括阻力测定报告、主要通风机性能测定报告、反风演习报告；通风管理机构。

2) 检查方法：①检查矿井是否具备通风系统图、通风系统示意图、通风网络图、避灾路线图。②检查矿井通风图件是否准确反映实际，重点检查风流方向、通风设施位置等，主要图件要求每季绘制，按月补充修改。③检查矿井是否具备局部通风管理牌板、通风设施管理牌板、通风仪表管理牌板；牌板是否与实际相符；采用井上下对照的方法进行检查。④查阅通风管理制度及其执行记录。⑤检查通风记录、报表时，采用井上下对照的方法进行。⑥检查通风测定报告时，主要查报告中的测定时间和数据可靠性；矿井每10天进行一次全面测风，采掘工作面根据实际需要随时测风。

3. 矿井通风系统现场安全检查程序

熟悉通风系统—检查进风井筒、大巷—采区检查—硐室检查—采掘工作面检查—回大巷、回风井筒检查—主要通风机检查—通风管理检查—整体评价，处理决定。

二、采区通风检查

采区瓦斯涌出集中，产尘量大，工作面又处于移动之中，容易发生"一通三防"事故。而通风、瓦斯、煤尘和火灾防治的关系密切，安全检查中要进行综合评价。

1. 现场安全检查重点

主要应检查：①采区通风系统的完备性及其抗灾防灾能力。②采煤工作面上隅角，是采煤工作面瓦斯浓度最高的区域，当回风流瓦斯浓度达到0.7%～0.8%时，上隅角瓦斯就可能超限。③采煤机机组附近，是瓦斯涌出集中、产尘量大的地点。④采煤工作面回风巷。

2. 现场检查主要内容与方法

（1）采区通风检查

1）检查项目：①采区通风系统是否健全，是否采用分区通风；②采串联是否符合《煤矿安全规程》的规定；③采煤工作面通风形式和风速是否符合有关要求，风量能否达到排放瓦斯和煤尘的要求；④采区尤其是采空区漏风情况；⑤采区通风是否稳定可靠。

2）检查方法：①查看通风系统图或采掘工程平面图，分析采区通风系统完备性和是否存在串联通风；②根据《煤矿安全规程》第119条要求对串联通风进行检查；③查阅通风瓦斯日报表，分析通风的有效性和可靠性；④现场测定风速、瓦斯浓度，计算漏风量，分析有关规定，工作面风速是否控制在0.25～4 m/s之间。

（2）瓦斯防治检查

1）检查项目：采区瓦斯治理是否有效，是否存在瓦斯积聚；瓦斯管理制度是否健全有效执行；应急措施和避灾路线是否完善。

2) 检查方法：①查阅瓦斯日报、检查记录、监测记录，结合现场观察实测析瓦斯治理现状；②检查现场记录牌板、瓦检员检查记录、工作面安全评估记录，分析瓦斯现状；③检查采区是否存在瓦斯超限和瓦斯积聚；④实际检查作业规程、作业组织、瓦斯检测传感器的设置等。

(3) 煤尘防治检查

1) 检查项目：风流中矿尘浓度是否超限；是否存在落尘；防尘措施是否有效。

2) 检查方法：①矿尘浓度检查在打眼放炮、采煤机割煤、输送机运煤、或人工装煤时用采样器采样；②检查落尘时主要检查巷道两帮、顶底板及巷道管道处的落尘，当积尘厚度超过 2 mm，长度达到 5 m 时就可认为存在积尘；③检查煤层注水降尘效果时主要观察煤壁的湿润程度，如果煤壁出现水珠且较均匀，煤层顶板有少量滴水，打眼、放炮、装煤和运输时煤尘产生量少，就说明注水效果良好；④检查喷雾洒水降尘时主要检查喷雾洒水设施及其有效使用；⑤检查防尘管理时主要检查防尘制度、个体防护、测尘制度等。

(4) 自然发火防治的检查

1) 检查项目：采区是否具备较大自然发火危险；防治自然发火的措施是否有效。

2) 检查方法：①采区自然发火危险分析主要检查巷道布置、采煤方法、通风方式、推进速度、采空区留煤等是否有利于防火；是否存在较大漏风。②检查黄泥灌浆效果时主要检查浆液配比成分、灌浆是否均匀充足，可通过查阅记录，观察操作，根据耗水量、耗电量、耗土量等估计灌浆量进行判断。③阻化剂防火主要检查材料配比、喷洒量与均匀程度。④根据记录检查采区是否经常对高顶高冒、采空区及有隐患地点进行采样分析、温度变化分析。⑤现场检查作业人员是否熟悉自然发火征兆和自然发火时的应急措施。

3. 现场检查程序

现场安全检查时，首先应了解采区地质条件和生产技术条件，如采区位置、煤层层数、厚度、倾角、层间距、地质构造、采煤工作面个数、采煤方法与工艺等；然后根据通风系统图或采掘工程平面图，研究采区通风系统，分析系统的完备性；然后到采区现场进行各项检查，重点是采煤工作面；最后根据检查分析结果，作出整体评价和处理决定。

三、掘进通风安全检查

掘进巷道常采用局部通风设备通风，可靠性容易受到干扰而发生事故。资料表明，掘进工作面瓦斯煤尘爆炸事故占总数的60%～70%。因此，有必要加强对掘进通风的安全检查。

1. 现场安全检查重点

应重点检查：①通风系统的完备性。必须具备完备的通风系统，采用局部通风机通风或全风压通风，禁止扩散通风。②通风的可靠性。重点是局部通风机的安全可靠运转和风筒管理。

2. 现场检查的主要内容

（1）局部通风机的安全检查

1）检查项目：①是否使用低噪声风机或安设消音器；②通风机是否安装在进风巷中，距回风巷口不小于10 m；③通风机是否产生循环风；④风机是否吊挂牢靠，安装在巷道底板时，加垫凳的高度是否不低于300 mm；⑤是否有整流器、高压垫圈、吸风罩，吸风口是否有净化风流装置；⑥是否装备"三专两闭锁"装置；⑦风机及与风筒连接处是否存在漏风。

2）检查方法：查看局部通风设计和现场观察测试。检查循环风时，测定风机吸风口与巷道回风口间风向和风速，风流正常且风速大于0.15 m/s时，可认为不存在循环风。

（2）风筒的安全检查

1）检查项目：①是否使用抗静电阻燃风筒；②是否环环吊挂，做到"两靠一直"（靠帮，靠顶，平直）；③末节风筒距工作面的距离,岩巷是否不大于 10 m,煤巷不大于 5m;④风筒分叉有无三通,拐弯是否平缓;⑤风筒间接头是否不漏风,风筒有无破口。

2)检查方法:查看局部通风设计和现场观察测试,测定风筒出风口风量,计算风筒漏风率,检查风筒修补记录。

(3) 掘进通风管理的检查

1)检查项目:①是否有完整的局部通风设计;②通风机是否指定专人负责,保证正常运转;③通风机停风时,是否立即撤出人员;④通风机串联运转时是否匹配。

2)检查方法:查阅掘进作业规程、局部通风机运转记录、停风记录和现场实际检测,分析掘进通风管理的有效性。

(4) 瓦斯管理安全检查

1)检查项目:①工作面风流、回风流、进风流的瓦斯是否超限;②瓦斯超限时是否按规程要求采取措施;③是否存在瓦斯积聚;④瓦斯监测传感器的设置、报警、断电浓度及控制断电范围的设定是否符合规定;⑤瓦斯检查是否按规定执行。

2)检查方法:①检查作业规程中瓦斯管理措施及其执行情况;②现场瓦斯检测,出现体积大于 0.5 m^3、浓度达到 2% 的瓦斯时就认为存在瓦斯积聚;③检查现场牌板、瓦检员检查记录、汇报记录;④检查安全检测系统记录;⑤传感器设置按《矿井通风安全监测装置使用管理规定》进行检查。

(5) 防尘管理检查

检查项目:①是否有防尘设计;②是否有风流净化措施;③矿尘浓度和落尘堆积是否超过规定;④工作面防尘措施是否有效;⑤是否建立矿尘检查与测定制度;⑥是否执行个体防护措施。

(6) 防火管理现场检查

检查项目:①放炮前可燃物是否清理;②放炮是否装满炮泥;③出现高顶、高冒时是否有浮煤存在,是否采用措施进行处理;④是否采用不延燃风筒和电缆。

3. 现场检查程序

进行掘进通风现场安全检查时,首先必须清楚掘进巷道条件,如巷道断面形状尺寸、掘进长度、岩层性质、瓦斯涌出量、掘进方法与工艺等;再根据作业规程和系统考察,分析系统的完备性、安全性;然后进行各项目检查;最后进行整体评价,作出处理决定。

4. 掘进通风现场检查安全检查表

掘进通风现场安全检查表见表 5—7。现场安全检查完成后,要写清存在的问题,给出总体评价,提出处理意见。

表 5—7　　　　　掘进通风现场安全检查表

矿井　　　　　　检查日期　　　　检查人

检查项目	检查内容及要求	存在问题	评价
通风系统	(1) 通风系统是否完备,是否采用扩散通风 (2) 通风方式是否符合有关规定 (3) 煤巷、半煤岩巷采用混合式通风时是否经矿务局总工程师批准 (4) 掘进巷道和工作面风量是否满足要求 (5) 是否有 3 个以上掘进工作面串联通风 (6) 掘进工作面风流是否稳定		
局部通风机	(1) 风机是否为低噪声,或安设消音器 (2) 风机有无整流器、高压垫圈及吸风罩,入风处有无风流净化装置 (3) 风机是否安设在进风流中,距巷道回风口是否大于 10 m (4) 风机吸风量是否小于全风压供给该处的风量,是否产生循环风 (5) 风机吊挂是否结实 (6) 安装在底板的风机是否加垫,垫高是否大于 300 mm,是否牢靠 (7) 风机是否有三专二闭锁装置,是否有效使用 (8) 风机是否有专人管理,保持经常运转,停风时是否撤出人员,切断电源 (9) 风机并联运转是否做到风量风压匹配		

续表

检查项目	检查内容及要求	存在问题	评价
风筒	(1) 风筒是否阻燃、抗静电 (2) 风筒是否做到缝环必挂,实现"两靠一直" (3) 风筒是否拐急弯,分叉有无三通,不同直径风筒连接是否采用异径风筒 (4) 末节风筒距工作面距离,岩巷是否大于 10 m,煤巷是否大于 5 m (5) 风筒是否用反接头,是否漏风 (6) 风筒是否存在大于 10 mm 的破口,小破口是否及时粘补		
瓦斯防治	(1) 进风流瓦斯和二氧化碳浓度是否超过 0.5%,氧气浓度是否低于 20% (2) 工作面及其回风道风流瓦斯浓度超过 1%时是否停止煤电钻打眼 (3) 工作面瓦斯或二氧化碳浓度超过 1.5%时是否停止工作,撤出人员,切断电源 (4) 放炮地点附近 20 m 内瓦斯浓度超过 1%时是否放炮 (5) 电动机附近 20 m 内瓦斯浓度达到 1.5%时是否停止运转,撤出人员,切断电源 (6) 有无体积大于 0.5 m^3、浓度 2%的瓦斯积聚,存在时附近 20 m 内是否撤出人员 (7) 瓦斯浓度达 3%,其他有害气体超过规定不能立即处理时,是否在 24 h 内封闭 (8) 是否执行瓦斯检查制度、一炮三检和连锁放炮制度 (9) 瓦斯检查员是否配齐,其素质是否达到《煤矿安全规程》要求 (10) 工作面是否设置瓦斯检查牌板,是否认真填写 (11) 瓦斯检查员检查记录是否随身携带,填写是否齐全、认真,有无脱岗现象 (12) 瓦斯检测仪器是否完好,精度能否保证 (13) 瓦斯监测传感器是否按规定设置和使用		
煤尘防治	(1) 掘进巷道风流中矿尘浓度是否符合规定 (2) 巷道是否有积尘堆积,是否经常清扫		

续表

检查项目	检查内容及要求	存在问题	评价
煤尘防治	(3) 工作面是否用湿式电钻打眼 (4) 工作面放炮前后是否洒水降尘 (5) 工作面是否使用水炮泥 (6) 掘进机内外喷雾是否正常使用 (7) 工作面注水时水压、时间、注水量是否满足要求 (8) 隔爆设施的位置、间距、岩粉（水）量是否符合规定，是否有人管理 (9) 是否制定和执行矿尘测定制度 (10) 工作人员的个体防护情况		
防灭火	(1) 掘进过程中出现高顶高冒时是否有浮煤，是否搭凉棚 (2) 是否建立防火预报制度，专用防火记录簿的使用是否正常 (3) 有火隐患时是否认真处理 (4) 消防火管道是否接到掘进巷道之中		

四、矿井瓦斯抽放系统安全检查

1. 抽放系统现场检查重点

(1) 抽放系统的安全性。抽放系统必须有专门的设计和安全措施，新建系统的设计必须报矿务局批准，省煤炭局备案。

(2) 采抽关系。如果这种关系失调，在采掘过程中必然受到严重的瓦斯威胁，不仅生产掘进不能正常进行，而且可能酿成重大事故。

2. 现场检查内容

(1) 抽放合理性。采煤工作面瓦斯涌出量应大于 5 m^3/min，掘进工作面应大于 3 m^3/min。采用通风方法解决瓦斯问题不合理时，就应考虑瓦斯抽放。现场检查时，根据资料综合分析。

(2) 抽放系统完备性。是否具备瓦斯抽放所必需的设施设备和相关的安全设施、检测设施、放水设施等。检查时查阅瓦斯抽放系统图，并实际检查各设施的安全性。

(3) 采抽关系：采抽关系与采区生产能力、生产时间、准备时间、抽放时间、抽出率等密切相关。检查中按照抽放后的保护煤量大于年产量的原则进行检查。若未实现，说明抽放不充分，生产过程中必须采取边采边抽等措施。

(4) 抽放泵站主要检查：①泵房是否用不燃性材料建筑，距进风进口和主要建筑物的距离是否小于 50 m，并用栅栏或围墙保护；②是否有雷电防护装置；③瓦斯泵及其附属设备是否有一套备用；④泵站电气设备、照明和仪表是否采用矿用防爆性；⑤检测瓦斯浓度、流量、压力的仪器仪表是否齐全；⑥干式抽放泵吸气侧是否有防回火、防回气、防爆炸的安全装置。检查时主要根据瓦斯抽放系统图、泵房布置图和现场实际观测进行。

(5) 抽放管路主要检查：①管径是否符合有关规定；②管路是否靠帮，吊挂的管路是否吊牢；③管路是否有漏气和破孔洞；④有无防止与带电体接触和砸坏管路的措施；⑤管路低洼处是否有放水装置，是否有一定数量的测孔。检查时对照瓦斯抽放系统图深入井下检查。

(6) 抽放钻场主要检查：①钻场布置、间距是否符合设计；②钻场尺寸是否满足要求，支护是否完好，无活石；③钻场是否设置负压表、测孔、放水器、栅栏、警标、检查牌板和钻孔布置牌板；④采空区抽放钻场是否建筑永久密闭，密闭前是否设置反水池、注浆管。

(7) 抽放钻孔主要检查：①钻孔是否按设计施工，设计中是否明确规定钻孔布置方式、深度和角度；②封孔是否严密不漏气，边采边抽钻孔的封孔深度煤层中是否大于 5 m，岩层中是否大于 3 m；③钻孔施工是否有安全措施，尤其是突出煤层是否有打钻防突和应急措施。

(8) 抽放管理主要检查：①是否有经矿务局批准的抽放设计；②是否有完备的抽放系统图、牌板和抽放记录；③是否建立健全瓦斯抽放管理制度并有效实施；④抽放浓度在利用时是否不低于30%，不利用时不低于25%。检查时应查阅设计和相关记录、报表。

3. 现场检查程序

瓦斯抽放系统现场检查应先熟悉矿井瓦斯概况，包括瓦斯地质、瓦斯涌出强度和今后发展态势；再查阅瓦斯抽放设计和抽放系统图，检查系统的安全性；然后进行采抽比检查、抽放泵站检查、管路系统检查、钻场钻孔检查；最后进行总体评价，提出处理意见。

五、煤与瓦斯突出防治安全检查

煤与瓦斯突出是煤矿井下重大自然灾害，稍有不慎，就可能造成重大人身伤害和财产损失，有必要加强对突出矿井煤与瓦斯突出防治的安全检查。主要内容有：

1. 预抽煤层瓦斯检查

主要检查项目包括：

（1）预抽是否必要和可能。

（2）钻孔布置是否均匀控制整个预抽区域。

（3）是否进行预抽有效性检验。

检查方法是根据瓦斯含量、抽放量等进行比较分析。

2. 开采保护层检查

主要检查项目包括：

（1）是否有保护层开采设计和安全措施。

（2）保护层采煤工作面超前被保护层掘进工作面的距离是否不小于两煤层间垂直距离的2倍，并不小于30 m。

（3）保护层保护范围确定是否合理，有无实际考察资料。

（4）保护层采空区煤柱留设是否经矿务局总工程师批准，并在采掘工程平面图上准确标注尺寸和位置，在被保护层瓦斯地质图上标注煤柱影响范围。

3. 石门揭煤检查

主要检查项目包括：
（1）有无经矿务局总工程师批准的专门设计和措施。
（2）石门揭煤前是否保持规定的安全岩柱。
（3）揭煤前是否预测突出危险性。
（4）振动性放炮揭煤时是否有专门设计，明确规定爆破参数、放炮地点、反风门位置、避灾路线、停电、撤人和警戒范围等；是否有独立的回风系统，风流通畅；是否由矿总工程师统一指挥，矿山救护队现场值班。

4. 煤层采掘防突检查

主要检查项目包括：
（1）突出预测预报是否有效进行。
（2）突出煤层采掘工作面是否采取经矿总工程师批准的专门措施。
（3）同一煤层的同一区段是否布置两个工作面同时相向回采或掘进。
（4）采用水力冲孔、超前钻孔、松动爆破措施时，超前掘进工作面的距离是否大于 5 m。

5. 防突管理检查

主要检查项目包括：
（1）是否设置专门防突机构，负责掌握突出动态，采取防突措施。
（2）新水平、新采区设计中是否包含防突设计；是否有防突年度计划。
（3）防突基础资料是否健全。
（4）突出工作面人员是否掌握突出预兆和防突基本知识，区队长是否具备任职资格。

六、安全监测系统安全检查

随着煤炭科学技术的发展和煤矿装备水平的提高，煤矿安全监测监控系统所起的作用越来越大，保证其安全可靠运转十分重要。对其进行安全检查的主要内容是：

1. 甲烷传感器是否垂直悬挂，距顶板不大于 300 mm，距巷道侧壁不小于 200 mm；风速、压差、温度、一氧化碳传感器是否悬挂在能正确反映该点测值的地点。

2. 井下主机或分站是否安设在便于人员观察、调试、检验，支护良好，无滴水，无杂物的进风巷或硐室之中；是否加垫支架，距巷道底板不小于 300 mm 或悬挂在巷道之中。

3. 井下监测设备之间是否使用不延燃电缆连接，每隔 100 m 是否有长度为 100 mm 的黄色标志。

4. 声、光报警器是否悬挂在经常有人工作，便于观察的地点。

5. 中心站是否配备备用计算机、打印机和显示器，使用不间断电源。

6. 设备备用量是否不小于 20%，并配有零配件和维修校正用仪表。

7. 是否每隔 7 天使用校准气样和空气样，按产品说明书的要求对甲烷传感器、甲烷检测仪、甲烷报警矿灯等进行一次调校，其他传感器按使用说明书要求定期调校。

8. 设施发生故障井下无法处理时是否在 24 h 内更换。

9. 设施在井下连续运行 6～12 个月后是否将井下部分全部运到井上进行全面维修。

10. 是否建立健全安全监测系统管理制度、安全监测员岗位责任制，并有效实施。

11. 是否建立设备仪表台账、装置故障登记表、检修记录、巡检记录、中心站运行日志、装置使用情况月报、季报；监测信息是否及时呈报有关部门和人员。

在检查过程中，按照《矿井通风安全检测装置使用管理规定》的要求进行检查。

七、矿井防尘系统现场安全检查

1. 矿井必须有健全防尘管理制度,组建防尘组织和队伍,做到制度健全,责任具体,管理严格,防尘措施落实有效。

矿井每年应制定综合防尘措施、预防和隔绝煤尘爆炸措施及管理制度并组织实施。

矿井应每周至少检查 1 次隔爆设施的安装地点、数量、水量或岩粉量及安装质量是否符合要求。

2. 矿井必须建立完善的防尘供水系统。没有防尘供水管路的采掘工作面不得生产。主要运输巷、带式输送机斜井与平巷、上山与下山、采区运输巷与回风巷、采煤工作面运输巷与回风巷、掘进巷道、煤仓放煤口、溜煤眼球煤口、卸(转)载点等都必须敷设防尘供水管路,并安设支管和阀门。

3. 井下所有煤仓和溜煤眼都应保持一定的存煤,不得放空;有涌水的可以放空,但放空后放煤口闸板必须关闭并设置导水管。溜煤眼不得兼做风眼使用。

4. 对生产煤(岩)尘的地点应采取防尘措施。

(1) 掘进井巷和硐室时,必须采取湿式钻眼,冲洗井壁巷帮,水炮泥,爆破喷雾,装煤(岩)洒水和净化风流等综合防尘措施。

(2) 采煤工作面应采取煤层注水防尘措施。

(3) 炮采工作面应采取湿式打眼,使用水炮泥;放炮前、后应冲洗煤壁,放炮时应喷雾降尘,出煤时洒水。

(4) 采煤机必须安装内外喷雾装置,割煤时必须喷雾降尘,喷雾水压必须符合要求。无水或喷雾装置损坏时必须停机。掘进机作业时,应使用内外喷雾装置。如果内喷雾水压小于 3 MPa 或无内喷雾装置,则必须使用外喷雾和除尘器。

液压支架和放顶煤采煤工作面的放煤口,必须安装喷雾装置,降柱、移架或放煤时同步喷雾。破碎机必须安装防尘罩和喷雾装置或除尘器。

(5) 采煤工作面回风巷应安设风流净化水幕。

(6) 井下煤仓溜煤眼放煤口、输送机转载点和卸载点以及地面筛分厂、破碎车间、皮带走廊、转载点等地点，都必须安设喷雾装置或除尘器，作业时进行喷雾降尘或用除尘器除尘。

(7) 在煤岩层中钻孔，应采取湿式钻孔。

5. 开采有煤尘爆炸危险的矿井，必须有预防或隔绝煤尘爆炸的措施。矿井的两翼相邻的采区、相邻的煤层、相邻的采煤工作面间，煤层掘进巷道与其相连的巷道间，煤仓间与其相通的巷道间，采用独立通风并有煤尘爆炸危险的其他地点同与其相连通的巷道，必须用水棚或岩粉棚隔开。必须定时清除巷道中的浮煤，清扫或冲洗沉积煤尘，定期撒布岩粉；定期对主要大巷刷浆。这些措施和具体时间应有明确规定，应成为一种管理制度。

八、矿井防灭火系统检查

1. 生产和在建矿井必须制定井上、下防火措施，并且要明确建立矿井防灭火责任制度，加强领导，严格管理，防止和杜绝矿井火灾。

2. 矿井必须设地面消防水池和井下消防管路系统。井下消防系统应每隔 100 m 设置支管和阀门，但在带式输送机巷道中应每隔 50 m 设置支管和阀门。

3. 井下严禁使用灯泡取暖和使用电炉。

4. 井下和井口房内不得从事电焊、气焊和喷灯焊接工作。如果必须在井下主要硐室、主要进风井巷和井口房内进行电焊、气焊和喷灯焊接工作，每次必须制定安全措施并遵守《煤矿安全规程》中有关规定。

5. 井下使用的汽油、煤油和变压器油必须装入盖严的铁桶内，由专人押运送至使用地点，剩余的上述物品必须运回地面，严禁在井下存放。

井下使用的润滑油、棉纱、布头和纸等，必须存放在盖严的铁桶内，用过的上述物品也必须放在盖严的铁桶内，并由专人定期送到地面处理，不得乱放乱扔。严禁将剩油、废油泼洒在井巷和硐室内。

井下清洗风动工具时必须在专用硐室内进行，并必须使用不燃性和无毒性的清洗剂。

6. 井上下必须设置消防材料库，并遵守《煤矿安全规程》的有关规定。

7. 井下爆炸材料库、机电设备硐室、检修硐室、材料库、井底车场、使用带式输送机或液力耦合器的巷道以及采掘工作面附近的巷道中，应备有灭火器材，其数量、规格和存放地点，应在灾害预防和处理计划中确定。井下工作人员必须熟悉灭火器材的使用方法，并熟悉本职工作区域内灭火器材的存放地点。

8. 在开采容易自燃和自燃煤层时，在采区要有符合规程要求的防火设计。采煤工作面回采结束后，必须在 45 d 内进行永久封闭。采用放顶煤采煤法开采容易自燃的厚及特厚煤层时，必须编制防止采空区自燃发火的设计，并遵守《煤矿安全规程》的有关规定。

9. 在容易自燃和自燃的煤层中掘进巷道时，对巷道中出现的冒顶区必须及时进行防火处理（如喷浆封闭等），并定期检查。

10. 任何人发现井下火灾时，应视火灾性质、灾区通风和瓦斯情况，立即采取一切可能的方法直接灭火，控制火势，并迅速报告矿调度室。矿调度室接到井下火灾报告后，应立即按灾害预防和处理计划通知有关人员组织抢救灾区人员和实施灭火工作。

矿值班调度室和在现场的区、队、班组长应依照灾害预防和处理计划的规定，将所有可能受火灾威胁地区中的人员撤离，并组织人员灭火。电气设备着火时应首先切断其电源，在切断电源前只准使用不导电的灭火器材进行灭火。

抢救人员和灭火过程中，必须指定专人检查瓦斯、一氧化碳、煤尘、其他有害气体和风向风量的变化，还必须采取防止瓦斯、煤尘爆炸和人员中毒的安全措施。

11. 井下火区管理、监测以及启封火区的工作必须有具体规定制度和措施，要符合《煤矿安全规程》的有关规定。

第七节　矿井防治水安全检查

一、矿井水文地质工作检查

矿井水文地质工作是矿井防治水的基础和保证。对其进行安全检查的重点是检查矿井对水文地质条件的掌握程度、水文地质资料的完备性、矿井防治水规划、计划与防治措施。现场检查时，主要通过查阅有关图文资料进行分析研究。

1. 局矿是否建立水文地质专门机构，有专职人员负责水文地质工作。

2. 矿井防治水规划和计划是否完善；有无经上级审批并认真实施的年度防治水计划。

3. 矿井是否成立"三防"指挥部，雨季之前是否认真检查和落实各项防治水措施。

4. 矿井是否进行矿井涌水量、水位动态及其季节性变化规律的研究。

5. 是否掌握矿区或井田周围水体情况，包括历年最高、最低水位；洪水泛滥时淹没井田的范围、持续时间，对工业广场、地面建筑物、居民点等的影响范围和程度。

6. 是否研究井田区域内历年大气降水资料及其对矿井涌水的影响。

7. 是否清楚矿井地质构造的产状要素、断层两盘的接触关系、破碎带宽度、充填物胶结程度，以及断层在各含水层之间、地下水与地表水之间发生水力联系时所起的作用。

8. 是否清楚隔水层情况、构造对隔水层影响、采动导水裂缝带高度、突水的规律等。

9. 是否掌握矿井含水层的水文地质特征及补给水来源，动、静水量的可疏性等。

10. 是否查清老空位置及开采情况、废弃小煤窑积水水位、地面水体与老空的关系等。

11. 是否清楚矿井周边小井情况，是否发生过透水，出水地点、原因、水的来源等。

12. 是否查清井田范围内地表塌陷深度、范围和塌陷裂缝分布，雨季的积水情况等。

二、地面防治水安全检查

地面防治水安全检查的重点是检查地面防治水工作的有效性。应按有关规定要求，通过防治水现状调查，结合矿井水文记录，进行检查分析，发现问题及时通知整改。

1. **地面工业广场防治水工程措施的安全检查**

（1）是否建立矿井疏排水系统，排水系统是否通畅，泄洪能力是否满足需要。

（2）工业广场是否不受洪水威胁；工业广场低于历年最高洪水位时是否加高处理。

（3）工业广场及居民区沿河布置时是否建筑有按最高洪水位设计的防洪堤坝。

（4）内涝区或洪水季节有河水倒流现象的矿井是否建筑水闸，设置排洪站。

2. **地表露头带截洪防渗工程的安全检查**

（1）是否修筑截洪沟拦截流向煤层露头带的洪水，是否进行检查维修，有无维修记录。

（2）煤层露头的防水隔离煤柱能否满足防水要求，能否控制沿煤层露头大量渗水。

（3）是否存在违章开采煤层露头防水隔离煤柱的现象。一经发现，必须立即禁止。

3. 地表裂缝防渗工程的安全检查

地表塌陷裂缝、塌陷洞、老空等常为地表水涌入井下的通道。为控制矿井涌水，在雨季前必须对其进行填塞处理，实施裂缝防渗工程。对该工程进行安全检查的重点内容是：

（1）充填法处理塌陷裂缝时质量是否满足要求，表面覆盖是否高出地面 0.3～0.5 m。

（2）对较大规模塌陷坑或塌陷区，采用堤坝或拦水沟截水时是否有效。

（3）急倾斜煤层的地面塌陷坑是否做到有水必排，坑不积水。

（4）处理塌陷洞是否采用恰当的施工方法，施工质量是否合乎标准。

（5）塌陷洞发生在水体下并大量向下泄水时，是否及时进行检验处理，措施是否恰当。

4. 地面钻孔管理的安全检查

地面钻孔由地面穿透地层，加强了地表水与井下水或各含水层水之间的水力联系，常成为矿井涌水的重要通道。对地面钻孔管理的安全检查应包括以下主要内容：

（1）勘探孔终孔后是否按要求进行封孔，质量是否达到不漏水的要求，有无封孔报告。

（2）下部含水层水文观测孔通过上部未疏干含水层时，是否在套管外用灰浆封闭。

（3）瓦斯抽放孔、充填孔等地面钻孔在终孔结束时，是否将孔口加高，孔壁封堵严密。

三、井下防治水的安全检查

井下防治水现场安全检查表见表 5—8。现场安全检查完成后，要写清存在的问题，给出总体评价，提出处理意见。

表 5—8　　　　　　井下防治水现场安全检查表

矿井　　　　　　　　检查日期　　　　检查人

检查项目	检查内容及要求	存在问题	评价
井下隔水	（1）井田边界隔离煤柱是否根据相邻矿井的地质构造等合理留设 （2）断层隔离煤柱、陷落柱和冲积层防水煤柱等的留设是否符合有关规定 （3）留设的防水隔离煤柱是否发生过变动，变动时是否经省局批准重编设计 （4）是否发生本矿或小煤窑开采各种防水煤柱		
探放水	（1）是否坚持"有疑必探，先探后掘"的探放水原则 （2）是否编制经矿总工程师批准的符合要求的探防水设计和安全技术措施 （3）是否建立探水孔验收制度和探水记录分析制度 （4）探水线是否符合有关规定 （5）探水前是否加强支护，背好帮顶，清理水沟，并在迎头打好坚固的立柱和拦板 （6）打钻发生异常时是否及时采取措施，必要时撤出人员 （7）钻孔水压过大时是否采用反压和防喷，防止孔口管和煤壁突然鼓出的措施 （8）钻孔放水时是否有专人监测钻孔出水情况，测定水压、水量，做好记录 （9）探放水后的掘进施工是否采取必须的安全技术措施		
矿井排水	（1）矿井是否有完善的排水系统，井巷排水沟是否保证完好 （2）是否有工作、备用和检修水泵，其工作能力能否满足规定和需要 （3）是否有工作和备用水管，水管能否配合水泵的工作 （4）配电设备是否与水泵相适应，并能够同时开动工作和备用水泵 （5）主要水泵房是否有 2 个安全出口，通往井底车场的出口设置容易关闭的密闭门 （6）主水仓总容积能否容纳 4 h 矿井正常涌水，采区水仓容纳 4 h 的采区正常涌水 （7）矿井排水系统是否定期维修，建立维修管理制度，有无维修和运转记录		

续表

检查项目	检查内容及要求	存在问题	评价
矿井截水	（1）水闸门是否布置在坚硬、稳定的岩层中，留有保护煤岩柱，保证不受采动影响 （2）水闸门的施工质量是否符合设计要求，闸门和闸门硐室是否存在漏水 （3）水闸门部件及其周围环境是否满足有关要求 （4）是否建立水闸门的检查维修管理制度，每年由矿长组织 2 次关闭试验 （5）水闸门是否保证完好，部件齐全，关启灵活，门垫完整，密封良好 （6）水闸墙是否构筑在岩石坚固，无裂隙、裂缝的小断面巷道中 （7）水闸墙是否用耐腐蚀材料建筑，具有足够的厚度和强度，符合质量标准 （8）水闸墙墙基与围岩是否紧密结合，不透水，不变形，不移位		
带压开采	（1）不采用疏放降压措施时是否制定经矿务局总工程师批准的安全措施 （2）采用疏放降压是否制定经矿务局总工程师批准的安全措施和疏放降压工程设计 （3）不具备疏水降压条件又有突水可能时是否制定经省局批准的防止淹井措施 （4）是否加强水文地质工作，开展底板突水的预测预报 （5）开采技术与顶板管理方法是否适应带压开采的要求 （6）疏水降压前后是否打钻测压，分析突水危险，检验疏水降压效果		
矿井堵水	（1）是否编制注浆工程设计，其内容是否符合《煤矿安全规程执行说明》第 86 项的规定 （2）注浆钻孔布置和注浆工艺选择是否合理 （3）注浆浆液配比能否满足要求，有无试验报告和注浆记录 （4）注浆后是否进行效果检验，有无记录		

四、矿井防治水重大事故隐患的安全检查

水文地质条件复杂的矿井出现防治水管理缺陷时,容易导致井下存在重大水害隐患。对其的任何轻视、反应迟缓、整改延迟等都极可能诱发灾变事故。矿井防治水重大事故隐患主要有以下方面:

1. 采区设计和作业规程无防治水措施;对含水层、积水区和其他水体不执行"有疑必探,先探后掘,先探后采"的原则。

2. 采掘工作面开工前,未提交地质说明书;未开展水文地质预测预报;不能及时、准确、齐全地填绘矿井水文地质图件。

3. 矿井各类防水隔离煤柱的留设不符合《煤矿防治水工作条例》和《矿井水文地质规程》;未经省煤炭局批准,改变防水隔离煤柱尺寸进行采掘作业。

4. 对有突水淹井危险的含水层、积水区和含水构造带,未进行物探、钻探,未按设计要求进行分区隔离。

5. 周边小井、老窑对矿井安全生产有重大影响,而未将其资料及其影响范围及时填绘在矿井采掘工程平面图上;不及时排查预报水害。

6. 探放水过程中,孔口管下置深度不符合规程要求,不进行耐压试验或耐压试验不符合设计标准;水压超过 2 MPa 时,不安设防喷或反压装置;斜巷或采区巷道中探水时,不撤出受突水威胁区域的人员,或上面探水,下面有人作业。

7. 带压开采不制定经矿务局总工程师批准的安全技术措施。

8. 井下排水系统未按设计要求及时形成并达到规定的排水能力;每年雨季前未进行水泵联合试运转。

9. 防水闸门每年未进行两次关闭试验,并定期检查维修。

10. 在受水威胁区域工作的人员不熟悉突水预兆；工作地点未设立避灾路线，或路线不通；掘进工作面或其他地点出现突水预兆时不停止作业，撤出人员，采取措施进行处理。

11. 水文地质条件复杂矿井，每月末不进行水害排查，或未按排查意见实施。

在实际检查过程中，应查阅矿井水文地址资料，熟悉矿井水文地质条件；根据矿井防治水记录、事故隐患排查统计表等，分析矿井防治水重大事故隐患的常见类型、多发地点、发生原因和规律，确定检查重点；再根据现场实际情况，分项实施检查，发现问题，及时要求整改。

复习思考题

1. 在煤矿井下，地质构造通常有哪些形态？
2. 煤层产状要素包括哪些？
3. 矿井开拓方式有哪几种？
4. 断层要素包括哪些？
5. 如何判断正、逆断层？
6. 断层危害有哪些？
7. 用安全检查表进行安全检查有哪些优点？
8. 对综采工作面实施现场检查时重点应检查哪些内容？
9. 机采工作面现场安全检查的重点是什么？包括哪些内容？
10. 炮采工作面现场安全检查的重点是什么？包括哪些内容？
11. 巷道掘进现场安全检查的主要内容有哪些？
12. 掘进通风的现场安全检查的重点是什么？
13. 矿井通风系统安全检查的重点是什么？
14. 矿井瓦斯系统的安全检查包括哪些内容？
15. 矿井防尘系统安全检查的重点有哪些？
16. 矿井防灭火系统安全检查的重点内容有哪些？

17. 矿井水灾事故隐患主要有几个方面？
18. 井下防治水安全检查应检查哪些内容？
19. 矿井电气系统安全检查的重点是什么？
20. 矿井提升运输的安全检查有哪些内容？

第六章 煤矿事故的防治

第一节 矿井顶板灾害防治

顶板事故是指在地下采煤过程中,顶板意外冒落造成人员伤亡、设备损坏、生产中止等的事故。过去顶板事故死亡人数占煤矿全部死亡人数的 40% 以上。现在顶板事故虽有所减少,但仍是煤矿生产的主要灾害之一。

顶板事故按冒顶范围分局部冒顶和大型冒顶;按力学原因分为压垮型冒顶、漏冒型冒顶和推垮型冒顶。

一、矿山压力分布规律

煤矿开采必然破坏原来的应力平衡状态,并导致应力再分布,从而形成了应力增高区与应力降低区。支承压力的形成将是采矿过程中形成一系列动力现象的根源。

1\. 矿山压力及矿压显现

矿山压力是由于矿山开采所引起的岩层压力,一般定义为:"由于矿山开采活动的影响,在巷硐(工作面)围岩中所形成的力。"矿山压力是无形的,但由于它的作用,必将引起岩体的变形、破坏、冒落以及支撑物的变形、破坏与折损,甚至会在岩体中产生一系列动力现象,凡此种种由于矿山压力的作用而表现出的有形现象,称为矿压显现。

2\. 原岩应力场

地壳中没有受到人类工程活动(如矿井中开掘巷道等)影响的岩体称为原岩。天然存在于原岩内而与任何人为原因无关的应力场称为原岩应力场。原岩应力场主要是由岩体自重引起的垂直应力及由于地质构造运动而引起的构造应力所组成。在一般情况下，垂直应力是普遍存在的，构造应力则决定于该地区的地壳运动形态。

一般来说构造应力场有以下几个特点：

1）地壳运动以水平、挤压运动为主，构造应力主要是水平应力，且以压应力占绝对优势。

2）构造应力分布很不均匀，主应力的大小和方向往往有很大变化。

3）岩体中的构造应力具有明显的方向性。

4）构造应力在坚硬岩层中出现比较普遍，在软岩中较少。

3. 采煤工作面的初次来压与周期来压

老顶岩层尚未断裂时，整个已采空间周围形成结构系统，其上部为老顶岩层，四周由直接顶及煤柱作为支撑物，而采煤工作面则处于此结构系统的保护之下。老顶及其上覆岩层的载荷则由四周的煤柱所支撑，因此，工作面顶板下沉量比较小，支架所受载荷也比较小。

当老顶悬露达到极限跨距时，老顶断裂，同时发生已破断的岩块回转失稳（变形失稳），有时可能伴随滑落失稳（顶板的台阶下沉），从而导致工作面顶板的急剧下沉，此时，工作面支架呈现受力普遍加大现象，即称为老顶的初次来压。

随着采煤工作面推进，老顶在初次断裂以后，裂隙带岩层将始终经历"稳定—失稳—再稳定"的变化，在失稳时同样导致工作面顶板来压（其形式也包含有由于破断岩块回转而形成的变形失稳，以及由于岩块之间相互错动而形成的滑落失稳）。这种来压是随着工作面的推进呈周期性出现，故称为周期来压。

周期来压的主要表现形式是：顶板下沉速度急剧增加，顶板下沉量变大，支柱所受载荷普遍增加，有时还可能引起煤壁片帮、支柱折损、顶板发生台阶下沉等现象。

二、采煤工作面顶板事故防治

采煤工作面顶板事故按力学原因分类，有压垮型冒顶、漏冒型冒顶和推垮型冒顶。

1. 老顶来压时压垮型冒顶预防措施

(1) 合理设计采煤工作面支护，使支护具有足够的支撑力和可缩量，当老顶来压比较强烈时，要选用可缩量较大的支柱，有时要选用具有大流量安全阀的支柱，并加强后排支柱的支撑强度。

(2) 要进行顶板断层情况的预测预报。遇到平行于工作面的断层时，当断层刚露出煤壁，就要加强该段工作面的支护，不得正常回柱，并扩大该段工作面的控顶距；如果工作面用的是金属支柱，还要用木支柱替换金属支柱，待断层进入采空区后再用绞车回柱。

2. 厚层难垮顶板大面积冒顶预防措施

(1) 采用煤柱支撑法（即刀柱采煤法）时，如果煤柱上方顶板需悬露大面积才垮落，则应在刀柱之间的采空区内用钻孔爆破法强制放顶。

(2) 采用长壁法采煤时，或超前工作面用钻孔爆破法、高压注水法预先松动或弱化顶板，或在采空区用循环浅孔及步距式深孔法崩落顶板。

3. 直接顶导致的压垮型冒顶预防措施

(1) 采煤工作面支护强度要能自始至终平衡直接顶或垮落带岩层的重量，底软时必须穿鞋，力求以支柱的初撑力就能平衡直接顶或垮落带的岩重，以避免直接顶或垮落带离层。

(2) 开采下分层时不要留煤皮，以免增加支架的载荷，如因条件限制非留煤皮不可，要相应增加支柱的初撑力或支柱密度。

(3) 在构造或采动破坏严重的区域，除应缩小控顶距及加强放顶支柱的初撑强度外，应采用绞车远距离回柱。

4. 大面积漏垮型冒顶预防措施

(1) 选用合适的支护，使工作面支护系统有足够的支撑力和可缩量。

(2) 顶板必须背严接实。

(3) 严防放炮、移输送机等工序推倒支架，防止出现局部冒顶。

5. 局部漏冒型冒顶预防措施

(1) 对每一工作面进行实地观测，根据统计规律分析影响端面顶板冒落稳定性指标，对支护质量与顶板动态进行监测，使顶板在形成冒顶事故前消除其隐患。

(2) 采用能及时支护悬露顶板并能减小端面距的支架；要使支架处于良好的工作状态，尤其应避免顶梁过分抬头或低头；提高第一排支柱的初撑力，以减小直接顶的下沉量。

(3) 炮采时，炮眼布置及装药量应合理，尽量避免崩倒支架。

(4) 尽量使工作面与煤层的主节理方向垂直或斜交，避免煤壁片帮，一旦片帮应超前支护，防止冒顶。

(5) 尽可能保证工作面具有较快的推进速度。

(6) 机头机尾处应采用四对八梁支护；巷道与工作面出口相接的一侧要架设一对长钢梁抬棚，托住原巷道支架的梁头；距工作面煤壁 20 m 范围内的巷道要超前进行处理。

(7) 在工作面的地质破坏带要特别加强支护。

(8) 放顶线要支设墩柱。

(9) 分段回柱回拆最后一两根支柱时，如果工作面用的是摩擦支柱，可以在这些柱子的上下各支一根木支柱作为替柱，然后回拆摩擦支柱，最后用绞车回木替柱；采用单体液压支柱的工作面，工人也可以在有支护的工作空间，用带链条的工具来卸载，并用机械手段远离拉柱；如果工作面用的是木支柱，则可以直接用绞车回柱。

6. 复合顶板推垮型冒顶预防

(1) 提高单体支柱的初撑力。
(2) 选用稳定性能好的支架或加强支架的稳定性。
(3) 消除形成复合顶板推垮的条件。

7. 其他类型推垮型冒顶及预防

其他类型推垮型冒顶包括大块孤立顶板旋转推垮型冒顶、冲击推垮型冒顶以及采空区冒矸冲入采煤工作面推垮型冒顶。大块孤立顶板旋转推垮型冒顶是在回柱放顶时，大块孤立顶板因力矩不平衡旋转而下推倒采煤工作面支架而导致，其预防措施主要是用墩柱或特种支柱沿切顶线切断顶板，以及提高墩柱或特种支柱的初撑力及稳定性。冲击推垮型冒顶是因直接顶高层老顶迅速向下运动或老顶中掉下大块岩石所导致，其预防措施主要是提高支柱的初撑力防止离层，提高支架的稳定性防止推垮。采空区冒矸冲入采煤工作面推垮型冒顶是因冒矸大而支柱的初撑力及稳定性不够所导致，其预防措施是用墩柱或特种支柱沿切顶线切断顶板，并提高支柱的初撑力及稳定性。

三、巷道冒顶事故防治

1. 掌握地质资料与开采条件

通过地质钻孔、岩层柱状图等多种途径，摸清地质构造及顶板结构、岩性变化、水文地质情况；在地质图上标明地质构造、裂隙发育带的位置、产状、层厚等；弄清与采煤工作面相对空间位置与时间的关系，分析受采动影响的程度等。

2. 严格顶板安全检查制度

巷道掘进施工的全过程要严格执行煤矿安全规程，坚持进行敲帮问顶，发现活矸和伞檐要及时处理。

3. 加强支护质量管理

在选择合理的支护技术，严格按操作规程施工，是防治冒顶事故的主要措施。

(1) 检查支架规格尺寸。支架的架型、形状、尺寸、结构件搭接、卡缆形式等是否符合设计要求；支架间距、支架间连接是否符合作业规程要求。

(2) 提高支设质量和保证支护阻力。所有支架必须架设牢固,并有防倒措施。要严格防止支架支设在浮矸上,不见实底不能架设。使用摩擦式金属支柱时,必须使用液压升柱器架设,初撑力不得小于 50 kN。

(3) 单体液压支柱的初撑力。柱径为 100 mm 不得小于 90 kN,柱径为 80 mm 不得小于 60 kN。

(4) 搞好支架与围岩间的充填。支架与围岩间的空间必须及时填严背实,改善支架承载状态,提高其支撑能力,减小围岩变形,提高围岩的稳定性。

(5) 提高支架的稳定性。在放炮前应加固迎头支架,使靠近迎头 10 m 内支架之间的连接杆连锁稳固,防止放炮崩倒;对围岩裂隙较发育或较松软的地段、受采动影响强烈的地区或掘进倾斜巷道时,应在支架间用连接杆连锁稳固,预防冒顶或片帮范围的扩大。

(6) 及时支护。根据作业循环和围岩条件,尽可能及时支护,缩小空顶作业面积与延续时间。

(7) 加强锚杆支护的质量检查。锚杆参数需适应顶板岩层条件;及时上紧锚杆托板或托梁,使锚杆具有一定的初期张力;严格进行水泥锚杆有效性的检查制度;按规定进行锚固拔拉力测试等。

4. 进行临时支护

巷道顶板事故大都是在空顶作业的情况下发生的,因此,对掘进迎头新悬露的顶板,应采用及时或超前支护的临时支架,以保证作业安全。

四、掘进片帮、冒顶事故的防治

为防止掘进顶板事故的发生,在认真执行《煤矿安全规程》对掘进工作面和巷道支护的有关规定的基础上,要做好以下几项工作:

1. 确切掌握地质资料，认真编制施工作业规程，采取合理的施工方法和顶板管理措施。

2. 坚持一次成巷，缩小围岩暴露的时间和面积。

3. 严格执行光爆规定，保持围岩的稳定性。

4. 特殊地段压力大时，采取加强支护等强化支护手段。

5. 倾斜巷道要采取防止推倒支架的措施。

6. 加强巷道围岩的观测和工作面的顶板管理，严格执行敲帮问顶制度，发现问题，及时处理。

7. 严格按质量标准进行检查验收，出现质量问题及时返工处理。

8. 出现漏顶等必须彻底处理，接顶背严。不得留有空顶隐患。

五、冲击地压的防治

冲击地压是指在矿井开采过程中，引起煤岩体内所积聚的弹性变形能释放而产生的以突然、急剧、猛烈的破坏为特征的动力现象。作为一种特殊的矿山压力显现形式，冲击地压有其自己的特点：一般没有明显的宏观预兆；发生过程短暂，并伴有巨大的响声和强烈的振动；破坏性较大。

引起冲击地压应力源主要有煤岩体的重力及构造应力。按震级强度和抛出的煤量将冲击地压分为三类：

1. 轻微冲击。抛出煤（岩）量在 10 t 以下，震级在 1 级以下的冲击地区。

2. 中等冲击。抛出煤（岩）量在 10～50 t，震级在 1～2 级的冲击地压。

3. 强烈冲击。抛出煤（岩）量在 50 t 以上，震级在 2 级以上的冲击地压。

影响冲击地压的主要因素有采深、地质构造、煤岩体结构及开采技术。

防治冲击地压主要从两方面着手：一是在大范围内避免形成

高应力集中的条件；二是在局部范围内改变煤（岩）体的物理力学性能，减缓已形成的应力集中的程度。前者称防危措施，后者称解危措施。

主要防危措施有：开采解放层；合理确定开采方法；无煤柱开采。

主要解危措施有：高压注水；放松动炮；钻孔槽卸压；强制放顶。

生产中应结合实际，加强预测工作，熟悉撤人路线，总结冲击地压规律。同时提高支护质量，严禁刚性支护。执行《煤矿安全规程》的规定，这样就可以消除或减少冲击地压事故。

第二节　爆破安全技术

一、矿井常见爆破事故

有关统计资料表明，在煤矿生产所发生的安全事故中，爆破事故占有较大的比例，是煤矿安全生产必须重点防范的事故之一。无论是采煤还是巷道掘进，钻眼爆破技术仍然普遍使用，在爆破过程中引起的人员伤亡和财产损失，这类事故称为爆破事故。矿井爆破事故也是常见的灾害之一，对矿井的危害也较大。

矿井常见的爆破事故有如下几种：爆破崩人事故；爆破熏人事故；爆破崩倒支架；爆破崩坏设备或设施；爆破引起冒顶事故；爆破诱发冲击地压或突出事故；爆破引发瓦斯、煤尘爆炸事故。

二、爆破事故的预防

1. 严格按照《煤矿安全规程》的要求实施井下爆破

（1）严格按照《煤矿安全规程》的要求选用爆破材料

1）不得使用过期或严重变质的爆炸材料。不能使用的爆炸材料必须交回爆炸材料库。

2）爆炸材料新产品，经国家授权的检验机构检验合格，并取得煤矿矿用产品安全标志后，方可在井下试用。

3）井下爆破作业，必须使用煤矿许用炸药和煤矿许用电雷管。煤矿许用炸药的选用应遵守下列规定：

①低瓦斯矿井的岩石掘进工作面必须使用安全等级不低于一级的煤矿许用炸药。②低瓦斯矿井的煤层采掘工作面、半煤岩掘进工作面必须使用安全等级不低于二级的煤矿许用炸药。③高瓦斯矿井、低瓦斯矿井的高瓦斯区域，必须使用安全等级不低于三级的煤矿许用炸药。有煤（岩）与瓦斯突出危险的工作面，必须使用安全等级不低于三级的煤矿许用含水炸药。

4）严禁使用黑火药和冻结或半冻结的硝化甘油类炸药。同一工作面不得使用2种不同品种的炸药。

5）在采掘工作面，必须使用煤矿许用瞬发电雷管或煤矿许用毫秒延期电雷管。使用煤矿许用毫秒延期电雷管时，最后一段的延期时间不得超过 130 ms。不同厂家生产的或不同品种的电雷管，不得掺混使用。不得使用导爆管或普通导爆索，严禁使用火雷管。

2. 爆破前的防治措施

井下爆破工作必须由专职爆破工担任。在煤（岩）与瓦斯（一氧化碳）突出煤层中，专职爆破工必须固定在同一工作面工作。

（1）按适用条件使用质量合格的炸药、雷管，在有瓦斯、煤尘爆炸危险的工作面，严禁使用非煤矿许用炸药和非煤矿许用电雷管。

（2）加强对爆破器材的管理。严禁穿化纤衣服人员接触爆破材料。井下人力运送爆破材料时，电雷管必须由爆破工亲自运送，炸药应由爆破工或在爆破工监护下由其他人员运送。爆破材料必须装在耐压和抗撞冲、防震、防静电的非金属容器内。爆破材料应直接送到工作地点，严禁中途逗留。

（3）对爆破地点进行认真检查。有下列情况之一不准装药放炮：空顶距过大或支架有损坏；爆破地点附近 20 m 内风流中瓦斯浓度达到 1%；爆破地点附近 20 m 以内，矿车、未清除的煤、矸或其他物体堵塞巷道 1/3 以上；炮眼内发现异状、温度骤高骤低、有显著瓦斯涌出、煤岩松散、透老空等情况；采掘工作面风量不足。

（4）在有煤尘爆炸危险的地点进行爆破时，20 m 内应进行洒水降尘。

（5）加固爆破点附近支架，机器、工具和电缆必须加以保护或移出工作面。

3. 爆破过程中的防治措施

（1）爆破作业必须执行一炮三检制和三人连锁放炮制。

（2）加强警戒。《煤矿安全规程》第 333 条规定：爆破前，必须加强对机器、液压支架和电缆等的保护或将其移出工作面。

爆破前，班组长必须亲自布置专人在警戒线和可能进入爆破地点的所有通路上担任警戒工作。警戒人员必须在安全地点警戒。警戒线处应设置警戒牌、栏杆或拉绳。爆破前，班组长必须清点人数，确认无误后，方准下达起爆命令。

警戒人员责任心要强，警戒时，不准兼做其他工作，不准睡觉、打闹、脱岗。警戒人员必须在有掩护的、在警戒距离之外的地点警戒，严禁其他人员进入爆破地点。

（3）按规定装药、连线。装药时，先清除炮眼内的煤岩粉，将药卷轻轻推入，不得冲撞，炮眼内的各药卷必须彼此密接。电雷管插入药卷后，必须用脚线将药卷缠住，并将电雷管脚线扭结成短路。装药后，必须把电雷管脚线悬空，严禁电雷管脚线、爆破母线与运输设备、电气设备以及采掘机械等导电体接触。炮眼封泥应用水炮泥，水炮泥外剩余炮眼部分应用黏土炮泥或用不燃性的、可塑性松散材料制成的炮泥封实。严禁用煤粉、块状材料或其他可燃性材料作炮眼封泥。无封泥、封泥不足或不实的炮眼严禁爆破。严禁裸露爆破。

(4) 爆破工不得随意将把手或钥匙转交他人,不到爆破时,不得将把手或钥匙插入放炮器或电力放炮接线盒。

(5) 爆破时,爆破工必须发出警号,至少再等 5 s 才可起爆。

4. 爆破后的防治措施

(1) 爆破后,待工作面的炮烟被吹散,爆破工、瓦斯检查工和班组长必须首先巡视爆破地点,检查通风、瓦斯、煤尘、顶板、支架、拒爆、残爆等情况。如有危险情况,必须立即处理。

(2) 通电以后拒爆时,爆破工必须先取下把手或钥匙,并将爆破母线从电源上摘下,扭结成短路,再等一定时间(使用瞬发电雷管时,至少等 5 min;使用延期电雷管时,至少等 15 min)才可沿线路检查,找出拒爆的原因。

(3) 处理拒爆、残爆时,必须在班组长指导下运行,并应在当班处理完毕。

三、瞎炮事故的预防和处理

1. 瞎炮事故的原因

(1) 爆破材料本身不符合要求,如雷管桥丝、脚线折断,炸药受潮,硬化变质等。

(2) 操作工艺不符合要求。主要有:

1) 爆破网络连接不合理,有错联或漏联。

2) 引药制作不符合要求,影响炸药的起爆。

3) 装药、封堵时,因操作不当损坏雷管的脚线。

4) 雷管脚线、放炮母线受潮漏电,爆破网络断路或短路。

5) 装药时,用力过大,炸药被压实,使其敏感度降低。

6) 雷管性能差异过大导致钝感雷管拒爆。

7) 对有水炮眼未使用抗水炸药,药卷被水浸蚀而失效。

8) 放炮器起爆力不足。

2. 瞎炮事故的预防

(1) 经常检查放炮器和母线,使其保持良好性能。
(2) 严格执行爆破材料的检查验收制度,不合格的爆破材料不发放,不领取。
(3) 严格按《煤矿安全规程》有关装药的规定进行装药。
(4) 做好放炮前的检查工作。尤其是爆破网路,发爆器和放炮母线要作认真检查。

3. 瞎炮事故的处理

瞎炮事故的处理必须在班组长的直接指导下进行,并应在当班处理完毕。当班不能处理完时,放炮员必须同下一班放炮员在现场交接清楚,处理瞎炮必须遵守下列规定:

(1) 由于连线不良造成的瞎炮、可重新连线放炮。
(2) 在距瞎炮至少 0.3 m 处另打同瞎炮平行的炮眼,重新装药放炮崩出。
(3) 严禁用镐刨或从炮眼中取出原放置的引药或从引药中拉出电雷管,严禁将炮眼残底继续加深;严禁用打眼的方法往外掏药,严禁用压风吹这些炮眼。
(4) 处理瞎炮的炮眼爆炸后,放炮员必须详细检查爆落的煤矸,收集未爆的爆破材料。
(5) 在瞎炮处理完毕以前,严禁在该地点进行与处理瞎炮无关的工作。

四、炮烟熏人事故的原因和预防

炮烟就是放炮后产生的烟尘,它包含炸药爆炸产生的气体及煤、岩粉尘,在浓度较大或长时间在含有炮烟的空气中工作,往往会发生炮烟熏人事故。

1. 事故的原因

(1) 炸药质劣,炮眼封堵不符合要求。爆炸反应不完全,有毒气体生成量大。
(2) 使用的炸药量过多,超过了通风能力,在规定的时间内不能吹散炮烟。

(3) 通风管理差、工作面风量不足，炮烟不能及时排出。

(4) 掘进巷道长，炮烟长时间游浮在巷道内，使作业人员慢性中毒。

(5) 作业人员在回风道内，距放炮地点较近，炮烟浓度大，人员未能及时撤离。

2. 预防措施

(1) 严禁使用质量低劣，变质严重的炸药，并保证炮眼的封堵质量。

(2) 一次爆破的药量要与通风能力相适应。

(3) 加强通风管理，保证工作面的通风量。

(4) 放炮前后，放炮地点 20 m 范围内要充分喷雾洒水，以便吸收有毒气体和粉尘。

(5) 工作面要保持回风畅通，放炮后要留有充分的通风时间，炮烟被新鲜风流冲淡吹散后，人员方可进入工作面。

(6) 放炮期间严格警戒，防止人员误入炮烟区。

第三节　矿井水灾及其防治

一、矿井水灾的发生

在矿井建设和生产期间，若采掘工作面与附近的含水层、导水断层、导水钻孔、积水的老窑或旧巷、地表水体等连通时，上述含水层（体）的水就不断进入井巷，形成涌水。当涌水量超过矿井正常的排水能力时，就可能造成水灾。

1. 矿井涌水水源

矿井涌水水源有地面水和地下水两大类。

(1) 地面水源

地面水源主要指大气降水和地表水。

1) 大气降水。大气降水是地下水的主要补给来源，同时它也可以通过溶洞、裂隙或其他通道直接进入巷道。降水量对矿井涌水的影响，对于分布于河谷洼地，并且煤层上部有透水层、溶洞、裂隙或塌陷裂缝的浅井较为显著，其影响具有明显的季节性。雨季矿井涌水量增大，旱季则相反。兖州矿区诸矿井开采中不受大气降水的影响，但雨季应防止洪水从井口灌入井下。

2）地表水。河流、湖泊、水库和塌陷地积水等地表水，可以通过井筒、塌陷裂缝、断层、裂隙、溶洞和钻孔等直接进入井下，也可以作为地下水的补给水源，使地下水经过与井巷连通的通道进入井巷，造成水灾。

（2）地下水源

地下的含水层水、断层水和采空区积水可以通过透水通道流入矿井（采掘工作面）。因此，地下水是矿井涌水的主要水源。

1）含水层水。地层中的砂层、砂岩和灰岩层等往往含有丰富的地下水。当掘进巷道揭露含水层或回采工作面放顶后所形成的冒落裂隙与这些含水层相通时，含水层水就涌入矿井。含水层水一般都具有很高的压力，特别是当它与地面水源相沟通时，对矿井安全生产的威胁更大。

2）断层水。断层带及断层附近岩石破碎，裂隙发育，常形成构造赋水带。特别是当导水断层与强含水层或积水体相通时，如发生断层突水，就会形成水灾。山东洪山矿北大井的特大水灾，就是由于巷道掘进时与周瓦庄断层相遇，而该断层又与地面朱龙河及含水丰富的奥陶系灰岩相连通而造成的。山东兖州市杨庄矿突水淹井，也是奥陶系灰岩水通过断层导入矿井所致。

3）老空水。井下采空区或煤层露头附近的古井、小窑常有积水，如果开采时与之相通，就会发生突水事故。

二、造成矿井水灾的原因

造成水灾的原因是多方面的，归纳起来主要有以下几方面：

1. 井田内水文地质条件不清

如果对井田范围内的含水层层数和富水性及补给条件、断层导水性、古井、小窑的分布及采空区积水情况、钻孔封闭质量、隔水层的厚度及隔水性能、边界水文地质条件以及上述因素与煤层开采的关系掌握不清，就盲目开采，有可能使地下水或地表水，经导水通道涌进开采区造成水灾。

2. 技术决定不正确

由于技术决定不正确，也能造成水灾。例如，在断层附近，生产矿井与废弃矿井之间，采空区与新采区之间没有留设隔水煤柱或煤柱尺寸太小等。

3. 麻痹大意，丧失警惕

许多突水事例说明，造成水灾的原因不是由于水文地质条件不清或技术措施不正确，而是由于忽视安全生产方针、思想上麻痹大意、丧失警惕造成的。据某矿务局对1956—1966年十年淹井事故的统计分析表明：由于勘探资料不足，对矿井地质构造、水文地质情况不清楚而造成的事故占20%，而由于没有执行有疑必探、先探后掘的探放水制度，在构造破碎带违章作业，以及注浆质量不高等原因造成的透水事故占80%。

4. 外界人为因素影响

造成矿井水灾的外界人为因素主要是相邻矿井不按规定留设边界防水隔离煤柱。当矿井发生水灾时，常突破边界煤柱而危及他矿。此外，煤田内农民施工奥灰水井时，如不对煤系地层止水，也可留下人为通道，使奥灰水通过煤系含水层进入矿井。

三、矿井防治水

1. 地面防治水

大气降水和地表水是矿井涌水的来源。因此，应根据矿区的地形、地貌及气候条件因地制宜地采取措施，防止地表水灌入井下。地面防治水工作主要有以下几个方面：

（1）防止井口灌水

矿井所有井口标高应在历年最高洪水位之上。根据这一原则，每年雨季前，应在井口附近备足备好防洪物资。在洪水到来之前,迅速封堵通往井口的通道,防止洪水从井口灌入。

(2) 防止工业广场、居住区内积水

如工业广场、居住区低洼,必须根据具体情况采取防止积水的措施。可开凿疏水沟渠排泄积水或修筑围堤防止积水。必要时,可安设排水设备排除积水。如山东鲍店矿地面排水条件不利,该矿在工业广场、居住区建立排洪泵站三处,对排泄洪水起了很大的作用。

(3) 防止孔口灌水

对使用中的钻孔,孔口必须加盖封好;报废的钻孔必须及时封孔,防止地表水流入井下。

(4) 加强地面防洪工程的检查

在雨季到来之前,应对整个地面防水工程进行检查,发现问题及时处理。此外,在雨季期间还应做好防汛宣传组织工作,充分发动广大职工,以便有组织、有计划地和洪水作斗争。

2. 井下防水

地下水是矿井涌水的重要水源。因此,在开采过程中应采取措施,防止地下水涌入矿井造成水灾。

(1) 认真做好矿井水文地质工作

矿井水文地质工作是防治水工作的基础。为此,必须依据《矿井水文地质规程》的要求,有计划、有针对性地进行矿区(井)水文地质调查、勘探和观测工作,查明矿井各种充水因素,分析研究地下水规律,为防治水工作提供技术依据,并根据生产计划安排的需要,不间断地提供水情资料和年、季、月水害情况预报。

(2) 井下探水

当掘进工作面接近含水层、可能导水的断层、被淹井巷、老空积水等地点,或打开隔水煤柱放水时,都必须坚持"有疑必探、先探后掘"的原则。

(3) 留设防隔水煤(岩)柱

对于井上下的各种水源,若不能将其疏干,就需要留一定宽度的煤(岩)柱防隔水。有下列情况之一者必须留设防隔水煤(岩)柱。

1) 煤层露头风化带。
2) 受保护的地表水体、含水冲积层下和水淹区邻近地带。
3) 与强含水层间有水力联系的断层或强导水断层接触的煤层。
4) 有大量积水的老窑和老空区。
5) 导水、充水的陷落柱与岩溶洞穴。
6) 井田技术边界及分区隔离开采边界。

各类防隔水煤(岩)柱的留设,应根据本矿及相邻矿井的地质构造、水文地质条件、煤层赋存条件、围岩性质、开采方法以及岩层移动等因素,编制专门设计并按规定报批,其尺寸大小和留设方法参照《矿井水文地质规程》附录八。

(4) 设置防水闸墙或防水闸门

在水文地质条件复杂或有突水淹井危险的矿井,为使井下局部地点的涌水不致波及其他地区,需要设置防水闸墙或防水闸门。

(5) 注浆堵水

注浆堵水是将水泥砂浆等堵水材料,通过钻孔注入含水层裂隙、溶洞或断层破碎带内,使其凝结硬化,将裂隙、溶洞充填,达到堵水的目的。根据注浆堵水的目的和施工方法,注浆堵水分为井筒地面预注浆、采掘工作面预注浆、堵突水点注浆和帷幕注浆等几种。

为了取得注浆堵水的预期效果,必须首先查明突水地点(含水地层)、补给水源、溶洞大小、裂隙宽度与分布规律以及断层带宽度、岩层破碎情况等,以便制定切合实际的注浆堵水方案。注浆堵水方案主要包括:确定堵水部位、钻孔布置、注浆材料的配比和数量、注浆方法、注浆系统、施工工艺和方法、堵水效果检查以及安全措施等。

注浆堵水工艺设备简单,施工方便,效果较好。它已成为矿山、水土建筑、铁道等部门防治地下水害的有效方法之一,在国内外都得到了广泛的应用。

(6) 启封封闭不良的旧钻孔

煤田(井田)各阶段地质勘探期间,由于种种原因,部分钻孔未封闭或封闭质量不良,人为地造成不同含水层发生水力联系,使井田水文地质条件变为复杂。采掘中,工作面如遇封闭不良的钻孔,就可能发生突水。启封时,沿原孔慢速钻进至水泥砂浆封闭段,然后冲孔,再用水泥砂浆重新封孔。

四、矿井透水事故的处理

1. 矿井透水预兆

透水预兆在采掘工作面或其他地点透水前,一般有如下预兆:

(1) 煤壁发潮、发暗。

(2) 巷道空气变冷。

(3) 巷道壁或煤壁"挂红""挂汗"。

(4) 顶板来压、淋水加大或底板鼓起并渗水。

(5) 出现压力水线。这是离水源已经很近的现象。

(6) 有水声。一种是水受挤压易发出的"嘶嘶"声,另一种是空洞泄水声,这些都是离水源很近的危险预兆。

(7) 有硫化氢、二氧化碳等气体逸出。

当发现工作面有透水预兆时,说明已接近含(积)水区。此时,应停止作业,报告调度室,并采取有效措施,防止透水事故的发生。

2. 透水时的措施

当发生透水时,如水量不大,现场人员向调度室汇报的同时,尽可能就地取材迅速加固工作面。如打木垛或密集柱,堵住出水点,防止事故继续扩大。如涌水量较大、情况危急,来不及进行加固等工作,现场人员应按避灾路线撤退。撤退原则是以最短的路程和最快的速度,由危险地区撤至上一水平的进风巷或地面,切勿进入独头的下山巷道。当有硫化氢和其他有害气体逸出时,应佩戴自救器防止中毒。万一无法或来不及撤至上一水平时,遇难人员应保持镇静,避免体力的过度消耗。

矿领导接到透水报告后,应立即通知上级有关部门和矿山救护队。同时,根据事故地点和可能波及的地区,通知有关人员撤离危险区域,关闭有关的防水闸门。井下所有的排水设备,应全部开动排水。同时应积极组织力量进行抢险救灾,营救遇难人员。

3. 被淹井巷的恢复

被淹井巷的恢复工作,大致可分为:查清突水水源,堵水排水,初整巷道,恢复通风以及进一步整修巷道恢复生产等步骤。由于井巷被淹,水量必然很大,为了使恢复工作顺利进行,排水或堵水前,必须对突水水源、涌水量及涌水通道进行周密的调查研究,然后再采取措施进行恢复工作。恢复方法可分为直接排干法和先堵后排法两种。

(1) 直接排干法

对于涌水量不大或含水体水量有限或与其他水源无通道联系的被淹井巷,可以通过增加排水设备,加大排水能力的方法,直接排干被淹井巷。

(2) 先堵后排法

当充水含水层(体)含水丰富,突水点涌水量特别大,直接采用排水方法无法恢复时,则应先进行堵水工作,截断突水水源,再进行排水。兖州市杨庄矿奥陶系石灰岩突水,因奥灰含水丰富,突水后几小时全井淹没,无法直接排干。后在地面打钻注浆,堵截了突水通道,然后进行排水,恢复了生产。

恢复被淹井巷时,应注意以下事项:①如被淹巷道中有被困人员,一定要采取措施,保证送风。②加强气体检查。被淹井巷内常聚有大量的硫化氢、二氧化碳和沼气等，水位降低后，应防止其危害。③严禁在井筒内或井口附近使用明火灯或其他火源，以防上井下沼气大量涌出时发生爆炸事故。④在井筒内进行安装的人员应佩戴安全带和隔离式自救器，以防止坠井和窒息事故。⑤在修复井巷时，应注意冒顶片帮，防止伤人。

第四节 "一通三防"安全技术

一、井下空气与矿井通风任务

1. 地面空气的成分

地面空气由氧气、二氧化碳和氮气三种主要气体组成，这三种气体按体积浓度百分数计算的比例分别为：氧气占 20.96%；二氧化碳占 0.04%；氮气占 79.00%。

另外，地面空气中还含有数量不定的水蒸气、微生物和尘埃等，因其对空气成分影响极小，通常忽略不计。

2. 井下空气温度

井下气候条件是温度、湿度、风速三者综合作用的结果，其中主要是空气温度的影响。温度过高或过低，对人体都是不利的，最适宜的温度是 15~20℃。但由于受地面空气温度、地热、氧化放热，以及机电设备发热等的影响，井下空气温度保持在 15~20℃是不可能的，特别是在夏季，井下气温往往较高，对人体健康及工作极为不利。因此，《煤矿安全规程》规定，生产矿井采掘工作面的空气温度不得超过 26℃，机电硐室的空气温度不得超过 30℃。新建、改扩建矿井井下空气温度超过 30℃时，必须有降温设计，配齐降温设施。

3. 井下空气的主要变化

地面空气进入矿井之后，其成分和性质发生一些变化，主要有：氧气浓度减少；混入了各种有害和爆炸性气体；混入了煤尘、岩尘等固体颗粒；空气的温度、湿度和压力发生了变化。

4. 井下有毒有害气体的危害及允许浓度

(1) 二氧化碳（CO_2）

二氧化碳是无色略带酸臭味的气体，对空气的相对密度为 1.52。常积聚于巷道的底部、井筒和下山的掘进迎头。二氧化碳不助燃也不能供人呼吸，略有毒性，易溶于水。

二氧化碳的来源有：有机物的氧化；人员的呼吸；煤和岩石的缓慢氧化，以及矿井水与碳酸性岩石的分解作用；爆破工作，矿内火灾，煤炭自燃以及瓦斯、煤尘爆炸时也能产生大量二氧化碳。此外，有的煤层或岩层能连续长期放出二氧化碳，甚至有的煤层在短时间内大量喷出煤粉与喷出二氧化碳。发生这种现象时往往会造成严重破坏性事故。

二氧化碳对人的呼吸有刺激作用。当肺泡中的二氧化碳增多时，能刺激人的呼吸神经中枢，引起呼吸频繁，呼吸量增加，所以，在急救受有害气体伤害的患者时，常让其吸入含有 5% 二氧化碳的氧气以加强呼吸。但空气中二氧化碳浓度过高时，又会相对减少氧的浓度，并使人中毒或窒息。二氧化碳对人体的影响与其浓度有关。浓度为 1% 时，呼吸感到急促；浓度增加到 5% 时，呼吸感到困难，同时有耳鸣和血液流动很快的感觉；达 10%~20% 时，呼吸将处于停顿状态和失去知觉；浓度为 20%~25% 时，人将中毒死亡，为此，《煤矿安全规程》规定：按体积计算，采掘工作面的进风流中，二氧化碳浓度不超过 0.5%；总回风巷不得超过 0.75%；采掘工作面、采区回风巷、采掘工作面回风巷风流中二氧化碳浓度达到 1.5% 时，必须停止工作，撤出人员，查明原因，制定措施，进行处理。

(2) 一氧化碳（CO）

一氧化碳为无色、无味、无臭的气体，对空气的相对密度为 0.967，微溶于水，以溶于氨水，与酸、碱不起反应，只能被活性炭少量吸附。

矿内爆破作业、煤炭自燃剂发生火灾、瓦斯、煤尘爆炸时都能产生一氧化碳。

一氧化碳是一种对血液、神经有害的气体。一氧化碳随空气吸入体内后，通过肺泡进入血液，并与血液中的血红蛋白结合。一氧化碳与血红蛋白的结合力比氧与血红蛋白的结合力大 200～300 倍。一氧化碳与血红蛋白结合成碳氧血红蛋白（COHb），不仅减少了血球携氧能力，而且抑制、减缓氧和血红蛋白的解析与氧的释放，这就造成人体细胞组织缺氧，引起中枢神经系统损坏，严重时会窒息死亡。一氧化碳对人的危害主要取决于空气中的一氧化碳浓度和与人的接触时间。

《煤矿安全规程》规定一氧化碳最高允许浓度为 0.002 4%。

一氧化碳中毒症状与浓度的关系见表 6—1。

表 6—1　　　　一氧化碳中毒症状与浓度的关系　　　　　　　%

一氧化碳浓度（体积）	主要症状
0.02	2～3 h 内可能会引起轻微头疼
0.08	40 min 内出现头疼，晕眩和恶心。2 h 内发生体温和血压下降，脉搏微弱，出冷汗，可能出现昏迷
0.32	5～10 min 内出现头疼，晕眩。半小时内可能出现昏迷并有死亡危险
1.28	几分钟内出现昏迷和死亡

（3）硫化氢（H_2S）

硫化氢是一种无色、带有臭鸡蛋气味的有毒气体，容易溶于水。

矿内的硫化氢主要是硫化矿物水化和坑木等有机物腐烂所产生的。有些煤体也能释放硫化氢。

进入体内的硫化氢在肺泡内很快就被血液吸收，氧化成无毒的硫盐，但未被氧化的硫化氢则发生毒害作用。硫化氢也很容易溶于黏膜表面的水分中，与钠离子结合成硫化钠，对黏膜具有强烈的刺激作用，可引起眼炎及呼吸道炎症，甚至肺水肿。硫化氢对人体全身的致毒作用在于它和氧化性细胞血素酶的三价铁结合，使酶失去活性，影响细胞氧化，造成人体组织缺氧，空气中的硫化氢浓度过高（900 mg/m^3 以上）可直接抑制呼吸中枢，引起窒息而迅速死亡。急性中毒后遗症是头痛和智力下降，慢性中毒症状是眼球酸痛，有灼烧感，肿胀畏光，并引起气管炎和头痛。

《煤矿安全规程》规定：硫化氢最高允许浓度为 0.000 66％。

(4) 二氧化氮（NO_2）

二氧化氮是一种褐红色气体，有强烈的刺激性气味，相对密度为 1.59，易溶于水。二氧化氮溶于水后生成腐蚀性很强的硝酸，对眼睛、呼吸道黏膜和肺部组织有强烈的刺激及腐蚀作用，严重时引起肺水肿。

(5) 二氧化硫（SO_2）

二氧化硫无色、有强烈的硫黄气味及酸味，当空气中二氧化硫浓度达到 0.000 5％即可嗅到。其相对密度为 2.22，在风速较小时，易积聚于巷道的底部。二氧化硫易溶于水，在常温、常压下 1 个体积的水可溶解 4 个体积的二氧化硫。

二氧化硫遇水后生成硫酸，对眼睛及呼吸系统黏膜有强烈的刺激作用，可引起喉炎和肺水肿。当空气中二氧化硫浓度达到 0.002％时，眼及呼吸器官即感到有强烈的刺激，浓度达到 0.05％时，短时间内即有生命危险。

空气中二氧化硫的主要来源有：含硫矿物的氧化与自燃；在含硫矿物中爆破，以及从含硫矿层中涌出。

(6) 氨气（NH_3）

氨气是一种无色、有浓烈臭味的气体，比重为 0.596，易溶于水，空气浓度中达 16％～27％时有爆炸危险。

氨气对皮肤和呼吸道黏膜有刺激作用，可引起喉头水肿。

空气中氨气的主要来源：爆破工作，用水灭火等，部分岩层中也有氢气涌出。

(7) 氢气（H_2）

氢气无色、无味、无毒，相对密度为 0.07。氢气能自燃，其点燃温度比甲烷低 100～200℃，当空气中氢气浓度为4%～74%时有爆炸危险。

空气中氢气的主要来源有：井下蓄电池充电时可放出氢气，一些中等变质的煤层中也有氢气涌出。

5. 矿井空气中有害气体的安全浓度标准

矿井空气中有害气体对井下作业人员生命安全危害极大，因此，《煤矿安全规程》对常见有害气体的安全标准都做了规定，见表 6—2。

表 6—2　　矿井空气中有害气体的安全浓度标准　　　　%

有害气体名称	符号	最高允许浓度
一氧化碳	CO	0.002 4
二氧化氮	NO_2	0.000 25
二氧化硫	SO_2	0.000 5
硫化氢	H_2S	0.000 66
氨气	NH_3	0.004

制定这些标准时，都留有较大的安全系数。例如，空气中一氧化碳浓度达 0.048% 时一小时内才可出现轻微的中毒症状，而《煤矿安全规程》规定的一氧化碳最高允许浓度为 0.002 4%，是其轻微中毒浓度的 1/20；又如，二氧化氮浓度达 0.025% 时，中毒者在短时间内有死亡危险，而《煤矿安全规程》规定的二氧化氮最高允许浓度为 0.000 25%，是其危险中毒浓度的 1/100。因此，只要我们能够严格遵守《煤矿安全规程》的规定，不违章作业，就完全可以避免有害气体对人体的侵害。

6. 矿井通风任务

矿井通风是保障煤矿正常生产和安全生产的重要因素，也是矿井通防工作的基础。矿井通风任务主要体现以下几个方面：

（1）向井下各个场所连续不断地输送适量的新鲜空气，保证井下人员生存所需的氧气。

（2）冲淡并排除从井下煤岩层涌出的或者在煤炭生产过程中产生的有毒有害气体、粉尘和水蒸气。

（3）调节煤矿井下的气候条件，给井下作业人员创造良好的生产工作环境；保证井下的机械设备、仪器、仪表的正常运行。

（4）保障井下作业人员的身体健康和生命安全，并使生产作业人员能够充分发挥劳动效能和提高劳动生产率，从而达到高效、安全、健康的目的。

二、矿井通风系统

矿井通风系统是向矿井各作业地点供给新鲜空气、排出污浊空气的进、回风井的布置方式，主要通风机的工作方法，通风网路和风流控制设施的总称。矿井通风系统是矿井生产系统的重要组成部分，其设计合理与否对全矿井的安全生产及经济效益具有长期而重要的影响。

1. 矿井通风系统的类型及其适用条件

按进、回风井在井田内的位置不同，通风系统可分为中央式、对角式、区域式及混合式。

（1）中央式

进、回风井均位于井田走向中央。根据进、回风井的相对位置，又分为中央并列式和中央边界式（中央分列式）。

1）中央并列式。进风井和回风井大致并列在井田走向的中央，两井底可以开掘到第一水平，也可将回风井只掘至回风水平。

2）中央边界式（中央分列式）。进风井大致位于井田走向的中央，回风井大致位于井田浅部边界沿走向中央。在倾斜方向上两井相隔一段距离，回风井的井底高于进风井的井底。

(2) 对角式

1) 两翼对角式。进风井大致位于井田走向的中央,两个回风井位于井田边界的两翼(沿倾斜方向的浅部),称为两翼对角式,如果只有一个回风井,且进、回风分别位于井田的两翼称为单翼对角式。

2) 分区对角式。进风井位于井田走向的中央,在各采区开掘一个回风井,无总回风巷。

(3) 区域式

在井田的每一个生产区域开凿进、回风井,分别构成独立的通风系统。

(4) 混合式

由上述诸种方式混合组成。如中央分列式与两翼对角式混合、中央并列式与两翼对角式混合等。

2. 主要通风机的工作方法与安装地点

主要通风机的工作方法有三种,即抽出式、压入式和压抽混合式。

(1) 抽出式

主要通风机安装在井口,在抽出式主要通风机的作用下,整个矿井通风系统处在低于当地大气压力的负压状态。当主要通风机因故停止运转时,井下风流的压力提高,比较安全。

(2) 压入式

主要通风机安设在入风井口,在压入式主要通风机作用下,整个矿井通风系统处在高于当地大气压的正压状态。在冒落裂隙通达地面时,压入式通风矿井采区的有害气体通过塌陷区向外漏出。当主要通风机因故停止运转时,井下风流的压力降低。采用压入式通风时,必须在矿井总进风路线上设置若干通风构筑物,使通风管理困难,且漏风较大。

(3) 压抽混合式

在入风井口设一风机做压入式工作,回风井口设一风机做抽出式工作。通风系统的进风部分处于正压，回风部分处于负压，工作面大致处于中间，其正压或负压均不大，采空区通连地表的漏风因而较小。其缺点是使用的通风机设备多，管理复杂。因此实际应用较少。

3. 矿井通风系统的选择

矿井通风系统应根据矿井设计生产能力、煤层赋存条件、表土层厚度、井田面积、地温、矿井瓦斯涌出量、煤层自燃倾向性等条件，在确保矿井安全、兼顾中、后期生产需要的前提下，通过对多个可行的矿井通风系统方案进行技术经济比较后确定。

中央式通风系统具有井巷工程量少、初期投资省的优点。因此，矿井初期宜优先采用。有煤与瓦斯突出危险的矿井、高瓦斯矿井、煤层易自燃的矿井及有热害的矿井，应采用对角式或分区对角式通风，当井田面积较大时，初期可采用中央式通风，逐步过渡为对角式或分区对角式。

矿井通风方法一般采用抽出式。当地形复杂、露头发育老窑多、采用多风井通风有利时，可采用压入式通风。国内曾经或现在仍在采用压入式通风的局矿有攀枝花、平顶山、鹤岗、兴安台等。其中平顶山一矿、五矿、七矿、鹤岗新一矿等为高瓦斯矿井，平顶山五矿、七矿已转入第二水平生产。科研部门曾对攀枝花山矿（低瓦斯矿井）、鹤岗新一矿、平顶山一矿等做过主要通风机停风后观测井下瓦斯涌出规律的试验，将取得的上万个数据进行了研究分析，结论为：

（1）压入式通风的矿井，主要通风机停止运转后，井下瓦斯不会大量涌出。

（2）从煤壁和采空区涌出的瓦斯，都与矿井通风的相对压力变化无明显关系。

（3）"抽"与"压"两种通风方法在停风后的同一地点，瓦斯绝对涌出量几乎相等。

压入式通风能否用于第二水平，取决于矿井管理上是否方便以及开拓系统的变异情况。鉴于压入式通风在生产矿井中实际应用情况及试验结论,故对压入式通风是否适用于高瓦斯矿井不予明确规定,设计选择通风方法时,可根据矿井的具体条件通过技术经济比较后确定。

瓦斯、二氧化碳和氢气的允许浓度按《煤矿安全规程》的各项有关规定执行。

当巷道中空气成分不符合有关规定时,必须向矿调度室报告,由矿总工程师组织通风部门采取措施,及时处理。

4. 通风设施

井下的巷道是纵横交错的,为了有效地引导、控制风流,使其按照规定的路线流动,保证各用风地点对风量的需要,必须在某些地点构筑通风设施,而且必须符合《矿井通风质量标准》的要求。

(1) 永久密闭

1) 要用不燃性材料建筑,严密不漏风,墙体厚度不小于 0.5 m。

2) 密闭前无瓦斯积聚。

3) 密闭前 5 m 内无杂物、积水和淤泥。

4) 密闭前 5 m 内支架完好,无片帮、冒顶。

5) 密闭周边要掏槽,见硬底、硬帮,与煤岩接实,并抹不少于 0.1 m 的裙边。

6) 密闭内有水的要设反水池或反水管,有自然发火煤层的采空区密闭要设观测孔、措施孔,孔口封堵严密。

7) 密闭前要设栅栏、警标、说明牌板和检查箱。

8) 墙面平整,无裂缝、重缝和空缝。

(2) 临时密闭

1) 密闭设在顶、帮良好处,见硬底、硬帮,与煤岩体接实。

2) 密闭前 5 m 内支护完好,无片帮、冒顶,无杂物、积水、淤泥。

3）密闭四周接触严密，木板密闭应采用鱼鳞式搭接，密闭要用灰、泥满抹或勾缝，不漏风。

4）密闭前要设栅栏、警标和检查牌。

5）密闭前无瓦斯积聚。

（3）永久风门

1）每组风门不少于两道，通车风门间距不小于一列车长度，行人风门间距不少于 5 m。主要入排风巷道之间需设风门，其数量不少于两道。

2）风门能自动关闭，通车风门要实现自动化。矿井总回风和采区回风系统的风门要装有闭锁装置。风门不能同时敞开。

3）门框要包边包沿，有垫衬，四周接触严密，门扇平整不漏风，门扇与门框不歪扭。

4）风门墙垛要用不燃性材料建筑，厚度不小于 0.5 m，严密不漏风。

5）墙周边要掏槽，见硬顶、硬帮，与煤岩接实。

6）墙垛平整、无裂缝、重缝和空缝。

7）风门水沟要设反水池或挡风帘，通车风门要设底坎，电缆，管路孔要堵严。

8）风门前后各 5 m 内巷道支护良好，无杂物、积水和淤泥。

（4）临时风门

1）每组风门不少于两道，通车风门间距不小于一列车长度，行人风门间距不少于 5 m。

2）风门能自动关闭，通行电机车及斜巷运输的风门要有报警信号，否则要设专人负责看守。

3）风门设在顶、帮良好处，前后 5 m 内支护良好，无杂物、积水和淤泥。

4）门墙四周接触严密，木板墙要鱼鳞搭接，墙面要用灰、泥满抹或勾缝。

5) 门框要包边,沿口有衬垫,四周接触严密。
6) 门扇平整不漏风,与门框接触严密。
7) 通车风门必须设底坎、挡风帘。

(5) 永久调节风窗
1) 用不燃性材料建筑。
2) 调节风窗的调节位置要设在上方。
3) 风窗前后 5 m 内巷道支护良好,无杂物、积水和淤泥。
4) 设调节风窗的墙体要掏槽,周边见煤、岩硬体,设在风门上的调节窗,其风门不漏风。

(6) 风桥
1) 用不燃性材料建筑。
2) 桥面平整不漏风。
3) 风桥前后 5 m 范围内巷道支护良好,无杂物、积水和淤泥。
4) 风桥通风断面不小于原巷道断面的 4/5,成流线型,坡度小于 30°。
5) 风桥两端接口严密,四周见实帮、实底,要填实、结实。
6) 风桥上下不准设风门。

5. 典型事故案例及分析

案例 某矿盲巷致 3 人窒息死亡事故

(1) 矿井基本情况及事故性质

发生事故的是该矿一号井,该矿井设计能力 60 万吨/年,厚煤层,煤自然发火期 3~6 个月,煤尘有爆炸性,爆炸指数 26.29%。瓦斯鉴定,相对涌出量 2.68 m^3/吨·日,为低沼气矿井。

事故区域位于矿井二采区,事故地点在准备中的 1202—4 工作面的尚未形成通风系统的回风巷内,该巷靠开切眼约 90 m,巷长 133 m,处在未经灌浆的三分层采空区之下。事故发生当日

7时20分左右，矿井通灭队8位同志，去1680五石门执行任务时，走在前面的三位同志到五石门后，无意中又继续向前走，进入暂时无人作业又不通风的1202—4回采工作面的回风巷（盲巷）内，造成3人窒息死亡。

事故发生前两日，1202—4回风巷的局扇因故障停止运转，至事故发生时止，未安排修理或更换局扇，恢复通风，也没有在巷口设置栅栏，使133 m巷道形成不通风的盲巷；又因此巷和上分层采空区联通，停风后巷内造成瓦斯积聚和缺氧状态。事故后调查，26日、27日两天无人到此巷内工作，瓦斯检查员也没有进入巷道内检查瓦斯，仅每班在巷道口检查一两次瓦斯浓度。

（2）事故发生经过

事故当日早班，通灭队根据调度室的布置，派两名班长和6名工人去1680五石门内吊挂落在轨道上的灌浆管路，其中4名工人先下井，这4人中的两个人是调来通灭队工作的新工人。

1680五石门长45 m，是井风巷，工作条件较好。

四人同行走进五石门，其中某甲因事停下，另3人无意中继续向前走，在某甲随后走到1202—4回风巷下坡上口时，发现先进去的3人已跌倒，他觉得不对头，就赶紧出来汇报。

事故发生后，现场人员启动局扇；但因局扇有故障，运行6 min就烧坏了，不能排瓦斯，人员也无法进入。矿领导得知事故后，立即电话通知救护队，同时组织人员佩戴自救器器材冒险进行抢救，但没有成功，最后由救护队将遇难人员救出。

（3）事故原因

1）1202—4回风巷掘进工作面供风的局扇，因故障停止运转后，没有按《煤矿安全规程》规定在巷口设置栅栏，挂警示牌，因而3名工人误入盲巷，是造成窒息的直接原因。

2）局扇发生故障后，直到发生事故仍未安排检修或更换，因而事故时，不能及时使用它排除积存沼气去救人，延误了抢救时间。

(4) 酿成事故的条件

酿成事故的条件是1202—4回风巷内瓦斯积聚、缺氧。而巷内瓦斯积聚和缺氧的原因有：

1) 三分层采后未经灌浆，而此巷又是布置在采空区之下。

2) 两天没有通风。

(5) 诱发事故的本质原因

1) 班长没有亲自带领工人到五石门去执行任务，以致先走的同志无意中走过了布置作业的地点又向里多走了大约30 m。

2) 通风瓦斯管理不严。表现在：

①1202—4回风巷的局扇没有指定人员看管。

②局扇因故障停止运转后，不及时安排修理或更换局扇，恢复通风。

③瓦检员明知局扇停止运转，既不查明原因，也不汇报，反把巷口检查的瓦斯数据填报成回风巷的瓦斯浓度，以至于没有引起有关领导的重视，有关领导与基层干部缺乏深入检查监督。

(6) 预防同类事故发生的措施

1) 班、组长要亲自带领工人到工作地点去作业，还要同下井、同升井。

2) 教育职工入井后要精神集中，严防走错路。

3) 加强通风、瓦斯管理。

①局扇必须指定人员看管，并要实行交接班。

②局扇有故障必须及时排除或更换局扇，保持正常通风。

③停风要立即在巷口设置栅栏，禁止人员进入不通风的巷道。

④教育瓦检员增强责任心。

⑤采后必须灌浆，不灌浆禁止在其下采掘。

三、矿井瓦斯预防

1. 发生瓦斯爆炸的条件及危害

(1) 条件

瓦斯爆炸的发生必须具备三个基本条件,一是瓦斯浓度必须在爆炸界限内,一般为 5%～16%;二是混合气体中的氧气浓度不低于 12%;三是有足够能量的点火源(点火源温度应不低于 650℃)。

能引起瓦斯爆炸的点火源很多。如明火,焊接火焰,放炮火焰;皮带打滑,机械摩擦引起的金属表面炽热;高温烟流都可引起瓦斯爆炸。另外,电火花也极易引爆瓦斯。

(2) 危害

瓦斯爆炸后的主要危害表现在以下几方面:

1) 产生冲击波。冲击波正向传播的峰值可从 0.2～2 MPa,当冲击波叠加时更高可达 10 MPa 左右。冲击波可造成人员的创伤,巷道支架的损坏,巷道冒顶,设备设施的破坏。冲击波还会扬起沉积在巷道中的煤尘,形成煤尘爆炸源。

2) 出现高温。紧跟在冲击波之后的是发生剧烈化学反应的火焰锋面。火焰锋面的温度可达 2 150～2 650℃,可造成人体大面积皮肤烧伤或呼吸系统黏膜烧伤。同时可烧坏井下的电气设备,并可引燃井巷中的可燃物,产生新的火源。

3) 气体成分变化。瓦斯爆炸后要产生很多二氧化碳和水,尤其是产生很多一氧化碳,其浓度一般达 0.4%,这是瓦斯爆炸后造成人员大量伤亡的主要原因。同时爆炸要消耗大量氧气,使得现场氧浓度急剧降低,使人窒息。

2. 影响瓦斯爆炸的因素

(1) 可燃性气体的混入

在瓦斯和空气的混合气体中,如果有一些可燃性气体混入,像硫化氢、乙烷等,这些气体本身具有爆炸性,不仅增加了爆炸气体的总浓度,而且会使瓦斯爆炸下限降低,从而扩大了瓦斯爆炸的界限。

(2) 爆炸性煤尘的混入

当瓦斯和空气的混合气体中混入了爆炸性煤尘，由于煤尘本身遇到火源会放出可燃性气体，因此，会使瓦斯爆炸下限降低。

(3) 惰性气体的混入

瓦斯和空气的混合体中，惰性气体的混入会使氧气的含量降低，因而可以缩小瓦斯的爆炸界限，降低瓦斯爆炸的危险性。

(4) 混合气体的压力

混合气体的压力越大，所需的点火温度就越低，也就越容易发生瓦斯爆炸事故。

(5) 混合气体的初始温度

混合气体的初始温度越高，瓦斯爆炸的界限就越大。

(6) 瓦斯浓度与点火温度

不同的瓦斯浓度，所需的点火温度不同。瓦斯浓度在 7%～8% 时，所需的点火温度最低，也就最容易发生瓦斯爆炸。

还需说明的是，在一定的温度条件下，火源的面积越大、火源存在的时间越长，就越容易引爆瓦斯；反之，若火源存在的时间非常短，也不能使瓦斯爆炸，而需要延迟很短的时间，才能使瓦斯爆炸，瓦斯的这种延迟一个很短时间才爆炸的现象称为引火延迟现象，而延迟的时间称为瓦斯爆炸感应期。感应期的长短与瓦斯浓度、点火温度有密切关系，瓦斯浓度越高，感应期越长，点火温度越高，感应期越短。当然，瓦斯爆炸的感应期不是固定不变的，混合气体的压力增高时，感应期就会缩短或消失。

3. 瓦斯爆炸事故的预防

我国煤矿瓦斯灾害治理方针是：先抽后采、监测监控、以风定产。由瓦斯爆炸的三个条件分析，氧气浓度的条件在井下总能满足，要预防瓦斯爆炸事故，就是要消除引发爆炸的基本条件，即防止瓦斯的积聚和点火源的出现。

(1) 防止瓦斯积聚

煤矿井下容易发生瓦斯积聚的地点是采掘工作面和通风不良的场所，防止瓦斯积聚，要从以下几个方面采取措施：

1) 保证工作面的供风量。要完善通风系统，保护好通风设施；加强局部通风管理，禁止无计划停风；实行分区通风，不使用《煤矿安全规程》所不允许的串联通风；避免出现任何形式的盲巷，长期不用的巷道必须及时封闭。

2) 及时处理采煤工作面回风隅角的瓦斯积聚。采用的方法主要有风障引流、移动泵站采空区抽放、尾巷排放、增加风量、密实工作面上下隅角以减少向采空区漏风、充填置换等，也可以改变工作面的通风方式来消除瓦斯积聚的现象。

3) 及时处理掘进工作面的局部瓦斯积聚。掘进工作面或巷道的瓦斯积聚，通常出现在一些冒落空洞或裂隙发育、涌出率较大的地点。处理方法主要有充填法、引风法、风筒分支排放法、钻孔抽放法以及用黄泥抹缝等。

4) 防止刮板输送机底槽瓦斯积聚。要保持底槽畅通并经常运转，或用压风排除底槽积聚的瓦斯。

(2) 防止点火源的出现

防止出现点火源的原则是：禁止一切非生产火源，对生产中可能产生的火源要严格管理和控制。主要从以下几个方面考虑：

1) 防止明火。禁止在井口房、主要通风机房和瓦斯泵站周围 20 m 内使用明火、吸烟；严禁携带烟草和点火物品下井；井下禁止使用电炉和使用灯泡取暖；防止煤炭自燃；防止火区复燃等。

2) 防止出现电火花。矿井必须采用本质安全型、防爆型和安全火花型的电气设备；井口和井下设备必须设有防雷电和防短路保护装置；所有电缆接头不准有"鸡爪子""羊尾巴"和明接头；不准带电作业；严禁在井下拆开、敲打、撞击矿灯的灯头和灯盒等。

3) 防止出现炮火。不准使用变质或不合格的炸药，而必须使用与该矿井瓦斯等级相适应的安全炸药；放炮作业要符合《煤矿安全规程》要求，要使用水炮泥，炮眼封泥要装满填实，防止打筒；禁止放明炮、糊炮；禁止使用明接头或裸露的放炮母线等。

4) 防止撞击摩擦火花。随着机械化程度的提高，机械设备之间的撞击、截齿与坚硬岩石之间的摩擦、坚硬顶板冒落时的撞击、金属表面的摩擦等，都有可能产生火花点爆瓦斯。必须采取各种措施，如利用合金工具、喷水降温等，防止撞击火花产生瓦斯爆炸事故。

防止其他火源出现。要防止地面的闪电或其他突发的电流也可能通过管道传到井下而引爆瓦斯；防止出现静电火花等。

(3) 防止瓦斯事故扩大的措施

瓦斯爆炸的突发性、瞬时性，使瓦斯爆炸事故往往难以进行救助，必须防止瓦斯爆炸扩大。要防止瓦斯爆炸事故扩大，除要建立完善合理、抗灾能力强的通风系统外，还应编制灾害预防及事故应急与救援预案教育职工熟悉一旦发生瓦斯爆炸事故时撤出和躲避的路线或地点；矿井应在主要通风机的出风井处，安设防爆门和反风设施；井下要安设隔爆设施；所有入井人员都应佩戴自救器并能够熟练使用。

矿井一旦发生瓦斯爆炸，为了防止灾情的扩大，使灾区局限在尽可能小的区域和防止二次灾害或小灾害转为重大灾害，事先必须做好以下工作：

(1) 每一矿井，每年必须由矿总工程师组织编制矿井灾害预防及事故应急处理与救援预案，并报集团公司审批。在每季末，还应根据具体情况进行修改，制定补充措施，并由矿长负责贯彻执行。每年至少组织一次矿井救灾演习。

(2) 每一矿井必须有反映当前实际情况的下列图纸：矿井地质和水文地质图，地面井下对照图，巷道布置图，采掘工程图，通风系统图，井下运输系统图，安全监测控制装备布置图，管路系统（排水、防尘、防火、注浆、压风、充填、抽放瓦斯等）图，井下通信系统图，地面、井下配电系统图、井下电气设备布置图以及井下避灾路线图等各种图纸。

（3）矿井发生重大事故时，救护队及相关领导必须立即赶到现场组织抢救，矿长负责指挥处理事故。

（4）实行分区通风，每一生产水平和每一采区都必须布置单独的回风道，回采工作面和掘进工作面都应采用独立通风，在开采有瓦斯喷出或煤与瓦斯突出煤层中，严禁任何两个工作面之间串联通风。

（5）通风系统力求简单。进、回风井之间和主要进、回风道之间的每个联络巷道中，必须砌筑永久挡风墙。需要使用的联络巷，必须安设两道正向和两道反向的风门，防止在反风时风流短路，采空区必须及时封闭。

（6）装有主扇的出风口，应安装防爆门，生产矿井主扇必须装有反风设施。

（7）在开采有煤尘爆炸危险煤层的矿井两翼、相邻的采区，相邻的煤层和相邻的工作面，都必须用岩粉棚或水棚隔开。在所有运输巷道和回风巷道中必须撒布岩粉。

四、煤与瓦斯突出

煤（岩）与瓦斯（二氧化碳）突出指在地应力和瓦斯（二氧化碳）的共同作用下，破碎的煤（岩）和瓦斯（二氧化碳）由煤体内突然喷出到采掘空间的现象。以下简称为煤与瓦斯突出。

煤与瓦斯突出是煤矿生产中一种极其复杂的动力现象，它能在极短的时间内由煤体向巷道或采场突然喷出大量的煤炭并涌出大量的瓦斯，并造成一定的有时是十分巨大的动力效应，是严重威胁煤矿安全生产的主要灾害之一。当发生煤与瓦斯突出时，采掘工作面的煤壁将遭到破坏，大量的煤与瓦斯将从煤层内部以极快的速度向巷道或采掘空间喷出，充塞巷道，煤层中会形成空洞，同时会伴随着强大的冲击力，巷道设施会被摧毁，通风系会遭到破坏、甚至会发生风流逆转，还可能造成人员窒息和发生瓦斯爆炸、燃烧及煤流埋人事故，更严重时可导致整个矿井正常生产系统的瘫痪。

1. 煤与瓦斯突出的机理

煤与瓦斯突出的机理是指突出的起因和突出过程中各主要因素的作用及相互关系。解释煤与瓦斯突出机理的假说有很多种,其中被多数人公认的是综合作用假说。综合作用假说认为,煤与瓦斯突出是地压、瓦斯和煤的物理力学性质综合作用的结果。其中,地压是发动突出的因素,是破坏煤体的主要动力;瓦斯是完成突出过程的主要因素,是抛出煤体并进一步破碎煤体的主要动力;而煤的物理力学性质决定了突出发生、发展的难易程度,起着阻碍突出的作用。

2. 突出特征

我国按照煤与瓦斯突出的成因,将突出现象分为四类,即煤与瓦斯突出、煤的突然压出、煤的突然倾出和岩石与瓦斯突出。由于四类突出成因不同,所以具有不同的基本特征。

(1) 煤与瓦斯突出的基本特征

1) 突出的煤向外抛出很远,具有分选现象。

2) 抛出的煤堆积角小于煤的自然安息角。

3) 抛出的煤破碎程度较高,含有大量的煤块和手捻无粒感的煤粉。

4) 有明显的动力效应,破坏支架、推倒矿车、破坏和抛出安装在巷道中的设施。

5) 有大量的瓦斯(二氧化碳)涌出,瓦斯涌出量远远超过突出煤的瓦斯含量,有时会使风流逆转。

6) 突出空洞呈口小腔大的梨形、舌形、倒瓶形以及其他分岔形等。

(2) 煤突然压出的基本特征

1) 压出有两种形式,即煤的整体位移和煤有一定距离的抛出,但位移和抛出的距离都较小。

2) 压出后,在煤层与顶板之间的裂隙中常留有细煤粉,整体位移的煤体上有大量的裂隙。

3）压出的煤呈块状，无分选现象。

4）巷道瓦斯涌出量增大。

5）压出可能无孔洞或呈口大腔小的楔形空洞。

（3）煤突然倾出的基本特征

1）倾出的煤就地按自然安息角堆积，并无分选现象。

2）倾出的孔洞呈口大腔小，孔洞轴线沿煤层倾斜或铅垂方向发展。

3）无明显动力效应。

4）倾出常发生在煤质松软的急倾斜煤层中。

5）巷道瓦斯涌出量明显增加。

（4）岩石与瓦斯突出的基本特征

1）在砂岩中进行爆破时，在炸药直接作用范围外发生岩石破坏、抛出等现象。

2）有突出危险的砂岩岩层松软，呈片状、碎屑状，并具有较大的孔隙和瓦斯含量。

3）突出的砂岩中，含有大量的砂粒和粉尘。

4）巷道瓦斯涌出量增大，有明显的动力效应。

3. 突出预兆

绝大多数的煤与瓦斯突出是有预兆的，没有预兆的突出只有极少数。突出预兆可分为有声预兆和无声预兆两大类。

（1）有声预兆

预兆声音的大小、时间间隔、在煤体中发声的种类会因各矿区、各采掘工作面的地质条件、采掘方法、煤质特征的不同而不同，有的像鞭炮声，有的像机枪连射声，还有的像闷雷声、沙沙声以及会出现气体穿过含水裂缝时的吱吱声等。

由于压力突然增大，发生突出前，支架会出现嘎嘎响、劈裂折断声，煤岩壁会开裂，打钻时会喷煤喷瓦斯等。

（2）无声预兆

煤层结构构造方面表现为：煤层层理紊乱，煤变软、变暗淡、无光泽，煤层干燥和煤尘增大，煤层受挤压褶曲、变粉碎、厚度变大，倾角变陡。

地压显现方面表现为：压力增大使支架变形，煤壁外鼓、片帮、掉渣，顶底板出现凸起台阶、断层、波状鼓起，手扶煤壁感到震动和冲击，炮眼变形装不进药，打钻时跨孔、顶夹钻等。

其他方面的预兆有：瓦斯涌出异常，忽大忽小，煤尘增大，空气气味异常，煤或空气变冷，有时变热等。

上述突出预兆并非每次突出都同时出现，而仅仅出现一种或几种。

4. 防治措施

参见前述矿井瓦斯危害的防治措施。

五、矿井火灾预防

矿井火灾是煤矿的主要灾害之一，它给煤矿的安全生产、煤炭资源、材料设备及人员的安全带来很大的威胁，做好矿井的防灭火工作是煤矿安全工作的重要内容。

矿井火灾按其成因可分为外因火灾和内因火灾。

1. 矿井外因火灾

外因火灾发生突然，来势凶猛，往往酿成恶性事故。据统计，煤矿重大恶性事故90%以上是由外因火灾引起，外因火灾约占总发火次数的10%~15%，但牺牲于外因火灾的人数约占牺牲于火灾总人数的65%。因此，不能因外因火灾的比率较小而不予重视，疏于防范，特别是随矿井机械化程度的提高，大型机电设备的应用，外因火灾的比率有升高的趋势。近几年来，机电峒室电缆、皮带运输机和综采设备火灾事故多次发生，给矿井造成巨大的经济损失和人员伤亡。

（1）矿井外因火灾的主要原因

引起矿井外因火灾的原因很多，但归纳起来主要有以下几个方面：

1）明火引起。井下少数工作人员安全意识淡薄，不遵守《煤矿安全规程》规定，存在麻痹侥幸心理，在井下吸烟，用灯泡、电炉取暖，电焊、火焊工作没有严格的安全措施或安全措施不认真落实执行，由此而引起火灾，例如，某矿皮带运输机搭茬处烧电焊遗留下火种（同时现场多人吸烟），引起皮带着火，造成24人死亡，2人重伤，24人轻伤。直接经济损失3 603万元，间接经济损失70.47万元。

2）电火花引起。主要是由于电器设备性能不良，管理不善，维修不及时，如电钻、电动机、变压器、开关、插销、接线盒、电缆等出现损坏、过负荷、短路等，产生电火花，引燃可燃物而发火。如某矿一矿齿轮绞车开关电源接线柱损坏，产生电弧火花引起火灾，死亡26人，造成直接经济损失48万元。

3）放炮火花引起。由于放炮不遵守放炮的规定。如放明炮、糊炮、空心炮以及用动力电源放炮，不装水炮泥、炮眼深度不够，最小抵抗线不符合规定等，都会产生放炮火花，从而导致可燃物着火。如某矿在溜煤眼内多次放糊炮，点燃坑木和煤炭，引起火灾，造成4人死亡，1人重伤。

4）机械设备运转不良而造成的摩擦火花。机械摩擦产生的高温热源以及撞击火花点燃可燃物。如某矿401工作面运输顺槽皮带运输机皮带过长、松弛打滑，致使皮带摩擦着火。死亡15人，经济损失45万元。

5）瓦斯、煤尘爆炸引起火灾。如某市一乡镇煤矿回采工作面发生瓦斯爆炸事故后，引起工作面较大范围的火灾，共造成13人死亡，一人轻伤，直接经济损失11.52万元。

（2）矿井外因火灾的防治措施

外因火灾的预防主要从两个方面着手：一是防止失控的高温热源，二是在井下尽量采用不燃或耐燃材料支护、不燃或难燃材料用品，并防止可燃物的大量积存。具体有以下几个方面：

1）杜绝明火。《煤矿安全规程》规定，"严禁携带烟草和点火物下井""井下和井口房内不得从事电焊、气焊等工作,如必须从事该项工作时,每次必须制定安全措施,经矿长批准,并由矿长指定专人在场检查和监督,并遵守有关规定""井口房及通风机房附近 20 m 以内,不得有烟火或用火炉取暖""井下严禁使用灯泡取暖和使用电炉"。

2)防止电火花引燃。井下所有电气设备的选择、安装和使用必须严格遵守《煤矿安全规程》的有关规定,完善管理制度,并认真严格执行。要做到电器设备性能完好,电路敷设符合要求,过流、接地、检漏装置等保护系统要安装齐全。

3)防止炮火。《煤矿安全规程》对井下爆破做出严格的规定,如"严禁明火、普通导爆索或非电导爆管放炮和放糊炮""炮眼封泥应用水炮泥,水炮泥外剩余的炮眼部分,应用黏土炮泥封实,封泥长度也必须符合要求"等,在爆破工作中必须严格遵守。

4)采用不燃性材料支护和保管好易燃物品。《煤矿安全规程》规定,"井筒、平硐、各水平的井底车场连接处及其井底车场,主要绞车道同主要运输巷道、回风巷道的连接处、井下机电峒室、主要巷道内皮带运输机机头前后两端各 5 m 范围内必须用不燃材料支护""井下变电所应用不燃性材料支护""井下和峒室内不准存放汽油、煤油和变压器油,井下使用的润滑油、棉纱和布头等,必须存放在盖严的铁筒内,用过的棉纱和布头等也必须放在盖严的铁筒内,并定期送到地面处理"。

5)防止摩擦起火。对于井下的机械设备要做好检查、检修和管理工作,保证其正常运转。如皮带运输机要防止皮带松弛、跑偏、卡矸以及打滑等情况的发生;采煤机、综掘机的内外喷雾要完好,以防止摩擦起火。

6)防止瓦斯、煤尘爆炸事故的发生。矿井外因火灾的预防,关键在于严格遵守《煤矿安全规程》的有关规定,《煤矿安全规程》的很多章都有与防止外因火灾有关的条文,这些条文都是历史上血的教训的总结,在工作中绝对不能存有任何麻痹侥幸的心理。

(3) 矿井外因火灾事故案例分析

某矿皮带运输机摩擦引起火灾事故。该矿 3601 工作面皮带运输机因摩擦起火,酿成了一起外因火灾事故,造成 3 人中毒死亡,27 人受轻伤,直接经济损失 193 万元。

1) 自然情况和酿成事故的条件

事故发生在该矿新安装的 3601 工作面第一部平巷皮带运输机道的机头部。该工作面系 32 下山采区十六层煤第一个工作面,该面共需安装三部皮带机和三部溜子,其中两部平巷皮带和一部搭北石门集运的眼带已经安装完,正在进行调试。溜子尚在安装之中。当日大班安装人员调试完皮带后控制开关没有停电就上井了。同时根据生产的安排,北石门皮带机没有安排司机,形成了一个无人工作区域。因为无人工作,所以,也没派安监人员巡回检查,这就为这次事故埋下了隐患。

2) 事故经过

当日 2 点零 5 分,掘进一区副区长在 42 下山向矿调度室汇报巷道里发现浓烟,2 点 23 分,采煤四区班长也汇报巷道里有烟雾。调度值班员立即将上述情况向领导汇报,值班副矿长立即对调度员作了如下安排:一是通知所有影响范围的人员立即撤离,二是通知变电所切断东翼的电源;三是通知其他矿领导。布置完后立即带领有关人员下井查找发火地点。矿领导闻讯后,立即赶到矿调度室,当即研究决定分两个组全力进行抢救,一组由矿长和总工程在调度负责全面指挥;一组由党委书记、副矿长等到事故现场负责指挥抢救。

经过紧张抢救,最后落实还有 11 名工人尚在险区,其中 3802 迎头 5 人,32 下山下部 6 人。抢救方案是决定先救人,后灭火,到 10 点 50 分,将遇难工人全部抢救上井。然后投入直接灭火。至事故发生后第三日 6 时将火全部熄灭。

3) 事故原因分析

经现场检查分析认定：该皮带运输机正在调试没有正式移交，皮带机较长时间运转，接头卡子开裂，皮带被卡在导向滚筒和其上面的角铁中间，造成皮带停止运行，而滚筒继续运转，滚筒与皮带摩擦发热起火。由于该区域夜班无人工作和巡回检查，没有及时发现火情，造成火势蔓延，酿成此次重大事故。

4) 事故教训

①正在调试的皮带机在无人工作时没有切断电源，是造成这次事故的必要条件。由于没派专人看管，没能及时发现火情和扑灭火源，结果导致火势蔓延，扩大了事故。

②个别掘进迎头通信设施不完备。没能以最快的速度通知撤人，致使个别区段的职工拖延了撤离时间。

③基础工作薄弱，安全欠账较大。矿上只有少量自救器，尚没全部发给职工携带下井，尤其边远区域的人员，即使发现了灾情，也难以安全脱离险区。

④对回风道检查维修不够及时，巷道局部冒顶，致使火灾发生后，3802回风不畅通，给处理事故增加了困难。

⑤调度值班员思想麻痹，接到井下汇报后，由于情况不清，想先弄清情况再向矿领导和局调度汇报，因而贻误了时间。

5) 防范措施

①加强对职工的安全思想教育和技术培训。熟练掌握井下避灾路线和其他安全知识，配齐并使用好自救器。

②加强基础工作，补还安全欠账。

③今后凡是系列的运输设备或新安装的运输系统，不生产、不供电，并把开关打到零位。对要害场所设专人看管，并执行巡回检查制度。

④严制度，严纪律。

2. 矿井内因火灾

(1) 矿井内因火灾的主要原因及预兆

矿井内因火灾虽不像外因火灾发生突然、迅猛，但所占的比例很高。据统计，矿井火灾中，煤炭自燃约占 85%～90%，造成的人员死亡数约占矿井火灾死亡人数的 35%。而且自然火灾难以发现，持续时间长，严重地影响煤矿的安全生产，因此自然火灾也是防灭火工作中的治理重点。

煤炭自燃是一个缓慢的氧化过程，在此过程中可能有多种预兆发生。据此，我们可以做到早期发现，早期防治，煤炭自燃的预兆有：

1) 火区附近煤、岩温度、水的温度比正常情况下高。
2) 附近的氧气浓度降低。
3) 附近巷道壁和支架出现水珠。
4) 附近巷道中的空气温度升高。
5) 出现有毒有害气体，如 CO、CO_2 等。
6) 巷道中出现煤焦油等气味。

另外，根据煤炭自燃过程中温度和气体成分的变化，利用现代科技手段（如红外线遥测仪、束管监测系统等）进行火灾的预测预报，为自然火灾的早期发现及防治提供了可靠的科学依据。

对于煤炭自燃，必须遵循"预防为主"的原则，针对自燃形成的基本条件（自燃倾向性、供氧条件、储热条件），制定防灭火技术措施，以控制火灾的发生。

(2) 矿井内因火灾的防治措施

1) 正确选择开拓方式、巷道布置与采煤方法。开采自然发火严重的厚煤层或近距离煤层群时，尽量将运输大巷、回风大巷、采区上下山、集中运输平巷和集中回风平巷等服务时间较长的巷道布置在煤层底板的岩石中。避免高落式、房柱式等不合理的采煤方法。提高回采率、加快回采速度，使工作面在自然发火期前结束，并进行封闭。

2) 预防性灌浆。《煤矿安全规程》规定："开采有自然发火倾向的煤层，必须对采空区……等空隙采用预防性灌浆或……等措施，防止自然发火。"预防性灌浆是最有效、应用最广泛的一项措施。采空区注浆后，浆体充填采空区冒落岩石空隙，增加采空区的密闭性，杜绝漏风，同时浆液包裹遗煤，隔绝煤与氧气的接触，而且浆液对已经自热的煤炭有冷却、散热的作用。

3）均压灭火。煤炭自燃皆是因漏风引起的，采用均压技术，降低压风差，同时增加漏风风阻，以减小甚至杜绝漏风，预防煤炭的自燃，还可以使已自燃的煤炭因缺氧而窒息。

4）阻化剂防火。将吸水性很强的盐类，如氯化钙、氯化钠、氯化氨等配制成溶液，喷洒或注入煤炭上，降低煤的氧化能力，阻止其氧化进程。阻化剂的作用有三个方面：一是吸水隔氧阻化作用，二是吸热降温抑制氧化，三是由于阻化剂的吸水作用，使煤的外在水分增加，提高阻化效果。

5）压注惰气防灭火。在我国注氮防灭火技术是从 20 世纪 80 年代应用发展起来的。它在防治采空区自燃发火方面取得了较好的效果，现已成为综采放顶煤采煤法防治自燃的常规配套措施。其防灭火机理是：煤炭自燃是自身的氧化反应，但当氧浓度降至 5%~10% 时，可抑制煤炭的氧化，当向煤的氧化自燃地点注入高浓度氮气（97%以上）时，氧气浓度降低，从而减缓采空区遗煤氧化的进程，使煤温降低，煤温的下降又使其氧化进程更加缓慢，直至煤的氧化进程停止。另外，向采空区压注氮气，提高了其内部的气体静压，减小了漏入采空区的风量，使采空区氧化带宽度变窄，危险性降低。

除上述技术措施之外，注胶防灭火技术、喷除防灭火技术的应用也取得了一定的效果。

总之，防治措施是多方面的。每项技术在实际应用过程中又得以拓宽和发展，将上述几项技术综合应用又形成了复合灭火技术，这些技术措施的应用为防治煤炭的自燃发挥了重要的作用。

(3) 矿井内因火灾事故案例及分析

1）矿井事故区域概况

某矿因该矿二水平北二层一二区三分段自燃，造成有害气体被局扇吸入掘进工作面，导致一氧化碳中毒死亡3人，伤2人的重大事故。

该区走向长430 m，倾斜长平均140 m，倾角$19°\sim21°$，由南北两翼向中部对采，中间留有上小下大区间煤柱$14\sim25$ m。南翼称"大面"，走向长290 m，倾斜长160 m，煤厚$6\sim8$ m，事故发生两年前1月份开始分四个分层回采，4分层因煤层变薄，事故发生当年7月采至距停采线60 m停采。北翼称"小面"，走向长140 m，倾斜长120 m，煤厚$2\sim6$ m，该翼一分层于事故当年10月末距停采线110 m停采。本区回采工作全部结束。本层煤发火期为4个月，为防止自燃，回采一二分层有防火设计，一分层灌浆500 m^3，二分层灌浆150 m^3，三分层灌浆122 m^3，大小面四分层均未封闭。

2) 事故经过

"大面"三分层于事故当年2月采完，封闭了回风侧，入风侧仍然敞口向采空区进风；四分层于当年7月末采完，发生事故这天才撤机道上的设备，入排风都未封闭。

二分段施工的36号掘进工作面与预备队掘进工作面使用的2台11千瓦局扇设在二分段总机道上并列，抽"小面"二分层停采工作面来的风。该处入风量不足200 m^3/分，大量吸入由"大面"采空区短路的风量。

该矿通风区对"大面"采空区未按《煤矿安全规程》的规定进行观测，从事故发生当年7月25日以后无检查记录。发生事故当天，当班瓦检员于14时30分提前升井，15时40分中间煤柱上头"大面"侧着火。局扇把火区气体吸入2个掘进工作面。此时，两工作面的工人多数升井，只留少数人交班，发现进烟往外跑，有3人跑到局扇附近相继跌倒牺牲，另两人抢救脱险。

3) 事故原因

一是采后封闭的不及时，二是预防性灌浆不好，三是小区划分不合理，在430 m走向中，不应对采留中间煤柱，四是采空区长期漏检，五是局扇位置不合理，加速发火时间，并且把有毒气体导入工作面。后者是造成伤亡事故的直接原因。

4）主要教训

①回采工作结束后，必须在一个月内封闭，而保证按时封闭的关键问题是及时撤出设备。"大面"四分层7月25日放空关门顶，直到11月15日才撤设备，采空区敞口共达110多天。

②搞好防火灌浆的关键是必须有完善的灌浆系统。"大面"采后灌浆越来越少的主要原因是无流水道，一灌就淹溜子道。加之指挥生产的干部重生产轻安全，一淹溜子就停止灌浆。

③必须有一支过得硬的通风瓦检队伍。而该矿通风区是严重不负责任，采空区不检查，局扇位置不合理不纠正，为了图省事利用老塘通风。这是严重的教训。

④井下通信系统不健全，受灾后不及时向井上汇报，15点40分发生事故，矿调度室于17点10分才接到汇报，而矿向局汇报时间又拖到17点55分。严重影响了抢救时间。

5）预防措施

①完善防火灌浆系统，加强预防性灌浆工作。

②采后立即撤出设备，保证在一个月内封闭完。

③健全井下通信网，一旦受灾及时汇报，做到抢救及时。

④整顿瓦检队伍，调整瓦检人员，加强对采空区的观测，及时预报采空区变化情况。

⑤编制并认真贯彻执行灾害预防与处理计划，人人熟知避灾路线。

六、矿尘防治

1. 矿尘的产生及其危害

矿尘是指煤矿在建设和生产过程中所产生的各种矿物微细颗粒的总称。矿尘是煤矿生产中五大自然灾害之一，它不仅影响接尘人员的身体健康，而且绝大部分矿区的煤尘还具有爆炸性，严重威胁着煤矿的安全生产。所以,了解矿尘的防治;对于改善劳动条件,防治矿尘的危害和保证矿井的安全生产具有重要的意义。

矿尘按其成分可分为岩尘、煤尘和水泥粉尘三类。煤尘一般指小于 1 mm 的煤尘颗粒,而从卫生的角度考虑,粒径在 5 μm 以下的岩粒叫岩尘。岩尘中如果含有游离二氧化硅,当其含量大于 10% 时称为硅尘。人们在正常呼吸时,粒径较大的矿尘一般被阻留在呼吸道,而小于 5 μm 的矿尘有 80%～90% 能够随呼吸到达人的肺部,对肺部危害很大,所以,把 5 μm 以下的矿尘叫做呼吸性矿尘。其含量越高,危害越大。

矿尘的危害有如下几个方面;一是对人体的危害,如果人的肺部长期吸入大量的矿尘,就可导致尘肺病,尘肺病是目前危害较大的一种矿工职业病。此外,皮肤沾染矿尘,阻塞毛孔,能引起皮肤病或发炎;矿尘刺激眼膜,引起角膜炎,造成视力减退;矿尘吸入人体后,刺激呼吸系统,引起上呼吸道的炎症等。二是煤尘在一定的条件下,能发生爆炸事故,伤亡人员,破坏设备和整个矿井,造成严重灾害。此外,作业地点矿尘浓度过高,会影响视线,降低作业场所的可见度,不利于及时发现事故隐患,从而增加了机械、人身事故的机会,会加速设备的磨损,降低设备的使用寿命。所以,矿尘防治是十分重要的。

在煤矿建设和生产过程中,如钻眼工作、炸药爆破、掘进机和采煤机作业、顶板管理、矿物的装载及运输等各个环节都会产生大量的矿尘。一般来说,在现有防尘技术措施的条件下,各生产环节产尘量比例大致是:采煤工作面占 45%～80%;掘进工作面占 20%～38%;锚喷作业点占 10%～15%;运输通风巷道占 5%～10%;其他作业点占 2%～5%。各作业点随机械化程度的提高,矿尘的生成量增大。

2. 煤尘爆炸的条件

煤尘爆炸必须同时具备三个条件:煤尘本身具有爆炸性,并在空气中有一定的浓度；存在能引燃煤尘爆炸的热源；有足够氧浓度的空气。

(1) 具有一定浓度的能够爆炸的煤尘云

煤尘有的具有爆炸性，有的不具有爆炸性。具有爆炸性的煤尘只有在空气中呈浮游状态并具有一定的浓度时才能发生爆炸。能形成爆炸的浮游煤尘浓度的范围，叫煤尘爆炸界限。试验表明，煤尘爆炸下限为 45 g/m^3，上限为 1 500～2 000 g/m^3，爆炸力最强的煤尘浓度为 300～400 g/m^3。

(2) 高温的热源

能够引燃煤尘爆炸的热源温度变化的范围是比较大的，它与煤尘中挥发分含量有关。我国煤尘爆炸的引爆温度为 610～1 050℃，一般为 700～800℃。煤矿井下能点燃煤尘的高温火源主要为：爆破时出现的火焰、电气火花、电弧、静电放电、冲击火花、摩擦高温、井下火灾和瓦斯爆炸等。

(3) 空气中氧浓度大于 18%

空气中氧含量小于 18% 时，煤尘就不能爆炸。但必须注意，空气中氧浓度虽然减至 18% 以下，并不能完全防止瓦斯与煤尘在空气中的混合物爆炸。

3. 煤尘爆炸的机理及特征

(1) 煤尘爆炸的机理

煤尘爆炸是在高温或一定点火能的热源作用下，空气中氧气与煤尘急剧氧化的反应过程，是一种非常复杂的链式反应。一般认为其爆炸机理及过程如下：

1) 煤本身是可燃物质，当它以粉末状态存在时，总表面积显著增加，吸氧和被氧化的能力大大增强，一旦遇到火源，氧化过程迅速展开。

2) 当温度达到 300～400℃ 时，煤的干馏现象急剧增强，放出大量的可燃性气体，主要成分为甲烷、乙烷、丙烷、丁烷、氢和 1% 左右的其他碳氢化合物。

3)可燃气体与空气混合在高温作用下吸收能量,在尘粒周围形成气体外壳,即活化中心,当活化中心的能量达到一定程度后,链反应过程开始,游离基迅速增加,发生了尘粒的闪燃。

4)闪燃所形成的热量传递给周围的尘粒,并使之参与链反应,导致燃烧过程急剧地循环进行,当燃烧不断加剧使火焰速度达到每秒数百米后,煤尘的燃烧便在一定的临界条件下跳跃式地转变为爆炸。

(2)煤尘爆炸的特征

1)形成高温、高压、冲击波。煤尘爆炸火焰温度为1 600~1 900℃,爆源的温度达2 000℃以上。这种高温是煤尘爆炸得以自动传播的条件之一;煤尘爆炸的理论压力可达735.5 kPa,煤尘爆炸压力是随着离开爆源距离的增加而跳跃式增大。爆炸过程中如遇障碍物,压力将进一步增加,尤其是连续爆炸时,后一次爆炸的理论压力将是前一次的5~7倍;煤尘爆炸产生的火焰速度可达1 120 m/s,冲击波速度为2 340 m/s。

2)煤尘爆炸具有连续性。由于爆炸的冲击波能将巷道中落尘扬起,甚至使煤体破碎形成新的煤尘,导致新的爆炸,形成连续爆炸。

3)煤尘爆炸的感应期。即煤尘受热分解产生足够数量的可燃气体形成爆炸所需的时间。主要取决于煤的挥发分含量,挥发分越高,感应期越短。

4)挥发分减少或形成"黏焦"。煤尘爆炸时,参与反应的挥发分约占煤尘挥发分含量的40%~70%,致使煤尘挥发分减少,根据这一特征,可以判断煤尘是否参与了井下的爆炸。对于气煤、肥煤、焦煤等黏结性煤的煤尘,一旦爆炸,一部分煤尘会被焦化,黏结在一起,沉积于支架和巷道壁上,形成了煤尘爆炸所特有的产物——焦炭皮渣或黏块,统称"黏焦"。"黏焦"也是判断井下发生爆炸事故时是否有煤尘参与的重要标志,同时根据"黏焦"在支柱上的位置,也可以判断出煤尘爆炸的程度。

5）产生大量的一氧化碳。煤尘爆炸后生成大量的一氧化碳气体，其浓度可达2%~3%，有时高达8%~10%，这是造成人员大量中毒伤亡的主要原因。

4. 预防煤尘爆炸的技术措施

预防煤尘爆炸的技术措施主要包括防尘措施、防止煤尘引燃的措施和隔爆措施三个方面。

(1) 防尘措施

防尘措施是指尽量减少煤尘的生成和使空气中的含尘量降低的措施。

1）煤层注水湿润煤体。在采煤和掘进之前，利用钻孔向煤层注入压力水，使水沿着煤层的层理、节理或裂隙向四周扩散并渗入到煤体中的微孔中去，增加煤的水分，使煤体和其内部的原生煤尘都预先润湿。同时，使煤体的塑性增强，以减少采掘时生成煤尘的数量。这是防治煤尘的一项根本措施。

2）采空区灌水。采空区灌水预先湿润煤体防尘，是在采用下行垮落法分层开采厚煤层、近距离且无隔水层煤层群和急倾斜水平分层采煤时，可以利用往采空区灌水的方法，以润湿下分层或下组煤的煤层，防止开采时生成大量的煤尘。

3）湿式打眼。在工作面使用电钻或风钻打眼时，将压力水经过杆中央的水孔送到炮眼底部，将粉尘湿润后从炮眼中冲洗出来，从而达到降尘的目的。

4）水封爆破和水炮泥。水封爆破和水炮泥都是由钻孔注水湿润煤体演变而来的，它是将注水和爆破联结起来，不仅起到消除炮烟和防尘作用，而且提高了炸药的爆破效果。

①水封爆破就是在工作面打好炮眼后，先进行高压注水直到煤壁见水为止。然后装入防水炸药，再将注水器插入炮眼进行水封。爆破后的防尘效果较好，但是，它需要一套高压设备，需用防水炸药和雷管，因此使用较少。

②水炮泥是用装水塑料袋填于炮眼内代替黏土封孔。它是借

助炸药爆炸时产生的压力将水压入煤层的裂隙中而进行降尘的。同时，还起到消烟和减少瓦斯爆炸的危险性及提高炸药的爆破效果。

5）喷雾洒水降尘。喷雾洒水是将压力水通过特制的喷嘴喷出，使水流雾化成细小的水滴散布在空气中，将飘浮的尘粒湿润下沉，防止飞扬。喷雾洒水简单方便，广泛应用于采掘机械切割、工作面爆破、煤炭装载、运输转载、液压支架前移、单体支柱放顶等井下作业过程中。另外，在巷道内安装喷雾器，使整个断面都布满水雾，从而净化风流，降低浮尘。

6）合理的风速。风速同空气中含尘量的关系比较密切，风速太小时，不能把悬浮的煤尘及时吹出工作面，使空气中含尘量增加；风速太大时，虽然将浮尘吹走，但是也把大量的落尘吹扬起来增加工作面的煤尘浓度。因此，从防尘的角度要求，工作面的风速以控制在 $1.2 \sim 1.6 \text{ m/s}$ 为宜。

7）消除落尘。沉积在巷道四周的煤尘，一旦受到振动和冲击会再度飞扬起来，为煤尘爆炸创造条件，据计算，当巷道四周沉积的煤尘厚度为 0.05 mm 时，受到冲击波的影响，使其成为浮尘，即可达到煤尘爆炸下限。《煤矿安全规程》规定："必须及时清除巷道中的浮煤，清扫或冲洗沉积煤尘，定期撒布岩粉；应定期对主要大巷刷浆。"

（2）防止煤尘引燃的措施

防止煤尘引燃的措施与防止瓦斯引燃的措施基本相同，参看前述矿井瓦斯防治措施。

（3）隔爆措施

隔爆措施就是将已发生的煤尘爆炸或瓦斯煤尘爆炸限制在一定区域，尽量减少爆炸产生的危害而采取的技术措施。其主要措施是设置被动式隔爆装置和自动抑爆装置。

1）被动式隔爆装置。被动式隔爆装置是借助于爆炸冲击波的动力使隔爆装置动作（岩粉槽、水槽破碎，水袋脱钩），并抛撒消焰剂形成抑制带,扑灭滞后于冲击波传播的爆炸火焰,以阻止爆炸的传播。最早设置普通岩粉棚,虽然防止传播效果较好,但岩粉暴露在潮湿空气中,极易受潮而失去消焰剂功效,频繁更换岩粉的工作量较大。我国煤矿已几乎不采用这两种方法。20世纪80年代,我国开发使用了隔爆水槽和隔爆水袋,以水为消焰剂,方便安装和使用,得到了广泛应用。

2) 自动抑爆装置。自动抑爆装置的作用原理是利用各种传感器测量煤尘爆炸所产生的各种物理参数并迅速地转换成电信号,指令机构的演算器根据这些信号准确地计算出这些火焰的传播速度并在最恰当的时间发出动作信号,喷洒机构及时喷出消焰剂,准确可靠地扑灭爆炸火焰,阻止爆炸的传播。自动抑爆装置主要由传感器、控制仪、喷洒器组成。目前我国开发使用的有ZGB—Y型自动抑爆装置、ZYB—S型自动产气式抑爆装置和YBW—Ⅰ型无电源触发式抑爆装置。

5. 煤尘爆炸典型事故案例分析

案例 "4·21"特大瓦斯煤尘爆炸事故

1991年4月21日16时05分,山西省洪洞县三交河煤矿发生特大瓦斯煤尘爆炸事故,死亡147人,重伤2人,轻伤4人,造成直接经济损失295万元。

(1) 矿井概况

三交河煤矿是洪洞县的国有企业,位于县城西32 km的左木乡境内。该矿始建于1970年,原设计生产能力5万吨/年,1980年9月进行改扩建,新建了一个主平硐,设计能力30万吨/年。主平硐于1988年投产。

该矿井当时有职工1 234人(其中固定工385人,临时工849人),另有外包工91人。1990年生产原煤29.52万吨,实现利税117.67万元。

该矿井田面积29.6 km², 有可采煤层三层(2号、10号、

11号)平均厚度 7.4 m,且地质构造简单,煤层埋藏稳定,现开采的 2 号煤层,工业储量为 6 095 万吨,平均厚度 2.3 m,顶板系砂质页岩及细砂岩。煤种为肥气煤,属低硫低灰的优质煤。矿井为平硐开拓,采用前进式仓房采煤法,工作面均为爆破落煤,人工装煤。

该矿采用的是中央并列式通风方式,采区分区通风。主扇为 4—72—N020B 型,最大排风量为 3 000 m^3/min。

矿井为低沼气矿井,1989 年鉴定的瓦斯相对涌出量为 2.22 m^3/t,绝对涌出量为 1.31 m^3/min,煤层爆炸指数为 33.89%。

矿井采用的是 35 kV 的单回路供电,平硐及运输大巷采用的是 10 吨架线式电机车牵引 1 吨矿车运输。平硐坑口当时有两个采区(一采区为上山采区,二采区为下山采区),共有三个回采工作面,五个掘进工作面,一个开拓掘进队,均为三班生产。采区上下山运输巷为皮带和 40 型溜子运输,有一个回采面及运输顺槽采用溜子运输,其余的采掘工作面及顺槽均为小平车运输。该矿 1980 年 6 月 8 日,发生过瓦斯爆炸事故,死亡 30 人。

(2) 事故经过

4 月 21 日早 8 点班下班前井下停电,约 14 时 30 分送电。下午 4 点班的工人约 15 时左右,共 138 人相继入井。其中一采区采掘队有 66 人,二采区采掘队有 41 人,978 大巷开拓队有 6 人,通风队有 16 人,其他 7 人。16 时 05 分,203 工作面工人试煤电钻,产生火花,引起瓦斯爆炸,事故调查认定冲击波轰起巷道积尘,引起全矿井煤尘连续爆炸。

当时,地面工人听到"轰"的一声巨响,平硐冲出火焰,并伴随着冒出浓烟,事故后现场勘察,多处巷道支架被推倒,顶板冒落,平硐及大巷砌碹顶冒落 103 处,约 530 m,机电设备多数位移变形,并遭到不同程度的破坏,井下的通风设施(风门、风桥、密闭等）全部摧毁，冲击波把平硐口摧毁，并把矿井附近的三间房屋摧垮。致使当班井下的138人及当班刚入井的4人，还有8点班未出井的5人，共计147名矿工全部遇难，另有地面2人重伤，4人轻伤。

(3) 事故原因分析

据事故调查组的勘察分析，二采区202、203工作面采用的是局扇串联通风，21日早8点班下班前井下停电、停风，造成瓦斯积聚。下午4点班上班后，启动局扇通风过串联风机将202工作面的瓦斯抽入203工作面，使该工作面四顺槽的瓦斯达到了爆炸浓度，煤电钻施爆，工人打眼前，试钻产生火花，引起瓦斯爆炸。又由于该矿无防尘系统，井下煤尘堆积严重，冲击波扬起全矿井巷道的积尘，造成全矿井煤尘爆炸，这是造成事故的直接原因。

主要原因有以下几个：

1) 有关部门和领导"安全第一"的思想树立不牢，对贯彻国家和省的有关安全法规措施不力，指导检查不够，监察不认真，对该矿管理混乱以及长期存在的安全隐患未采取有效措施帮助整改。

2) 矿领导工作作风漂浮，很少下井，管理上严重失职。作为领导不能深入第一线，一个月只下4~5次井，现场管理安全的意识不强，安全生产心中无数。该矿实行承包后，其内容及一切管理制度很不完善，重生产，轻安全，重效益，轻管理，主承包人大撒手，以包代管，放松了对职工的安全遵章守纪，政治思想的教育工作，挪用维修费，采煤方法落后，用工制度混乱，对新工人和特殊工种不按规定要求进行培训，"三违"现象时有发生。

3) 管理混乱。该矿对通风、瓦斯、煤尘、电气设备管理十分混乱。二采区采用集中溜子巷、溜煤眼、采空区回风、局扇串联通风，通风系统极不合理，局扇无专人管理，停风停电时有发生,工作面瓦斯时有超限现象,矿井无综合防尘措施,井下积尘严重,电气设备失爆严重,对安全检查查出的问题,没有认真整改,如1990年12月一次抽查失爆率竟高达33%,这样重大的安全隐患也未能及时整改,这也是造成事故的主要原因。

4) 安全欠账多。该矿自1980年9月开始改扩建,审定概算投资983万元,至1987年才拨完。由于概算造价低,建设工期长,加之物价上涨,工程量未按设计完成。原设计井巷工程8 625 m,实际只完成4 338 m,土建工程也只完成67%,设备购置应为772台件,实际只购置209台件,原设计运输大巷800 m,两个采区均为后退壁式采煤,而运输大巷只作了400 m,就改为前进式老式采煤,于1988年勉强投产。由于投入不足,造成工程设施、设备欠账多,采煤方法倒退,采区工作面和通风不合理,加之矿井扩建设计中,未考虑综合防尘设施,只考虑了动压洒水,没有形成防尘系统,这也是造成事故的主要原因。

第五节 电气系统安全与事故预防

一、煤矿井下供电系统概述

煤矿井下供电系统是由各水平的中央变电所、采区变电所、隔爆移动变电站、工作面配电点以及各处的电气设备、连接电缆组成。其中,中央变电所是井下供电的中心,它的主要任务是将电能从地面输送至采区变电所。采区变电所的任务是把6 kV高压电变成低压电,然后送至各采掘工作面以及其他电气设备。

煤矿井下供电系统具有以下特点:

1. 采用变压器中性点绝缘或中性点经高阻抗接地的运行方式

目前应用较广泛的煤矿井下供电系统中性点的接地方式有两种。中国、俄罗斯、美国、德国等国家采用变压器中性点绝缘的运行方式，其最大特点是比较安全，漏电电流小，但对保护装置的灵敏度要求较高；英国、印度、澳大利亚等国家大都采用变压器中性点经高阻抗接地的运行方式，其特点是漏电电流稍大，不利于安全，但对保护装置的灵敏度要求不高，因而保护装置简单可靠。

《煤矿安全规程》规定，严禁井下配电变压器中性点直接接地。严禁由地面中性点直接接地的变压器或发电机直接向井下供电。

2. 低压电网以一台动力变压器为一个相对独立的供电单元

井下低压电网要使用多台动力变压器，它们的高压侧往往是数台联在一起，但各变压器的低压侧彼此无直接的电联系。整个井下低压电网由多个相对独立的供电单元组成，它们各自是一个独立的小供电系统，由一台动力变压器和若干低压馈电开关、启动器、电缆、电动机等用电设备组成。

3. 动力电压等级有 6 kV、3 kV、1 140 V、660 V、380 V、127 V 几种

井下中央水泵等高压电动机采用 6 kV、3 kV 高压；1 140 V 用于综合机械化采煤机组等设备；660 V 是现今应用最广泛最普遍的电压，无论是炮采、普采、高档普采及综采都在大量使用 660 V 电网供电，380 V 是 20 世纪 70 年代以前我国井下唯一的动力电压级，之后逐步被 660 V 所替换；127 V 是煤电钻等手持式电气设备的使用电压。另外，目前部分煤矿采区工作面的采煤机、运输机已开始使用 3 kV 高压。

4. 输配电线路全部由电缆组成

煤矿井下供电系统中从中央变电所至采区电气设备的各种输电、配电线路一律使用电缆，包括井下通信、信号、照明、控制线路也全部由电缆构成。

二、电气事故的预防

煤矿井下供电系统中，可能发生的电气事故主要有触电、电

火灾以及电火花引起瓦斯、煤尘爆炸事故。其中，电火灾与电火花引起瓦斯、煤尘爆炸是井下最严重的电气事故，它们对矿井和井下工作人员的安全威胁很大。因此，必须采取有效的管理措施和技术措施加以预防，保证煤矿井下供电系统的安全运行，保障矿井和人身的安全。

1. 严格执行井下电气安全的措施

为加强煤矿井下供电网路和电气设备的管理，改善设备状态，严格执行《煤矿安全规程》，防止触电、电气火灾和电火花引起瓦斯、煤尘爆炸事故的发生，搞好煤矿井下电气安全工作，应遵守以下措施：

（1）加强领导，健全组织，实行专业化管理。省局、矿务局、矿要配备一定名额专管矿井电气安全和井下供电的工程技术人员，各矿必须建立防爆设备检查组、电缆管理组、小型电器组、电气管理组等专业管理组。对煤电钻综合保护、局扇两闭锁等安全装置，可根据具体情况建立适当的专业管理组织。各采掘区队要配备兼职管理网员，形成专管和群管相结合的电气安全管理网。

1) 防爆设备检查组由防爆设备检查员组成，对井下供电系统、防爆设备（包括小型电器）、三大保护、煤电钻综合保护、局扇两闭锁、电缆安全保护设施等实行监督检查。对事故隐患提出处理意见，并有权停止使用。对高瓦斯、煤与瓦斯突出矿井使用的电气设备每周检查两次，对低瓦斯矿井要每周检查一次。防爆设备不经防爆检查员检查，不能发给"合格证"，不准入井使用。该组人员要求技术水平高，责任心强，经过矿务局培训，考试合格，并具有防爆设备检查员证。

2) 电缆管理组对全矿低压橡套电缆实行集中统一管理，负责领取、发放、修补、试验等工作，实行账、卡、牌板管理，做到条条电缆有编号，账、卡、物、板相对应，做到数量清、状态明、使用合理。

3) 电气管理组负责绘制井下供电系统图，三大保护的计算、整定、测试、检查、负荷增减审批等工作。

4) 小型电器组对全矿小型电器实行集中统一管理，负责领取、发放、修补、试验等工作，实行图牌板管理，做到账、卡、物、板相对应。

(2) 采区内所有电气设备都必须达到《煤矿安全规程》中的有关规定，对不符合要求的在用设备，必须更换。

(3) 加强电缆管理

1) 井下选用电缆必须符合《煤矿安全规程》的规定。

2) 对不符合《煤矿安全规程》规定的高压电缆，要有计划地进行更换，所敷设的高压铠装电缆必须符合要求，井下严禁使用可延燃性橡套电缆。

3) 高压铠装铝芯电缆的连接，严禁绑扎，一律采用压接技术，有条件可采用焊接。

4) 橡套电缆修补用的材料必须与电缆护套性能相同，具有不延燃性能。

5) 井下通信、信号、照明、控制线路严禁使用塑料线。

(4) 完善矿井电气设备的继电保护装置，搞好检查、整定、试验

1) 井下高压电动机、动力变压器的高压侧，应有短路、过负荷和欠电压释放保护。低压电动机应具备短路、过负荷、单相断线的保护。

2) 井下高低压馈电开关的保护装置，按《煤矿安全规程》规定，要进行定期检查、整定试验，达到动作灵敏可靠，并健全技术档案。

3) 坚持使用漏电继电器、煤电钻综合保护装置、局扇两闭锁保护装置，未装设和甩掉不用的不准供电。

(5) 改造旧设备，完善保护装置。

(6) 防爆型电气设备及电器革新改造管理。对防爆设备电气

元件、器件进行改造、改装时,必须经指定的防爆检验部门审核批准后,方可进行。其推广使用时须按检验部门批准的改造方法和验收规定进行装配,由矿机电总工程师批准,经防爆设备检查员检查验收即可。

(7) 采区变电所的管理

1) 在高瓦斯或煤与瓦斯突出的矿井,供三个以上采掘工作面使用的采区变电所应设专人值班,值班人员必须经培训考试,有合格证书。

2) 采区变电所内应有足够的灭火器材,以便发生事故时使用。

(8) 加强矿井电气设备的维修管理。井下电气设备维修必须责任到人,实行包机制,经常保持设备性能良好。采掘区的电气设备、小型电器及电缆撤出后,必须升井检修,使用中的设备应按规定轮换升井检修。在进行巷道维修或有可能损坏电缆的作业时,必须制定电缆的安全防护措施,无措施不准施工,损坏电缆要追查责任。

(9) 严禁违章指挥,违章作业。不准带电检修和搬迁电气设备;不准甩掉无压释放装置和过流保护装置;不准明火操作、明火打点、明火放炮;不准甩掉检漏继电器、煤电钻综合保护和局部通风机风电闭锁装置;不准用铜、铝、铁等代替熔断器的熔体;失爆设备和失爆电器不准使用;不准在井下拆卸矿灯,有故障的供电线路不准强行送电;停风、停电的采掘工作面,未经检查瓦斯不准送电;电气设备的保护装置失灵不准送电。

(10) 井下接地系统必须完整、可靠,接地电阻值要符合《煤矿安全规程》的规定,并定期检验。

2. 遵守《煤矿安全规程》关于井下安全供电的规定

为了加强对井下供电的管理,改善井下电气安全状况,防止各类电气故障的发生和发展,《煤矿安全规程》对井下供电作了以下规定:

三无——无鸡爪子，无羊尾巴，无明接头。

四有——有过电流和漏电保护装置，有螺钉和弹簧垫，有密封圈和挡板，有接地装置。

两齐——电缆悬挂整齐，设备硐室清洁整齐。

三全——防护装置全，绝缘用具全，图纸资料全。

三坚持——坚持使用检漏继电器，坚持使用煤电钻、照明和信号综合保护，坚持使用瓦斯电和风电闭锁。

3. 执行针对具体电气事故提出的预防措施

（1）触电事故的预防

1）防止人身触及或接近带电导体

①将电气设备的裸露导体安装在一定高度。《煤矿安全规程》规定了井下不同场所电机车架空线的悬挂高度，例如，"在井底车场内，从井底到乘车场为 2.2 m。"

②对导电部分裸露的高压电气设备无法用外壳封闭的，必须围以遮栏，防止人员靠近。同时在遮栏门上装设开门即停电的闭锁开关，确保人员开门进入高压电气室时，电气设备电源断开。

③井下电气设备的带电部件和电缆接头，全部封闭在外壳内部，即制成封闭型，并在操作手柄与盖子之间设有机械闭锁装置。

④各变（配）电所的入口处或门口，都要悬挂"非工作人员，禁止入内"牌子。无人值班的变（配）电所，必须关门加锁。井下硐室内有高压电气设备时，入口处和室内都应在明显地点加挂"高压危险"牌。

2）对手持式或人员经常接触的电气设备采用降低的工作电压。《煤矿安全规程》规定：照明、手持式电气设备的额定电压和电话、信号装置的额定电压，都不应超过 127 V，远距离控制线路的额定电压，不应超过 36 V。

3）采取技术措施，防止人员触电。严禁井下配电变压器中性点直接接地，在中性点不接地的高、低压系统中，设置漏电保护装置和保护接地装置。

4）严格执行安全用电的各项制度。如工作票制度、工作监护制度、停送电制度等。

（2）电气火灾的预防

1）正确选择、使用电气设备与电缆。

2）加强对电气设备和电缆的检查与维护。

3）按规定使用继电保护装置及其他电气保护装置，并对动作值进行合理的整定。

（3）电火花引爆瓦斯、煤尘的预防

1）防止井下电气设备出现失爆现象。

2）不带电作业。

3）按规定悬挂维护电缆，防止运行中电缆受外力冲击产生电火花。

4）按规定选用井下电气设备。

5）按规定采用保护装置，防止电气设备与电缆产生漏电或短路火花。

6）消除错误接线方式，防止引起电火花。

7）严禁对故障电缆强行送电。

第六节　采掘机械安全及事故预防

一、采掘机械安全的规定

1. 采煤机割煤的安全规定

（1）严格执行操作规程，遵守岗位责任制，坚持持证上岗。

（2）割煤前应做好准备工作，如检查各部件是否齐全，各部位油位是否符合要求，各种螺栓是否紧固，操作手柄是否灵活可靠，锚链松紧是否适当，并空载试运行 3~5 min，如发现问题及时处理，严禁带病作业。

(3) 开车前首先打开喷雾冷却系统（如使用地面供水，水压过高，应采取减压措施），禁止无水割煤。开车时，必须先发出割煤信号，巡视采煤机四周，确认对人员无危险时，方能开机。采煤机运转时，不论何种原因，需要返工时，都要及时发出信号，严禁突然返机，以防伤人。

(4) 采煤上必须装有能停止工作面刮板输送机的闭锁装置。

(5) 采煤机司机要3人协同作业，严禁一人操作。司机要随时注意观察顶板、煤壁及刮板输送机运转情况，发现意外情况时，应立即停机处理，停机时要使采煤机、刮板输送机停电闭锁。

(6) 没有特殊情况，必须做到煤壁直、底板平，不留伞沿，采高符合操作规程规定。

(7) 割煤时，采煤机上、下5 m范围内，不准行人或作业。斜切进刀要有足够长度。割煤时，严禁任何人在煤壁侧作业，需作业时，必须停机闭锁。

(8) 工作面遇断层构造时，必须有采煤机通过的补充措施，但严禁采煤机割硬矸。

(9) 工作面倾角大于15°时，采煤机使用液压安全绞车时，两者必须正确匹配，同步运行。

(10) 工作面发生冒顶、严重片帮事故时，必须停止割煤，处理时，要使采煤机、刮板输送机停电闭锁，然后才能处理。

(11) 采煤机停止运行，应打开行走部离合器，实行停电闭锁。采煤机维修或更换截齿，也必须停电闭锁，并摘掉滚筒离合器。

(12) 采煤机运行，应时刻注意拖拽装置，不准卡住或出槽，防止挂坏、挤伤电缆及水管，主机司机要观察支架顶梁与煤壁的距离，严禁割顶梁。

2. 掘进机掘进时的安全规定

(1) 掘进机必须装有只准以专用工具开、闭的电气控制回路开关,专用工具必须由专职司机保管。司机离开操作台时,必须断开电气控制回路的掘进机上的隔离开关。

（2）在掘进机非操作时,必须装有能紧急停止运转的紧急停止按钮。

（3）掘进机必须装有前照明灯和尾灯。

（4）开动掘进机前,必须提前3 min发出警报。只有在铲板前方和截割臂附近无人时,方可开动掘进机。

（5）掘进机作业时,应使用内、外喷雾装置降尘,内喷雾装置的使用水压不得小于3 MPa,外喷雾装置的使用水压不得小于1.5 MPa。如果内喷雾装置的使用水压小于3 MPa或无内喷雾装置时,掘进工作面中必须使用外喷雾装置和湿式除尘器。降尘的水中可配用降尘添加剂。

（6）掘进机遇有超过设计截割硬度的岩石时,应退出掘进机,采用放炮方法处理。

（7）更换掘进机截齿时,必须断开掘进机电气控制回路开关,切断掘进机供电电源并断开隔离开关。

（8）用掘进机截割臂托梁架棚时,其下方不得有人;垛棚时,应切断掘进机上的隔离开关。

（9）掘进机停止工作或检修以及交班时,必须断开掘进机上的隔离开关和电磁力启动器的隔离开关,以切断掘进机供电电源。

二、执行采掘机械安全规定的具体措施

1. 执行采煤机安全规定的具体措施

（1）加强工作面的技术管理,教育司机和其他人员严格遵守《煤矿安全规程》的上述规定。操作时应注意：双滚筒采煤机左右截割部离合器手把位置是不对称的。采煤机长期使用的"离""合"字迹不清楚,应格外注意。

（2）为避免工作面片帮砸伤更换截齿人员,更换截齿地点应避免在工作面中部进行,选择在工作面上下两端头进行较为安全。如必须在工作面中部进行时,应注意顶板情况,确认安全可靠或采取支护措施后方可进行。

(3) 更换或检查截齿需要转动滚筒时,不得开电动机转动,必须在打开离合器的状态下用手扳动。

(4) 采煤机必须装有能停止和开动滚筒以及能停止工作面刮板输送机的闭锁装置,而且必须灵敏可靠。

(5) 使用有链牵引采煤机,在开机前,必须先喊话和发出信号,防止牵引链(绳)跳动伤人。

必须经常检查牵引链(绳)及其两端的固定连接件,发现问题,及时处理,工作面作业时,所有人员必须避开牵引链(绳),以免跳动伤人。

(6) 工作面倾角超过15°时,采煤机必须采取可靠的防滑措施,使用液压安全防滑绞车时,两者必须匹配合理,同步运行。切实做好采煤机司机的安全防护工作,严防煤岩飞块伤人。

(7) 上(下)缺口作业人员必须撤到安全地点后,方可允许采煤机进入上(下)缺口作业。

(8) 采煤机进入上(下)缺口作业时,采煤机司机必须集中精力,加强观察,发现附近有人员时,必须立即停车。

(9) 缺口工在缺口处进行装煤、支柱时,采煤机必须退至距缺口5 m处停机,并将截割部离合器打至"断"位,全部操纵手把打到"零"位或"中"位,闭锁紧急停车开关,指定一名司机负责监护,同时要切实做好采煤机的防滑。

2. 执行掘进机安全规定的具体措施

(1) 掘进机必须由经过专门培训并考试合格的正式司机持证操作,司机要达到四会:会使用,会维护保养,会检查,会排除故障。其他人不准操作。

(2) 使用掘进机前,必须做好各项准备工作。首先,要对工作面环境进行检查或检测,如支架情况、顶帮情况、瓦斯煤尘浓度、撤退路线等;其次,要检查掘进机的各个系统是否完好、正常，若有一项不完好、不正常，都不能开机使用。

（3）掘进机在工作过程中，要密切注意围岩条件，注意机器各部声音，若听到不正常声响，发现油温超过70℃或液压系统压力值严重波动等时，都应立即停止工作，查明原因，进行处理。不能使机器带病作业。

（4）若巷道断水、喷雾、冷却系统不能工作时；油箱中油位低于油标指示范围时；截齿损坏5把以上时，电气闭锁和防爆性能遭到破坏时；机上的连接螺栓松动时等，都不能开机使用。

（5）掘进机要定期进行保养、检修。易损易坏零部件要及时更换。定期对各部位进行润滑，及时检查油箱油位，油量不足时要及时加油。使机器始终保持完好正常状态。

（6）一旦发生紧急情况，必须用紧急停止开关立即切断电源，断电之前，一定要将截割臂放在底板上。

三、采掘机械事故分析及预防措施

1. 采煤机安全事故分析及预防措施

[案例]

（1）事故经过

某矿某综采工作面交接班后，采煤机上行割煤到距工作面上端头3.5m处停下来，准备反向下行割煤。此时上缺口处有2人分别在处理煤壁和装煤。采煤机副司机在未打招呼的情况下，开动采煤机，致使1人因浮煤受震发生下滑而摔倒，卷入采煤机滚筒致死，另1人受重伤。

（2）事故主要原因

1）违章作业。违反采煤机操作安全的有关规定，没有观察周围是否有人，盲目开动采煤机。

2）安全生产责任制不健全，安全措施不全面，不落实。

（3）事故教训及预防措施

1）上（下）缺口作业人员必须撤到安全地点后，方可允许采煤机进入上（下）缺口作业。

2) 采煤机进入上（下）缺口作业时，采煤机司机必须集中精力，加强观察，发现附近有人员时，必须立即停车。

3) 缺口工在缺口处进行装煤、支柱时，采煤机必须退至距缺口 5 m 处停机，并将截割部离合器打至"断"位，全部操纵手把打到"零"位或"中"位，闭锁紧急停车开关，指定一名司机负责监护，同时要切实做好采煤机的防滑。

4) 采煤机司机必须严格按操作规程的规定进行操作，开机前必须发出开机信号，巡视采煤机附近，确认人员撤到安全地点后，方可依操作规程和要求开动采煤机割煤。

[案例]

(1) 事故经过

某矿一综采队大班接班时，采煤机在工作面上端头。下端头距缺口处上方 2 m 发生冒顶，倾斜长 3.5 m，顶板没有构好，采煤机便到了下端头。当采煤机空车向上牵引时（工作面采用下行单向割煤方式），缺口工 2 人继续构顶，并准备推移工作面输送机，当采煤机牵引到距工作输送机机头 29 m 处时，牵引链突然被拉断，采煤机下滑直到工作面输送机的机头处，将 1 人当场撞死，另 1 人受重伤。

(2) 事故主要原因

1) 工作面倾角达 25°，但没有配备液压防滑绞车，是严重的事故隐患。

2) 采煤机上行空跑时，没有及时推移工作面输送机。

3) 采煤机割煤与煤壁构顶平行作业。

(3) 事故教训及预防措施

1) 工作面倾角超过 15°时，采煤机必须采取可靠的防滑措施，使用液压安全防滑绞车时，两者必须匹配合理，同步运行。

2) 工作面发生冒顶或严重片帮事故后，处理时必须使采煤机和工作面输送机停电闭锁。

3) 采煤机牵引链的标准环等连接环要定期指定专人检查，

发现问题要立即处理。

4) 推移工作面输送机必须严格按作业规程的规定进行,做到及时推移。

2. 掘进机安全事故分析及预防措施

[案例]

(1) 事故经过

某矿 14 号层 309 盘区皮带巷掘进工作面,使用英国多斯科悬臂式煤巷掘进机,工作中司机没有停止截割头的转动,就到工作面检查中心线,结果不小心被截割头割伤致死。

(2) 事故主要原因

操作人员违章作业是事故发生的主要原因。司机离开操作台时,必须断开电气控制回路和掘进机上的隔离开关。

(3) 事故教训及预防措施

1) 严禁掘进机在开动时司机离开操作台。司机离开操作台时,必须断开电气控制回路掘进机上的隔离开关。

2) 掘进机在开动时,其下方不得有人。

[案例]

(1) 事故经过

某矿 13011 掘进工作面,掘进完进行架棚时,由于司机没有切断电源,验收员擅自开动机器,将一掘进工人割伤致死。

(2) 事故主要原因

1) 违章作业。掘进机必须装有只准以专用工具开、闭的电气控制回路开关,专用工具必须由专职司机保管。

2) 架棚时,应切断掘进机上的隔离开关。

(3) 事故教训及预防措施

1) 开、关掘进机的专用工具必须妥善保管,除专职司机外,任何人不得动用。

2) 掘进完时,要及时切断掘进机电源,防止意外事故。

第七节 运输机械安全及事故预防

一、采煤工作面运输机械安全及事故预防

1. 采煤工作面刮板输送机安全使用规定

(1) 采煤工作面的刮板输送机，必须沿刮板输送机安设能发出停止或开动的信号装置，发出信号点的间距，不得超过 15 m。

(2) 刮板输送机的液力耦合器，必须指定人员负责维护，按规定注难燃液。易熔合金塞熔化后，必须立即排除故障，然后进行更换。易熔合金塞必须符合标准，严禁提高熔点或用其他物品代替。

(3) 移动刮板输送机的液压装置，必须完整可靠。移动刮板输送机时，必须有防止冒顶、顶伤人员和损坏设备的安全措施。刮板输送机的机头、机尾必须打牢锚固支柱。

(4) 用刮板输送机运送支架物料时，必须有防止顶人和顶倒支架的安全措施。

(5) 刮板输送机严禁乘人。

2. 执行采煤工作面刮板输送机安全规定的具体措施

(1) 每个采煤工作面必须设有专供人员通行的人行道，禁止在工作面刮板输送机上行走。

(2) 用刮板输送机运送木料、刹杆、金属支柱等物品时，要事先联系好信号，拿取时应抓后头，而且工作地点必须宽敞。

(3) 刮板输送机的信号必须灵敏可靠，要做到在工作面任何地点都可以停住刮板输送机。采煤机操作开关不准使用拉、压式开关，要使用防爆操作按钮式开关。

(4) 刮板输送机机头、机尾必须打压顶子，不少于两根，安设要牢固。刮板输送机机头、机尾必须焊出供打压顶子的装置，压顶子不准打在帮槽上或减速机上。

(5) 工作面坡度超过 25°时，不准用刮板输送机运送物料，刮板输送机要加稳绳。

(6) 工作面整体移刮板输送机时，不准用板皮或金属支柱等支刮板输送机，必须使用推移装置。工作面刮板输送机不准长期带弯曲线运转，工作面要做到支架直、刮板输送机直、煤壁直。

(7) 刮板输送机司机必须经过培训，持证上岗。司机的位置要便于瞭望，又能保证安全，严禁正对刮板输送机头、机尾开车。倒拉的刮板输送机，必须在下顺槽设专职信号工。

(8) 为了保证刮板输送机机头处不发生冒顶，并能使刮板输送机沿工作面掘进方向推移，刮板输送机机头处要采取特殊的支护措施，其支护的材料、方法都必须在作业规程中明确规定。

3. 采煤工作面刮板输送机事故的原因及防治对策

(1) 伤人事故类型

常见的有：断链伤人，飘链伤人，机头机尾翻翘伤人，溜槽拱翘伤人，运料伤人，人在溜槽上摔倒伤人，刮板链挤人，支吊溜槽压人，液力耦合器喷火伤人，联轴器对轮无罩伤人，信号不健全误动作伤人，工作面电缆落入溜槽拉断发生火花引起瓦斯、煤尘爆炸等造成人身伤亡等事故。

(2) 事故原因

1) 人被转动部分绞伤，原因有两种：一是转动部分未装设保护罩，机尾未装设保护板，较大型刮板输送机未设横过小桥等。二是人员麻痹大意不注意安全，或靠近转动部分时违章作业，而被转动部分绞伤。

2) 用刮板输送机运送长料时，由于放料或取料时的操作方式不当，人被挤在木料和支架、煤壁之间，造成挤伤或撞伤。

3) 人员违章乘坐刮板输送机，或在溜槽内行走，当刮板链因某种原因卡住，致使机头或机尾向上翘起，带动刮板链突然向上挑起，将机槽内行走或乘坐人员打伤。

4) 刮板输送机运行中，人员处理故障，或虽停机，但没有挂"有人作业，禁止开机"牌，其他人误开机而造成人身伤亡事故。

5）工作面电缆落入刮板输送机槽内，没有及时吊挂而被拉断，产生电火花，引起煤尘、瓦斯爆炸或火灾，造成人员伤亡。

（3）防治对策

1）凡是转动、传动部位应按规定设置保护罩或保护栏，机尾应设护板，行人处必须设置横过小桥。

2）不准在输送机槽内行走，更不准乘坐刮板输送机。当需要运送长料时，其操作顺序是：放料时，要顺刮板输送机运行方向放长料的前端，后放尾端，取料时，先取尾端，禁取前端。

3）严格执行停机处理故障、停机检修的制度，停机后在开关处要挂上"有人工作，禁止开机"牌，并与采煤机闭锁。严禁运行中清扫刮板输送机。

4）采煤工作面的刮板输送机，必须沿刮板输送机安设能发出停止或开动的信号装置，发出信号点的间距不得超过 15 m。开机前先发出信号，后点动试车，待观察没有异常情况后，再正式开机。

5）移动刮板输送机的液压装置，必须完整可靠。移动刮板输送机时，必须有防止冒顶、顶伤人员和损坏设备的安全措施。刮板输送机机头、机尾必须打牢锚固柱。

6）刮板输送机两侧电缆要按规定认真吊挂，特别是工作面移动的电缆要管理好，防止落入机槽内被刮坏或拉断而造成事故。

7）必须有维修保养制度，并有专人维护，保证设备性能良好。

8）刮板输送机的液力耦合器，必须指定人员负责维护，按规定注难燃液。易熔合金熔化后，必须立即排除故障，然后进行更换。易熔合金塞必须符合标准，严禁提高熔点或用其他物品代替。

[案例] 某矿一综采工作面，采煤机在工作面下端头实施斜切进刀，当采煤机截割到距下出口 6 m 处，移架工在工作面刮板输送机正常运行时，从距机头链轮 0.9 m 处，跨越输送机欲到煤壁侧，因空间狭窄而失手掉到刮板输送机机头槽内，虽被发现并立即停了输送机，但因惯性力作用，使其被刮板链轮咬住衣服而带到机头底部致死。

二、掘进工作面运输机械安全及事故预防

1. 耙斗装载机安全使用及事故预防

（1）耙斗装载机安全使用规定

1）耙斗装载机无机载照明时，在工作面作业区的前方，必须设有良好的防爆照明。

2）耙斗装载机绞车的刹车装置必须完整可靠。

3）必须装有封闭式金属挡绳栏和护耙斗出槽的护栏；在拐弯巷道装岩（煤）时，必须使用可靠的双向辅助导向轮，清理好机道，并有专人指挥和信号联系。

4）耙装作业开始前，瓦斯自动检测报警断电装置的探头，必须悬挂在耙斗作业段的上方。

5）固定钢丝绳滑轮的锚杆及其孔深与牢固程度，必须根据岩性条件作出明确规定。

6）在装煤（岩）前，必须将机身和尾轮固定牢靠。严禁在耙斗运行范围内进行其他工作和行人。在上山移动耙斗装载机时，下方不得有人。上、下山倾角大于 20°时，在司机前方还必须打护身柱或设挡板，并在耙斗装载机前方打戗柱。上、下山使用耙斗装载机时，必须有防止机身下滑的措施。

7）耙斗装载机作业时距掘进工作面的最大允许距离应在作业规程中明确规定。永久支护或临时支护，必须紧跟掘进工作面，严禁空顶作业。

8）在煤（岩）与瓦斯（二氧化碳）突出矿井的煤巷中严禁使用钢丝绳牵引耙斗装载机。

(2) 执行耙斗装载机安全使用规定应注意的事项

1) 开车前一定要发出信号,机器两则不得站人,以免伤人。

2) 操作时,两个制动闸只能一个紧闸,另一个松闸,否则会引起耙斗跳起,甚至拉断钢丝绳。操作过程中钢丝绳的速度要保持均匀,不可使钢丝绳忽松忽紧。

3) 在工作中应随时注意各部运转声音及电动机与轴承的温升情况。

4) 在无矿车或箕斗时,不能将岩石堆放到溜槽上,以免被耙斗挤出或被钢丝绳甩出伤人。

5) 在拐弯巷道工作时,要设专人指挥,因司机看不到作业面,尤其在弯道超过 10 m 时,要设两个专人用信号指挥,一个在作业面,一个在拐弯处。

6) 机器在坡度较大的上、下山工作时,一定要保证机器稳固可靠,尾轮固定严紧,保证人身安全。

(3) 耙斗装载机安全事故分析及预防措施

1) 伤人的类型有:挤压伤人,误操作伤人,上、下山耙斗装载机下滑伤人,钢丝绳与滑轮、槽子、岩石之间摩擦发生火花,引起瓦斯煤尘爆炸伤人。

2) 事故主要原因

①挤压伤人的主要原因有:司机操作侧与巷道帮的距离太小(小于 0.7 m),耙式装载机固定不牢固。

②误操作伤人的原因有:非司机无证操作,同时拉紧两个操作把手,使耙斗飞起伤人。

③下滑伤人的原因是耙斗装载机在巷道倾角比较大的情况下固定不牢而造成的。

④在有瓦斯、煤尘爆炸危险的工作面使用耙斗装载机,耙装过程中,钢丝绳与钢丝绳,钢丝绳与滑轮、槽子、岩石之间,由于摩擦易发生火花,就有瓦斯、煤尘爆炸的危险。

3) 预防措施

①为避免耙斗机挤压伤人,除必须按操作规程作业外,还应做到以下各项:

a. 根据巷道断面大小选择适当型号的耙斗机,保持司机操作侧与巷道帮的距离不小于0.7 m。

b. 机器周围环境应清理干净,不得站在浮矸上操作。

c. 较长距离移动耙装机时,要找好重心,避免翻翘。平巷自拉自移时,导向滑轮要固定在轨道中心线上,机器两侧不许站人,在斜巷移动时,下方不许有人。

d. 耙装机要固定牢靠才能作业。

e. 禁止非司机无证操作。

②为避免误操作伤人,操作时应注意以下事项:

a. 正常耙岩时,不可同时拉紧两个操作把手,以防耙斗飞起,或拔出固定楔,拉断钢丝绳。

b. 耙斗遇到障碍物时,应退回或稍微闸紧尾绳手柄,猛拉主绳使耙斗腾空翻过。遇到大块岩石耙不动时,应将耙斗退回 1~2 m 重耙,不要硬耙。对超过 500 mm 的大块,要预先破碎。

c. 空斗回程时,主绳手把稍微闸紧,使耙斗腾空而过,防止空斗带矸石和下溜槽时翻斗,防止耙斗跳动摇摆,防止滑轮钢丝绳脱槽卡住。

d. 回斗时,应避免碰撞工作面尾轮。

e. 开机前,司机应先发出信号,使其他人注意。

f. 操作过程中,司机要注意机械及电动机声音,电动机温度不得超过 70℃,否则应立即停车,检查处理。

g. 绞车闸轮过度发热时,不能过负荷装岩和连续装岩,应间歇工作或调整闸带。

h. 装岩完毕,应把耙斗拉回到簸箕口处,并将两个手把放在松闸位置,取下置于台车上,把电缆、开关掩护好,切断电源,将照明灯回转 180°,背向工作面,用防护罩罩好,耙斗机离工作面至少 6 m 以外,以免崩坏。

③为了防止耙斗机下滑伤人,应采取以下措施:

a. 上山装岩时

当巷道倾角大于 10°时,机体除了用卡轨器固定外,还要用直径大于 16 mm 的钢丝绳扣穿过两根轨枕,把台车拴在轨枕上,在巷道两侧台车的斜上方底板上,打两根深度大于 0.8 m 的轨道桩,再用直径大于 16 mm 的钢丝绳扣把台车固定在轨道桩上。

移动装载机时,下方不许有人。

当巷道倾角大于 20°时,司机前方还应打上护身点柱和加设挡板,防止滚石伤人,并在耙装机前方加打戗柱,机身下方不准有人平行作业。

b. 下山装岩时

按上山装岩固定机身的方式将机身固定,防止机身下滑。

耙装机下放时,应使用慢速绞车牵引,此时绞车既能下放、提升,又能固定耙装机,绞车的牵引速度不能过快,以免发生跑车事故。

当矿车或箕斗下放接近耙装机时,应减速行驶,以免冲撞耙装机。

④在有瓦斯、煤尘爆炸危险的工作面使用耙斗装载机时,为避免发生瓦斯、煤尘爆炸,应采取以下措施:

a. 耙装作业开始时,瓦斯自动检测报警断电装置的探头,必须悬挂在耙斗作业段的上方。

b. 掘进工作面风流中瓦斯浓度达到 1.5%时,必须停止工作,撤出人员,切断电源,进行处理,电动机或其开关地点附近 20 米以内风流中瓦斯浓度达到 1.5%时,必须停止运转,撤出人员,切断电源,进行处理。

c. 装岩(煤)前及过程中,必须向岩(煤)堆上洒水降尘,防止粉尘飞扬。

d. 使用的牵引钢丝绳质量,必须符合要求,不准打结。

[案例] 某矿 347 m 回风巷掘进工作面,司机开耙斗机时,

将空、重绳把手同时向后扳,使空、重绳同时牵引,将耙斗悬空甩出,击中1人头部死亡。

[案例] 某矿辅助运输巷掘进,在移动耙斗机前,拆去簸箕口,把耙斗放在机尾架上。在推移过程中,机身失去平衡,前部向上翘起,将推车工头部夹在机槽与顶板之间死亡。

2. 铲斗装载机的安全使用及事故预防
(1) 铲斗装载机的安全使用规定
1) 铲斗装载机只准由持证司机操作。
2) 装岩时禁止任何人靠近铲斗的动作范围。
3) 采用不挂车装岩时,矿车必须固定住,并防止向后扣斗时把矸石倒在装岩机与矿车之间的轨道上。
4) 铲斗插入岩堆时,铲斗前口要贴轨面,以免提斗时使装岩机前轮脱轨。
5) 遇有大于 400 mm 的大块岩石,应破碎后装车,小于 400 mm 的大块岩石不准装在矿车的最上面,防止运输提升时颠出车外。
6) 电动机温度超过 70℃,发现有异味、异常声响及无故断电时,必须停机检查处理。
7) 不准用装岩机顶车、拉车,不准用装岩机处理矿车掉道,不准用装岩机拉、顶棚子,不准用装岩机当脚手架。
8) 检查或检修装岩机时,铲斗提起来要固定住,铲斗下不准有人。
9) 装岩机电缆必须吊挂起来,防止压坏。
10) 每班应对装岩机的各个按钮进行检查,试验各部动作是否灵活可靠,如有问题,及时更换或修理。
11) 轨道的铺设,应保持装岩机的最突出部位与岩帮不小于 0.7 m 距离。
(2) 实施铲斗装载机安全规定的具体措施
1) 禁止任何人靠近铲斗的工作范围。

2）铲斗在提起来的时候,如果只用牵引链条拉住,没有用特殊横杆来支撑的话,禁止在铲斗底下进行任何工作,以防铲斗下落压伤工作人员。

3）工作时,禁止清扫链条和减速器外壳的岩尘,不允许站在装载机上注油。

4）操作操纵箱上的按钮时应注意前后人员的安全,以免挤伤人员。

5）拆除或修理电气设备时,应由电工操作,严格遵守停送电制度。

6）没有司机合格证的人员不准开动机器。严禁两个人同时操作一台机器。

7）司机在离开装载机时,必须切断电源。停送电时应事先告诉站在装载机周围的工作人员,以免发生人身事故。

(3) 预防铲斗装载机掉道的措施及注意事项

1）预防措施

①轨道铺设质量要好,轨枕间距、轨距合乎规定,道钉要钉直,紧贴轨底。

②接头要齐,临时道要铺直。

③及时顶趴道,防止前面没有轨,使装岩机前轮掉道。

④临时趴道左右要一样平,与基本轨相嵌处要打好撑木,使趴道向两侧靠紧。

⑤装岩时应先把中间岩石铲几斗,然后再铲两帮。如果先铲两帮,由于阻力和扭矩太大,容易掉道。

⑥铲岩时,要等铲斗完全下落,铲斗的前口贴上轨面时才冲向岩堆,否则很容易受到顶力上抬而掉道。

2）处理掉道时的安全注意事项

①处理掉道时,除了装岩司机及其主要助手外,其他人都要离开装岩机 1 m 以外。

②不准用木头支在操纵箱或按钮盒上进行复轨,严禁将链条

卸下，悬挂在棚梁上，吊起装岩机进行复轨。

③注意保护电缆。

三、巷道运输机械安全及事故预防

1. 胶带输送机的安全使用及事故预防

（1）胶带输送机的安全使用规定

1）必须使用阻燃输送带。

2）巷道内要有充分照明。

3）在机头和机尾有防止人员与驱动滚筒和导向滚筒相接触的防护栏。

4）液力耦合器不准使用可燃性介质。

5）严禁乘人。

6）在胶带输送机巷道中，行人经常跨越胶带输送机的地方，必须设置过桥。

7）可用于物料辅助运输的胶带输送机，必须装有沿线任一地点能紧急停车的装置。

（2）执行胶带输送机安全规定的具体措施

1）在机头和机尾必须装设防止人员与驱动滚筒和导向滚筒相接触的防护栏，防止人员靠近造成滚筒绞人事故。

2）严禁乘坐和踏越胶带输送机，如需站在胶带输送机上检修或检修胶带输送机时，要切断电源并加锁，并在电源开关上悬挂"有人工作，禁止开机"的标志牌。处理胶带打滑、跑偏时，要有安全措施。行人经常跨越胶带输送机的地点，必须设置过桥。

3）胶带输送机启动前要检查胶带输送机上、下和机头、机尾，确认无人后发出启动信号，先断续点动，隔几秒钟后再正式启动。

4）清扫、检修胶带输送机或更换托辊时应停机。运转时，严禁用手或工具拨弄托辊上的煤泥。清扫胶带输送机道时，注意防止铁锹接触到机械运动或转动的部分，该处工作人员的衣着要利索，衣袖要扎紧，长发必须盘在安全帽内。

5）胶带输送机的安装维修质量要达到标准，安设要做到平、直、运转灵活。各种保护装置，如声光信号要齐全、可靠。输送机与巷道两侧距离要符合规定，运行时不危及行人。司机要加强设备保养，发现问题，及时维修，确保胶带输送机安全可靠运行。

（3）胶带输送机着火的原因及预防措施

1）胶带输送机着火的原因。胶带输送机着火事故是矿井采掘事故中死亡人数最多的重大恶性事故。如1979年12月7日某矿务局某矿西一采区运输下山使用的SPJ—800型胶带输送机液力耦合器使用不合格的易熔合金塞，喷火引燃胶带、电缆造成火灾，死亡18人，1986年11月24日，某矿务局某矿由于外部火源引起胶带输送机着火，死亡24人。

胶带着火是因为使用普通胶带和有足够热量和热容量的火源而引起的。火源又以胶带打滑摩擦生热为多。另外，液力耦合器使用不当，喷油着火和外部火源也可以引燃普通胶带。胶带打滑的原因主要是使用维修差，巷道环境不良等。如果设备无安全保护装置，巷道无防火措施和司机擅离职守，可扩大着火的恶性后果。胶带着火事故不仅对生产有较严重影响，而且对人身有重大危害。如果引燃瓦斯、煤尘，会发生重大爆炸事故，其后果不堪设想。

2）预防胶带着火的主要措施

①生产管理方面

a. 必须使用阻燃输送带。

b. 加强司机管理。司机必须经过培训后持证上岗，并能认真执行岗位责任制，发现问题及时处理，做好交接班工作。

c. 巷道内要有充分照明，应保持整洁，无杂物、浮煤，无淤泥、积水。要设消防水泵，每隔50 m设一水阀门，并配备胶管和足够的灭火器材。

d. 加强胶带输送机管理，定人定期巡回检查。加强胶带输送机的维修与保养。液力耦合器不准使用可燃性传动介质及不合格的易熔合金塞。经常保持胶带输送机状态良好。

②技术设施方面

a. 必须装设驱动轮防滑保护、烟雾保护、温度保护和堆煤保护装置。

b. 必须装设自动洒水装置和防跑偏装置。

c. 主要运输巷道内安设胶带输送机，必须装设输送带张紧力下降保护装置和防撕裂保护装置。

d. 在倾斜井巷中使用的胶带输送机，必须装设防逆转装置或制动装置。

e. 采用钢丝绳牵引的胶带输送机，必须装设过速保护、过电流和欠电压保护、钢丝绳和输送带脱槽保护、输送带局部过载保护及钢丝绳拉紧车到达终点和拉紧重锤落地保护。

对上述保护装置要定期检查和试验，保证能及时而有效地动作。

2. 井下电机车的安全使用及事故预防

(1) 井下电机车的安全运行规定

1) 列车或单独机车都必须前有照明、后有红灯。

2) 正常运行时，机车必须在列车前端。调车和处理事故时，不受此限。

3) 同一区段轨道上，不得行驶非机动车辆。如果需要行驶时，必须经井下运输调度站同意。

4) 列车通过的风门，必须设有当列车通过时能够发出在风门两侧都能接收到声光信号的装置。

5) 巷道内应装设路标和警标。机车行近巷道口、硐室口、弯道、道岔、坡度较大或噪声较大等地段，以及前面有车辆或视线有障碍时，都必须减低速度，并发出警报信号。

6) 必须有用矿灯发送紧急停车信号的规定。在非危险情况下，任何人不得使用紧急停车信号。

7) 两机车或两列车在同一轨道同一方向行驶时,必须保持不少于 100 m 的距离。

8) 列车的制动距离,每年至少测定 1 次。运送物料时不得超过 40 m,运送人员时不得超过 20 m。

9) 在弯道或司机视线受阻的区段,应设置列车占线闭塞信号,在新建和改扩建的大型矿井井底车场和运输大巷,应设置信号集中闭塞系统。

(2) 蓄电池电机车安全运行的注意事项

1) 机车司机必须经过安全技术培训,取得安全工作资格证书,持证上岗。

2) 开车前必须发出开车信号,运行中,严禁将头和身体探出车外,司机离开座位时,必须切断电源,取下控制手把保管好,扳紧车闸,但不得关灯。

3) 扳道岔时,必须停机。

4) 机车发生故障时,必须处理好之后再运行,严禁带病作业。

5) 开动时一手徐徐推动控制器,一手控制闸手轮,使速度逐渐增加,加速不得过急。行进中不许用闸控制速度,必须把制动闸松开。

6) 电机车行进中,在正常情况下,严禁换向制动。

7) 机车行近巷道口、硐室口、弯道、道岔、坡度较大或噪声较大等地段,以及前面有车、人员或视线有障碍时,都必须减速,并发警号。

8) 机车过风门后,必须检查风门是否自动关闭。如果未关闭,必须关闭好才可开车前进。

9) 电机车司机要听从登钩工的信号指挥。

10) 电瓶箱上严禁放置导电体及其他重物。

11) 两机车或两列车在同一轨道上同一方向行驶时,必须保持不少于 100 m 的距离。

四、提升常见事故及预防

矿井常见提升事故有断绳、蹲罐、过卷、卡罐、溜罐、跑车、断轴、维修操作等事故。较多的有断绳、过卷事故。

1. 断绳事故预防

引起断绳事故原因很多,钢丝绳质量不合格;松绳引起冲击断绳;负载过重;司机操作不当;保护装置失灵等都可引起断绳事故。

主要预防措施有:

(1) 加强钢丝绳管理。选用钢丝绳应有合格证书,外观无锈蚀和损伤;安全系数符合规定;升降人员或升降人员和物料用的钢丝绳,自悬挂时起隔 6 个月检验 1 次,升降物料用钢丝绳,自悬挂时起 12 个月时进行第 1 次检验,以后每 6 个月检验 1 次。

(2) 提升装置使用中的钢丝绳做定期检验时,安全系数有下列情况之一的,必须更换:专为升降人员用的小于 7;升降人员和物料用的钢丝绳升降人员时小于 7,升降物料时小于 6;专为升降物料用小于 5。

(3) 钢丝绳断丝不超规定;接头长度符合规定。

(4) 防止松绳引起冲击断绳。

(5) 提升时设防过卷装置、防过速装置、过负荷和欠电压保护装置、限速装置、深度指示器失效保护装置、松绳报警装置。

(6) 提升司机严格执行操作规程。

2. 过卷、蹲罐事故预防

当提升容器接近终点时,如不及时减速停车,继续上行时会过卷,继续下行时会蹲罐。过卷和蹲罐事故都是在行车终点位置没有及时停车,所以事故原因很相似。主要有司机操作不当;深度指示器出现故障,造成容器在井筒位置指示不准确;过卷保护装置或紧急制动装置失灵。

主要预防措施有:

(1) 主要提升装置以及提升绞车各部分质量合格,而且派专人检查。

（2）立井使用罐笼提升时，井口、井底和中间运输巷的安全门必须与罐位和提升信号连锁；井口和井底车场必须有把钩工，人员上下井时，必须遵守乘罐制度。

（3）防过卷装置应灵敏可靠，紧急制动装置力矩满足要求。

（4）保证深度指示器工作正常。

（5）提升司机要经过安全培训，持证上岗，严格按操作规程作业。

五、斜井跑车事故原因及预防

斜井运输事故主要有斜井跑车事故、蹬钩碰人事故、行车行人事故、违章摘挂钩事故。其中斜井跑车事故死亡人数最多。

1. 斜井跑车的主要原因

（1）钢丝绳断绳跑车。钢丝绳强度降低；钢丝绳断丝超过规定；绳径减少过限或密封钢丝绳外层钢丝厚度磨损过限；钢丝绳锈蚀过限；钢丝绳出现硬弯或扭结；提升过载；刮卡车辆；拉掉道车辆。

（2）连接件断裂跑车。连接件有疲劳隐裂或裂纹；刮卡车辆张力过大。

（3）矿车底盘槽钢断裂跑车。底盘槽钢锈蚀过限，失于管理；超期服役，遭受严重脱轨冲击形成隐患。

（4）连接销窜出脱轨跑车。没使用防自行脱落的连接装置；轨道或矿车质量低劣，运行颠簸严重。

（5）制动装置不良引起跑车。制动装置出现故障引起制动力不足。

（6）工作失误造成跑车。没挂钩或没挂好钩就将矿车从平巷推下斜巷。未关闭阻车器就推进矿车造成跑车；推车过变坡点存绳，造成坠车冲击绳断绳跑车；下放重载，电动机未送电又没施闸造成带绳跑车；钢丝绳在松弛条件下，提升容器突然自由下放造成松绳冲击。

2. 斜井跑车事故的主要预防措施

(1) 按规定设置可靠的防跑车装置和跑车防护装置,实现"一坡三挡"。

(2) 倾斜井巷运输用的钢丝绳连接装置,在每次换钢丝绳时,必须用 2 倍于其最大静荷重的拉力进行实验。

(3) 对钢丝绳和连接装置必须加强管理,设专人定期检查,发现问题,及时处理。

(4) 矿车要设专人检查。矿车的连接钩环、插销的安全系数不得小于 6。

(5) 矿车之间的连接、矿车和钢丝绳之间的连接必须使用不能自行脱落的装置。

(6) 把钩工要严格执行操作规程,开车前必须认真检查各防跑车装置和跑车防护装置的安全功能,检查各矿车的连接情况、装载情况、牵引车数,不符合规定不准发出开车信号。严禁先打开挡车装置后进行挂钩操作;严禁矿车在没有运行到安全停车位置就提前摘钩;严禁在松绳较多的情况下把矿车强行推过变坡点;严禁用不合格的物件代替有保险作用的插销。

(7) 斜井串车提升,严禁蹬钩。

(8) 斜井轨道和道岔的质量要合格。

(9) 斜井支护完好、轨道上无杂物。

(10) 滚筒上钢丝绳绳头固定牢固。

(11) 绞车操作工严格遵守操作规程,开车前必须认真检查制动装置及其他安全装置,操作时要准、稳、快,特别注意防止松绳冲击现象。

复习思考题

1. 采场局部冒顶的原因有哪些?
2. 冲击地压的主要防治措施有哪些?

3. 爆破事故的预防措施有哪些？
4. 瓦斯爆炸条件是什么？主要危害有哪些？
5. 煤尘爆炸事故防治措施有哪些？
6. 煤与瓦斯突出的机理和特征有哪些？
7. 煤与瓦斯突出预兆有哪些？
8. 防治瓦斯爆炸的措施包括哪些内容？
9. 矿井内因火灾有何特征？主要防治措施有哪些？
10. 矿井突水前，一般有哪些预兆？
11. 什么是"一炮三检"制？什么是"三人连锁"放炮制？
12. 采煤工作面运输机械安全及事故预防措施有哪些？
13. 掘进工作面运输机械安全及事故预防措施有哪些？
14. 如何预防人身触电事故？
15. 井下电机车的安全使用有哪些规定？
16. 斜井跑车的主要原因有哪些？

第七章 避灾自救、创伤急救与职业病预防

第一节 灾害事故发生后的避灾自救与互救

一、概述

在煤矿生产中,一旦发生灾害,要千方百计采取积极有效的措施,救护遇险人员,处理灾害事故,最大限度地减少事故造成的人身伤亡和国家资源、财产的损失。矿井发生灾害事故时,灾区人员正确开展救灾和避灾,能有效地保证灾区人员的自身安全和控制灾情的扩大。特别是在事故初始阶段,事故现场的职工如果能够迅速正确地避灾和积极有效地自救与互救,或对灾害进行处理,这对减轻事故的危害是非常重要的。所谓自救就是当井下发生灾变时,在灾区或受灾变影响区域的每个工作人员进行避灾和保护自己的行为。

为了确保避灾、自救和互救的有效,最大程度地减小损失,每个入井人员都必须熟知以下几个方面内容:

1. 掌握矿井灾害事故的特点和规律,思想上要有"敌情"观念,时刻保持高度警惕。事故发生后要沉着冷静,不要惊慌失措。
2. 熟悉所在矿井的灾害预防和处理计划。
3. 学会识别各种灾害的预兆,学会处理突发事故的方法。
4. 熟悉矿井的井下巷道、避灾路线、安全出口和避灾硐室。
5. 掌握避灾方法,每一下井人员必须随身携带自救器并会

使用自救器。

6．掌握抢救伤员的基本方法及现场急救的操作技术。

大量事实证明，当矿井发生灾害事故后，矿工在万分危急的情况下，依靠自己的智慧和力量，积极、正确地采取救灾、自救、互救措施，是最大限度地减少事故损失的重要环节。

二、灾害事故发生后现场人员的行动准则

1．及时报告灾情

事故发生后，在场人员首先要了解事故的性质、发生时间、地点、灾情以及有无人员伤亡等，迅速地利用最近处的电话或其他方式向矿调度室汇报，并迅速向事故可能波及的区域发出警报，使其他工作人员尽快知道灾情。在汇报灾情时，要将看到的异常现象（如火烟、飞尘等）、听到的异常声响、感觉到的异常冲击如实汇报，不能凭主观想象判定事故性质，以免给领导造成错觉，影响救灾。

2．迅速采取应急措施

为了防止灾害扩大，要针对不同性质的事故，根据当场可能动员的人力，迅速采取应急措施。如冒顶事故，首先要加强支护，防止继续冒落伤人，然后迅速抢救被埋人员；电气火灾，要首先切断电源，然后扑压明火；瓦斯、煤尘爆炸事故，首先要抢救遇险人员，尽快扑灭明火，防止二次爆炸伤人，然后恢复通风；矿井自然发火事故，在有条件的情况下，可采取直接灭火措施。如果火源位于主要入风大巷或入风井底车场和附近硐室，要尽可能采取使烟流短路措施，保障下部采区作业人员安全撤离。

3．以最快速度，选择安全、最近的路线撤离灾区

当灾区现场不具备抢救事故的条件，或可能危及人员的安全时，要以最快速度，选择安全、最近的路线撤离灾区。撤退路线一般应根据灾害的类型、灾害发生时人员的位置确定。因事故造成自己所在地点的有毒有害气体浓度增高，可能危及人员生命安全时，应佩用自救器，或用湿毛巾捂住口鼻等。

如在短时间内无法安全撤离灾区（如通路被冒顶阻塞，在自救器有效工作时间内不能到达安全地点等）时，应迅速进入预先构建的避难硐室或其他安全地点暂时躲避，等待援救，也可利用现场的设施和材料构筑临时避难硐室。如某矿井下配电室发生火灾，53名遇险人员中有45人所处的地点、环境相似，但是在事故发生18 h后，只有18人还活着，现场勘察和被救人员介绍表明：①凡避难位置较高的均死亡，位置较低的绝大部分人保存了生命。②俯卧在底板上并用湿毛巾堵住嘴的人保住了生命。与此相反，特别是迎着烟雾方向的人均死亡。③事故发生后，恐慌乱跑，大哭大叫的人大部分死亡。

4. 保持稳定的心理状态

保持稳定镇静的心理状态非常重要。要保持头脑清醒，行动沉着，决策果断，对事故的发生和可能导致的恶果做出正确的判断和科学的分析，切忌惊慌失措、大喊大叫、四处乱跑。

要迅速调节好情绪，避免恐慌和悲观造成行为的混乱，不能急躁盲动，冒险乱闯。最好在避难硐室内静卧，避免不必要的体力消耗和空气消耗，借以延长待救时间。要树立获救脱险的坚强信念，工友间要互相鼓励，统一意志，以旺盛的斗志和极大的毅力，克服一切艰难困苦，坚持到安全脱险。

三、井下避难所及其使用

井下避难所一种是预先设置的避难硐室，另一种是在事故发生后，因地制宜构筑的临时避难所。井下避难硐室应符合以下要求：

1. 避难硐室设在采掘工作面附近放炮启动地点，避难硐室距工作面的距离应根据具体条件确定。

2. 避难硐室必须设向外开启的隔离门，室内净高不得小于2 m，长度和宽度应根据同时避难的最多人数确定，但每人占用面积不得少于 0.5 m^2。

3. 避难硐室内支护良好，并设有与矿调度室直通电话。

4. 避难硐室内必须设有供给空气的设施,每人供风量不得少于 $0.3 \, m^3/min$。如果用压缩空气供风时,应有减压和过滤装置并带有阀门控制的呼吸管嘴。

5. 避难硐室内应根据避难最多人数,配备足够数量的隔离式自救器。

6. 避难硐室在使用时必须用正压通风。

临时避难所是利用独头巷道、硐室或两道风门之间的巷道,由避难人员临时修建的。所以,应在这些地点事先准备好所需的木板、木桩、黏土、沙子或砖等材料,还应有带阀门的压气管。

使用避难所时应注意:进入临时避难所前一定要在避难硐室外留有衣物、矿灯等明显标志,以便救护队寻找;设法堵好硐口,防止有害气体进入;避灾中,要由有经验的人指挥,保持安静,团结互助,坚定信心,避免不必要的体力消耗,以延长待救时间;注意矿灯和食品的节约,计划使用;有规律地敲打管道、铁轨或岩石等发出求救信号,等待救护人员的援救。在有压气的条件下,要打开压气管阀门。

四、自救器及其作用

自救器是一种轻便、体积小、便于携带、戴用迅速、作用时间短的个人呼吸保护装备。当井下发生火灾、爆炸、煤和瓦斯突出等事故时,供人员佩戴,可有效防止中毒或窒息。

国内外大量事故教训表明,不少遇难者当时如果佩戴自救器是完全可以避免死亡的。例如,在美国1950—1973年事故统计中,由于火灾和瓦斯事故死亡的728人中,就有140人死于无自救器。我国的很多大事故的死亡人员中死于无自救器或不会正确使用自救器者也占大多数。

自救器分为过滤式和隔离式两类(见表7—1)。为确保防护性能,必须定期进行性能检验。

1. 过滤式自救器

表 7—1　　　　　自救器种类及防护特征

种类	名称	防护的有害气体	防护特点
过滤式	CO 过滤式自救器	CO	人员呼吸时所需的 O_2，仍是外界空气中的 O_2
隔离式	化学氧自救器	不限	人员呼吸的 O_2 由自救器本身供给，与外界空气成分无关
隔离式	压缩氧自救器	不限	人员呼吸的 O_2 由自救器本身供给，与外界空气成分无关

过滤式自救器是利用装有化学氧化剂的滤毒装置将有毒空气氧化成无毒空气供佩戴者呼吸用的呼吸保护器。仅能防护一氧化碳一种气体。适用于灾区内空气中氧浓度不低于 18% 和一氧化碳浓度不高于 1.5% 的情况。其使用方法如图 7—1 所示。

过滤式自救器使用注意事项主要有以下几点：

(1) 在井下工作，当发现有火灾或瓦斯爆炸现象时，必须立即佩用自救器，撤离现场。

(2) 佩用自救器时，当空气中一氧化碳浓度达到或超过 0.5%，吸气时会有些干、热的感觉，这是自救器有效工作的正常现象。必须佩用到安全地带，方能取下自救器，切不可因干、热感觉而取下。

(3) 佩用自救器撤离时，要求匀速行走，保持呼吸均匀。禁止狂奔和取下鼻夹、口具或通过口具讲话。

(4) 在佩用自救器时，因外壳碰瘪，不能取出过滤罐，则带着外壳也能呼吸。为了减轻牙齿的负荷可以用手托住罐体。

(5) 平时要避免摔落、碰撞自救器，也不许当坐垫用，防止漏气失效。

2. 化学氧自救器

它是利用化学生氧物质产生氧气，供矿工从灾区撤退脱险用的呼吸保护器。用于灾区环境大气中缺氧或存在有毒气体的条件下。

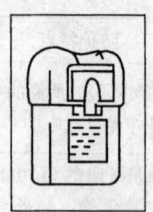
（1）自救器成品外形图

（2）自救器携带位置

（3）取下保护罩

（4）用拇指掀起红色的开启扳手

（5）一直扳到打开外壳密封

（6）用拇指和食指握住红色开启扳手，拉开封口带

（7）拔开外壳上盖

（8）握住头带，把药罐从外壳中拉出

（9）从口具上拉开鼻夹

（10）把口具片塞进嘴内，咬住牙垫，唇紧贴住口具，马上开始用口腔呼吸

（11）拉开鼻夹，把它夹在鼻子上

（12）初步佩戴完成，自救器已提供疗效保护

（13）取下矿工帽，把头带套在头顶上

（14）戴上矿工帽，开始撤离危险区

（15）如外壳碰瘪，过滤罐取不出来，可以佩戴着外罐壳的过滤药罐呼吸

图 7—1 AZL-40 型过滤式自救器使用方法

使用时按以下步骤进行：

(1) 佩戴时，将腰带穿入自救器腰带环内，并固定在背部后侧腰间。

(2) 使用时，先将自救器沿腰带转到右侧腹前，左手托底，右手下拉护罩胶片，使护罩挂钩脱离壳体丢掉。再用右手掰锁口带扳手直至封条断开，丢开锁口带。

(3) 左手抓住下外壳，右手将上外壳用力拔下丢掉。

(4) 将挎带套在脖子上。

(5) 用力提起口具，立即拔掉口具塞并同时将口具放入口中，口具片置于唇齿之间，牙齿紧紧咬住牙垫，紧闭嘴唇。

(6) 两手同时抓住两个鼻夹垫的圆柱形把柄，将弹簧拉开，憋住一口气，使鼻夹垫准确地夹住鼻子。

(7) 戴好头带。将头带分开，一根戴在头顶，一根戴在后脑上。

(8) 戴好安全帽，迅速撤离灾区。

(9) 撤离灾区时若感到吸气不足，应放慢脚步，做长呼吸，待气量充足时再快步行走。

3. 压缩氧自救器

它是利用压缩氧气供氧的隔离式呼吸保护器，是一种可反复多次使用的自救器，每次使用后只需要更换新吸收二氧化碳的氢氧化钙吸收剂和重新充装氧气即可重复使用。用于有有毒气体或缺氧的环境条件下。

(1) 使用方法

1) 携带时挎在肩膀上。

2) 使用时，先打开外壳封口带扳把。

3) 再打开上盖，然后左手抓住氧气瓶，右手用力向上提上盖，此时氧气瓶开关即自动打开，随后将主机从下壳中拖出。

4) 摘下帽子，挎上挎带。

5) 拔开口具塞，将口具放入嘴内，牙齿咬住牙垫。

6) 将鼻夹夹在鼻子上，开始呼吸。

7) 在呼吸的同时，按动补给按钮，大约 1~2 s，气囊充满后立即停止（使用过程中发现气囊空，供气不足时，按上述方法操作）。

8) 挂上腰钩。

（2）注意事项

1) 高压氧气瓶储装有 20 MPa 的氧气，携带过程中要防止撞击磕碰，不要当坐垫使用。

2) 携带过程中严禁开启扳把。

3) 佩用撤离时，严禁摘掉口具、鼻夹或通过口具讲话。

4. 自救器的选用原则

对于流动性较大、可能会遇到各种灾害威胁的人员（如测风员、瓦斯检查员）应选用隔离式自救器。就地点而言，在煤与瓦斯突出矿井或突出区域的采掘工作面和瓦斯矿井的掘进工作面，应选用隔离式自救器（因这些地点发生事故后，往往是空气中 O_2 浓度过低或 CO 浓度过高）。其他情况下，一般可选用过滤式自救器。

五、各类灾害事故时避灾自救与互救措施

1. 瓦斯、煤尘爆炸时的自救、互救

瓦斯、煤尘爆炸会产生巨大声响及高温、有毒的气体和炽热的火焰冲击波，并在一刹那间造成严重的人员伤亡和矿井毁坏。其避灾自救时的要点如下：

（1）当灾害发生时，一定要镇静清醒不要惊慌失措、乱喊乱跑，应立即背朝声响和气浪传来的方向，脸朝下卧倒，头部要尽量低，双手置于身体下面，闭上眼睛，用衣服等物尽量将身体的裸露部分盖严，有水沟的地方最好躲在水沟边上或坚固的障碍物后面。

（2）在爆炸的瞬间，要屏住呼吸，用湿毛巾捂住口鼻，防止吸入有毒的高温气体，避免中毒和灼伤气管、内脏。

(3) 迅速取下自救器，按照使用方法戴好，高温气浪及冲击波过后，应立即辨别方向，以最快的速度进入新鲜风流区，并按照避灾路线，尽快逃离灾区。

(4) 已无法逃离灾区时，应设法进入避难硐室，或在顶板坚固、支护完整、无有害气体，有水源或距水源较近的地方构筑临时避难所暂避，等待救援。

2. 煤与瓦斯突出时的自救与互救

(1) 发现突出预兆后现场人员的避灾措施

1) 矿工在采煤工作面发现有突出预兆时，要以最快的速度通知人员迅速向进风侧撤离。撤离中快速打开隔离式自救器并佩用好，迎着新鲜风流继续外撤。如果距离新鲜风流太远时，应首先到避难所、或利用压风自救系统进行自救。

2) 掘进工作面发现煤和瓦斯突出的预兆时，必须向外迅速撤至防突反向风门之外，把防突风门关好，然后继续外撤。如自救器发生故障或佩用自救器不能安全到达新鲜风流时，应撤出途中到避难所或利用压风自救系统进行自救，等待救护队援救。

(2) 发生突出事故后现场人员的避灾措施

井下发生煤与瓦斯突出事故时，开展自救、互救的注意事项：

1) 佩戴隔离式自救器保护自己。在有煤与瓦斯突出危险地区工作时，要把自己的隔离式自救器随身携带，一旦发生煤与瓦斯突出事故，立即打开外壳佩戴好，迅速外撤。

2) 在撤退途中，如果退路被堵，或自救器有效时间不够，可到矿井专门设置的井下避难所或压风自救装置处暂避，进入可避难地点。可寻找有压缩空气管或铁风管的巷道、硐室躲避。这时要把管子的螺钉接头卸开，形成正压通风，延长避难时间，并设法与外界取得联系。

3) 在新鲜风流区域的矿工要组织起来，听从统一指挥，积极参加救护工作。但首先要通过电话或其他通信方式向领导或调度室报告事故发生的时间、地点、遇险人数及其他情况，阻止没有佩戴自救器的人员进入灾区。

3. 井下发生火灾时的自救、互救

在井下不论任何人发现烟气或明火等火灾灾情，应立即向现场领导人汇报，并迅速通知附近工作的人员。现场人员要立即组织起来，在尽可能判明事故性质、地点及灾害程度、蔓延方向等情况的同时，迅速向矿调度室报告，请求救护队的援救，并立即投入抢救。

抢救时，应及时切断灾区的电源，并迅速通知或协助撤出受火灾影响区域内的人员。如果火势不大，应根据现场条件，立即组织力量将火直接扑灭。如果火灾范围大或火势猛，则应在撤出灾区人员，保证自身安全的前提下，采取稳定风流，控制火势发展，防止人员中毒和预防瓦斯、煤尘爆炸的措施，并随时保持和地面指挥部的联系，根据指挥部的命令行事。

如果现场人员无力抢救，同时人身安全有受到威胁的可能，或是其他地区发生火灾，接到撤退命令时，就要立即安全撤退。撤退时，不可惊慌失措，盲目行动。首先戴好自救器有组织地向火灾燃烧的相反方向撤退。最好利用平行巷道，迎着新鲜风流绕过火区，进入安全地点。

在有烟雾的巷道里撤退时，应当注意：

（1）在有烟雾的巷道里停留避难或是建立避灾场所的可能性不大，所以，应当采取果断措施迅速脱离现场，撤到有新鲜风流的巷道。

（2）必须及时佩戴好自救器，若自救器失效，应在口鼻处捂湿毛巾。

（3）位于火源进风侧人员，应迎着新鲜风流撤退。如果位于火源回风侧的人员距火源较近，附近有脱险的通道，而且又有脱险的把握时，可以逆烟撤退，迅速穿过火区撤到火源进风侧。如果位于火源回风侧的人员距火源较远，在烟气没有到达之前，可顺着风流尽快从回风出口撤到新鲜风流中去。如果在撤退途中遇到烟气有中毒危险时,应迅速戴好自救器尽快通过捷径绕到新鲜风流中去。

(4) 撤退途中,如果有平行并列巷道或交叉巷道时,应靠有平行并列巷道或交叉巷口的一侧撤退,并随时注意这些出口的位置。在烟雾大、视线不清楚的情况下,要摸着巷道壁前进,以免错过联通出口。

在烟雾不严重的情况下,应尽量躬身弯腰,低头快速前进,如烟雾大、视线不清或温度高时,则应尽量贴着巷道底板和巷道壁,摸着铁道或管道等快速爬行撤退。

(5) 在高温浓烟的巷道撤退时,还应注意利用巷道积水浸湿毛巾、衣物,或采用向身上淋水等方法进行降温,或是利用随身衣物遮挡头部,以防高温烟气的刺激。

(6) 如果在自救器有效作用时间内不能安全撤退时,应寻找有压风管路的地点,用压风呼吸。

(7) 无论逆风或顺风撤退,都无法躲避着火巷道或火灾烟气的危害时,应迅速进入避难硐室,或构筑临时避难所,等待救援。

(8) 无论在多么危险紧急的情况下,都不要惊慌,不要狂奔乱跑。那样很容易疲劳,降低抵抗能力、分析能力、行动能力,过度的紧张和恐惧还会造成精神及行动失常。

[案例] 某矿井下绞车房因绞车控制器短路引起火灾。当时因现场无人,火势发展很快。起火不久,有通风区和救护队4名工人途经该处发现火情,凶猛的火势和烟雾已弥漫了整个绞车房,浓烟正向采区进风巷蔓延,直接威胁着整个采区数百名工人的生命安全。这4个人立即采取果断措施,切断了绞车房的电源,就地利用现场沙子和黄土拼力灭火,同时迅速向矿调度室汇报。救护队很快下井来到现场,迅速将大火扑灭,避免了一场恶性事故。

[案例] 某矿胶带巷发生电气火灾,当时在附近一个采煤工奔向火区,结果不幸在火源附近遇难。

4. 发生冒顶事故时的自救、互救

一旦发生冒顶事故,现场人员应立即采取措施进行自救或互救。现场营救时要注意:

(1) 当冒落的煤、矸埋压住人时,不可惊慌,要在有经验的干部或老工人指挥下,严密监视冒落的顶板及两帮情况,先由外向里进行临时支护,打通安全退路,防止顶板继续冒落伤人,再组织人力迅速抢救被埋在煤、矸下面的遇险者。

(2) 抢救时要仔细分析遇险者的位置和被压情况,尽量不要破坏冒落矸石的堆积状态,小心谨慎地把遇险者身上的煤、矸搬开,救出伤员。若矸石太大,应多人用撬杠、千斤顶等工具从四周将大矸石块抬起来,用木柱撑牢,再将伤员救出;千万不要盲目用镐刨、锤打、掀滚、拉扯等方法,以免加重遇险者的伤势。

(3) 救出伤员后及时采取止血、包扎、骨折固定等救护措施,发生休克时要及时予以抢救,并迅速送往医院急救。

(4) 若垮面、冒顶将人员堵在独头巷道内,被堵人员要沉着、冷静,不要惊慌混乱。要找安全地点坐下,根据现场情况进行自救。

(5) 若冒顶面积较大,处理时间较长,被堵人员要静卧休息,减少氧气消耗。有压风管路时,可打开阀门,放气供人呼吸。要注意节约使用矿灯、食物和水。若冒落的煤和矸石量不太大,有可能扒通出口时,应由老工人监视顶板,其他人员采取轮流擂扒的办法进行自救,并间断性敲打金属物,发出求救信号。

在独头巷道迎头发生冒顶时,被堵人员应采取以下避灾自救措施。

1) 遇险人员要正视已发生的灾害,切忌惊慌失措,应迅速组织起来,主动听从灾区中班组长和有经验老工人的指挥。团结协作,尽量减少体力和隔堵区的氧气消耗,有计划地使用饮水、食物和矿灯等。做好较长时间避灾的准备。

2）如人员被困地点有电话，应立即用电话汇报灾情、遇险人数和计划采取的避灾自救措施；否则，应采用敲击钢轨、管道和岩石等方法，发出有规律的呼救信号，并每隔一定时间敲击一次。不间断地发出信号，以便营救人员了解灾情，组织力量进行抢救。

3）维护加固冒落地点和人员躲避处的支架，并经常派人检查，以防止冒顶进一步扩大，保障被堵人员避灾时的安全。

4）如人员被困地点有压风管，应打开压风管给被困人员输送新鲜空气，并稀释被隔堵空间的瓦斯浓度。但要注意保暖。

5. 井下透水时的自救、互救

发现透水预兆，要立即向调度室汇报，若是情况紧急，透水即将发生，必须立即发出警报，迅速采取果断措施，防止透水发生，并及时撤出所有受水害威胁的人员。水害发生后，要以最快方式通知附近地区的工作人员一起撤退并注意：

（1）撤退要服从命令，不可慌乱，要注意往高处走，并沿预定的避灾路线出井。

（2）位于透水点下方的工作人员，撤离时遇到水势很猛和很高的水头时，要尽力屏住呼吸，用手拽住管路等物，防止呛水和溺水，奋勇闯过水头，借助管路、巷道壁及其他物体，迅速撤往安全地点。

（3）当外出道路已被水阻隔，无法撤出时，应选择地势最高、离井筒或大巷最近地点，或上山独头巷道暂时躲避。被堵在上山独头巷道内的人员，要有长时间被堵的思想准备，要节约使用矿灯和食品，有规律地敲打铁管、铁轨发出求救信号。同时，要发扬团结互助的精神，共同克服困难；要忍饥静卧，降低消耗，饮水延命，等待援救脱险，坚信上级会全力营救，能够安全脱险。

（4）若透水来自老空、老窑积水，因同时会有大量有毒气体涌出,撤离时要迅速戴好自救器,或用湿毛巾掩住口鼻,以防中毒或窒息。

(5) 撤离途中经过水门时,最后一个人撤出后要立即紧紧关住水闸门。水泵司机在没有接到救灾指挥部撤离命令前,绝对不准离开工作岗位。

[案例] 某矿井下掘进时透老空积水,涌出 3 700 m³ 积水和大量的硫化氢气体,使井下多名矿工遇险。事故发生后,从斜井井口向外喷出黄绿色的气体(事后测定硫化氢浓度高达 0.1%)。矿上急于救人,在无任何防护措施的情况下,盲目行动,冒险入井,结果行进不到 20 m,便有 17 名职工发生严重中毒,其中 4 人死亡。

第二节 事故创伤的现场急救

一、创伤急救的意义、主要内容和原则

1. 煤矿井下现场急救的概念

创伤急救,或者说创伤现场急救,是在事故创伤发生的现场实施的,以紧急挽救伤员生命或防止伤情恶化或发展(二次损伤)为目的的院前抢救措施的总称。

2. 创伤现场急救的意义

煤矿创伤大体分为机械性、非机械性和爆炸性三大类,以机械性外伤为最多。致伤方式有冒顶、片帮、机械撞击或切、割、绞以及放炮、爆炸、触电、溺水、中毒及窒息等,以冒顶和爆炸为最严重。

在煤矿生产过程中,当发生人身损伤事故时,应首先抢救伤员。对于机械创伤、触电、气体中毒、溺水等的伤员,采取及时的现场急救措施,对挽救伤员的生命或避免伤情恶化具有十分重要的意义,为进一步送医院治疗康复赢得宝贵的时间。如:冒顶埋人，现场及时救人，清除口、鼻中异物并进行人工呼吸，伤员即可立即得救；给血管破裂出血伤员及时止血，可防止休克，使生命得到挽救；脊柱损伤的伤员若能得到正确的搬运，可防止继发损伤，避免致残截瘫；对心跳、呼吸停止的伤员立即进行心肺复苏，对挽救生命是非常重要的。

据统计，严重创伤引起休克的伤员中，有 2/3 在 25 min 内死亡。而这 2/3 的伤员若能在 25 min 内经有效急救处理，可以挽救 50% 的人的生命。实际上，对于已引起心跳骤停的伤员来说，可以挽救生命的时间只有 4~6 min。

大量事实表明：2 min 以内进行抢救的成功率可达 70%；4 min 以内进行抢救的成功率可达 43%；6 min 以内进行抢救的成功率为 10%；10 min 以后进行抢救的成功率更小。延误抢救时机，即使经过抢救伤员有了心跳与呼吸，却没有意识，成为"植物人"，或更多的伤员因为失去抢救机会而死亡。若完全依赖医务人员抢救，可能会耽误许多宝贵的时间，或使伤员失去生存的希望。因此，只有让每个人都懂得现场急救的知识，在现场直接实施抢救措施，才能最大限度地争取时间挽救伤员的生命。由此可见，事故创伤的现场急救具有十分重要的意义。

3. 创伤现场急救的主要内容

创伤现场急救主要有通畅呼吸道、人工呼吸、心脏复苏、止血、包扎、骨折临时固定和伤员搬运和抗休克等内容。

4. 创伤现场急救的原则

矿井中发生火灾、爆炸、水灾、冒顶等事故后，可能出现中毒、窒息、烧伤、大出血、骨折等伤员。救护队到来之前，在场人员应对这些伤员进行及时、合适的急救，并必须遵守"三先三后"的原则：

(1) 对窒息（呼吸道完全堵塞）或心跳呼吸刚停止不久的伤员，必须先复苏（即通畅呼吸道、人工呼吸、胸外心脏按压）后搬运。

(2) 对出血伤员，先止血后搬运。

(3) 对骨折的伤员，先固定后搬运。

二、伤情的判断与分类

在井下事故中，一旦出现大批伤员，一般是先救重伤员，后救轻伤员，下面简单介绍一下如何判断伤员的伤情。

首先检查心跳、呼吸和瞳孔三大体征，并观察伤员的神志情况。正常人心跳每分钟60～100次，严重创伤、大出血时，心跳多增快。正常人呼吸每分钟16～18次，垂危伤员呼吸多变快、变浅或不规则。正常人两侧瞳孔等大等圆，遇到光线能迅速收缩变小，医学上称之为对光反应存在。严重颅脑伤的伤员，两侧瞳孔可不等大，对光反应迟钝或消失。正常人神志清楚，对外来刺激有反应，伤势严重的伤员神志模糊或昏迷，对外来刺激没有反应。通过以上简单的检查就可以对伤情的轻重做出初步的判断。

根据伤情的轻重大致可将伤员分为3类：

1. 危重伤员。外伤性窒息、心脏骤停、深度昏迷、严重休克、大出血等类伤员须立即抢救，并在严密观察或抢救下，迅速送到医院。

2. 重伤员。骨折及脱位、严重挤压伤、大面积软组织挫伤、内脏损伤等，这类伤员多需手术治疗。对需要做手术的应迅速送医院，对暂缓手术的应注意预防休克。

3. 轻伤员。软组织擦伤、裂伤、一般挫伤等可在井口保健站进行处理，不必送医院。

如遇到一个伤员有多处外伤或复合伤时，应先使伤员的呼吸道通畅、止住大出血和防止休克，其次处理骨折，最后处理一般伤口。

三、心肺复苏

(1) 心肺复苏的操作步骤

1) 判断有无意识。轻轻摇动被抢救者的肩部，高声喊叫其姓名，或问："喂！你怎么啦？"若无反应，立即用手指掐人中或合谷穴约 5 s。

2) 呼救。一旦确定被抢救者昏迷，立即呼喊周围人前来协助抢救。煤矿井下不同于地面，若呼救无人，应抓紧抢救，不能因喊人延误抢救时机。

3) 摆正体位。被抢救者的正确体位是仰卧位，头、颈、躯干应平直无扭曲。如果被抢救者面部朝下，呈俯卧或侧卧位，应小心转动，使全身各部分呈整体慢慢转动。特别要注意保护颈部，可一手托住颈部，一手扶着肩部，平稳地将其转动为仰卧位。接着解开上衣、皮带。

4) 疏通呼吸道。应首先清除呼吸道异物，然后采用仰头抬颌（或抬颈）法，使下颌和咽喉间被拉紧，舌根被连带上提，打开呼吸道。

5) 判断呼吸是否存在。在畅通呼吸道后，用耳贴近被抢救者的口鼻，头部侧向被抢救者的胸部，眼观其胸部有无起伏，面部感觉有无气体排出，耳听呼吸道有无气流通过的声音。若无呼吸，立即进行人工呼吸（见图 7—4）。

6) 判断有无脉搏。颈动脉靠近心脏，易于反映心脏情况，同时颈部暴露，便于迅速触摸。方法是：用食指及中指尖先触及被救者的喉结，然后向旁边滑移 2～3 cm。在气管旁软组织处轻轻触摸颈动脉是否搏动，切忌用力过大。以免颈动脉受压，妨碍头部供血。若摸不到脉搏，可断定被救者心跳已停止，应立即施行胸外心脏按压术。

(2) 心脏复苏

心脏停止跳动有两种情况：一种是先发生呼吸衰竭，抢救无效又导致心跳停止；另一种是一开始就出现心跳停止，如中毒、触电等情况下。心脏复苏操作主要有心前区叩击术和胸外心脏按压术两种方法。

1) 心前区叩击术。

在心脏停搏后 1～2 分钟内，心脏的应激性是增强的，叩击心前区，往往可使心脏复跳。

叩击位置：从左侧乳头到胸正中之间的部位都可以。操作方法：用手握拳，举到距离胸壁上方约一尺左右的高处，连续叩击3～5次，如图7—2所示。并观察脉搏、心音，若恢复则表示复苏成功，反之，应立即放弃，改行胸外心脏按压术。

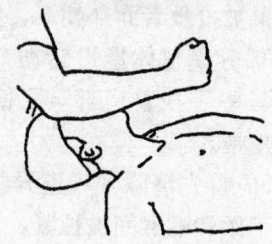

图7—2 心前区叩击

2）胸外心脏按压术。

此法适用于各种原因造成的心跳骤停者。在胸外心脏按压前，应先作心前区叩击术，如果叩击无效，应及时正确地进行胸外心脏按压。其操作方法是：首先将伤员仰卧木板上或地上，解开其上衣和腰带，脱掉鞋。救护者位于伤员一侧，手掌面与前臂垂直，一手掌面压在另一手掌面上，使双手重叠，掌根置于伤员胸骨中下1/3交界处（其下方为心脏）（见图7—3），以双肘和臂肩之力有节奏地、冲击式地向脊柱方向用力按压，使胸骨压下

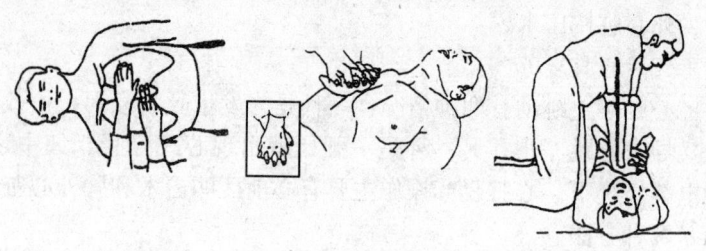

图7—3 心脏按压

4～5 cm（有胸骨下陷的感觉即可）；按压后，迅速抬手使胸骨复位，以利于心脏的舒张。按压次数，每分钟 100 次。

使用此法时的注意事项是：

1）按压的力量应因人而异。对身强力壮的伤员，按压力量可大些；对年老体弱的伤员，力量宜小些。按压的力量要稳健有力，均匀规则，重力应放在手掌根部，着力仅在胸骨处，切勿在心尖部按压，同时注意用力不能过猛，否则可致肋骨骨折、心包积血或引起气胸等。

2）胸外心脏按压与口对口吹气应同时施行，一般每按压心脏 30 次，做口对口吹气 2 次。按压与吹气以 30∶2 比率进行 5 个周期的循环后触摸颈动脉约 5 s 判断抢救效果。

3）按压显效时，可摸到颈总动脉、股动脉搏动，散大的瞳孔开始缩小，口唇、皮肤转为红润。

（3）人工呼吸

人工呼吸适用于触电休克、溺水、有害气体中毒、窒息或外伤窒息等引起的呼吸停止、假死状态者。如果呼吸停止不久大都能通过人工呼吸抢救过来。

在施行人工呼吸前，先要将伤员运送到安全、通风良好的地点，将伤员领口解开，放松腰带，注意保持体温。腰背部要垫上软的衣服等。应先清除口中脏物，把舌头拉出或压住，防止堵住喉咙，妨碍呼吸。各种有效的人工呼吸都必须在呼吸道畅通的前提下进行。常用的方法有口对口吹气法、仰卧压胸法和俯卧压背法 3 种。

1）口对口吹气法。

口对口吹气法是效果最好、操作最简单的一种人工呼吸方法。操作前使伤员仰卧，救护者在其头的一侧，一手托起伤员下颌，并尽量使其头部后仰，另一手将其鼻孔捏住，以免吹气时，从鼻孔漏气；自己深吸一口气，紧对伤员的口将气吹入，使伤员吸气（见图 7—4）。然后，松开捏鼻的手，并用一手压其胸部以帮助伤员呼气。如此有节律地、均匀地反复进行，每分钟应吹气14～16次。注意吹气时切勿过猛、过短，也不宜过长，以占一次呼吸周期的1/3为宜。

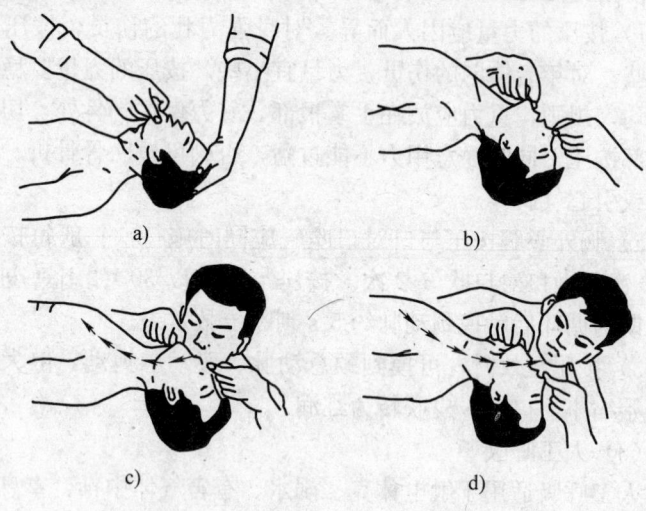

图7—4 口对口吹气人工呼吸法

2）仰卧压胸法。

让伤员仰卧，救护者跪跨在伤员大腿两侧，两手拇指向内，其余四指向外伸开，平放在其胸部两侧乳头之下，借半身重力压伤员胸部，挤出伤员肺内空气；然后，救护者身体后仰，除去压力，伤员胸部依其弹性自然扩张，使空气吸入肺内。如此有节律地进行，要求每分钟压胸16～20次（见图7—5）。

此法不适用于胸部外伤或 SO_2、NO_2 中毒者，也不能与胸外心脏按压法同时进行。

3）俯卧压背法。

此法与仰卧压胸法操作法大致相同，只是伤员俯卧，救护者跪跨在伤员大腿两侧（见图7—6）。因为这种方法便于排出肺内水分，因而对溺水急救较为适合。

图7—5 仰卧压胸人工呼吸法

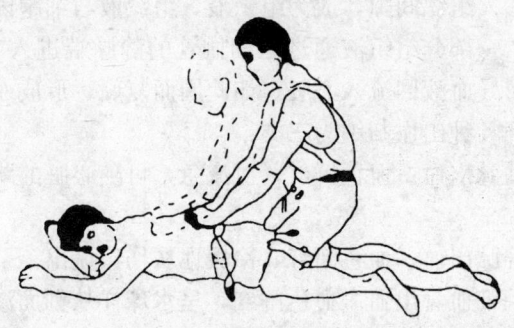

图7—6 俯卧压背人工呼吸法

四、止血

1. 概述

血液是红色黏稠的液体，在血管中流动。我国成年男子的全身血液总量占体重的8%，女子血液总量占体重的7.5%。血量一般用容积表示，1 000 mL相当于1 kg，一个60 kg重的男子血液总量为4 800 mL左右。创伤会使血管破裂出血，特别是较大的动脉血管损伤，会引起大出血，在伤员失血量达全身血液总量的20%以上时，生命活动就有困难，出现面色苍白、出冷汗、口渴、四肢发凉、脉快、血压下降、烦躁不安等；伤员失血量达全身血液总量30%以上时，就有死亡的危险，急性出血一次达到 800~1 000 mL 时，就会有生命危险。除上述症状外，可出现表情淡漠、意识模糊、紫绀、呼吸困难等，一般情况会迅速恶化，如果抢救不及时或处理不当，就会使伤员出血过多而死亡。因此，要迅速、正确、有效地止血。

2. 出血的种类与判断

心血管系统包括心脏、动脉、静脉和毛细血管。心脏是循环系统的中心枢纽，血液在心肌节律收缩的推动下，带着氧气和营养物质，先后经过大动脉、小动脉和毛细血管到达组织。血液到达各器官组织的毛细血管时，其中一部分液体成分就从毛细血管的动脉端渗入组织间隙，成为组织液，组织液与细胞内液进行交换。此后，一部分组织液通过毛细血管的静脉端进入毛细血管，再由静脉引导血液回流入心脏。如此周而复始，形成血液循环。

通常把各种出血归纳为三类：

（1）动脉出血。血色鲜红，血流急，可随心脏的跳动从伤口向外喷射。

（2）静脉出血。血色暗红，徐缓地从伤口流出。

（3）毛细血管出血。血色鲜红，呈水珠样从创面渗出，常找不到明显出血点，可自行凝结。

在估计伤员失血过多的时候，应先判断是外出血还是内出血，是大血管破裂还是中、小血管破裂，以便采取相应的止血措施。

外出血使人一见可知，不易忽视，然而在紧急情况下，背部伤口出血或被衣服遮盖，外边看不到血迹常被忽视，应引起急救者的注意，尤其是内出血更要引起注意。当伤员出现面色苍白、出冷汗、口渴、脉快而弱、血压低四肢发凉、呼吸浅快、意识障碍等情况，而身体表面无血迹时，要考虑到伤员有内出血的可能性。

3. 止血法

止血方法很多，常用暂时性的止血方法有以下几种：

(1) 指压止血法

即在伤口附近靠近心脏一端的动脉处,用拇指压住出血的血管,以阻断血流。此法是用于头面部及四肢大出血的暂时性止血措施;在指压止血的同时,应立即寻找材料,准备换用其他止血方法。

(2) 加垫屈肢止血法

当前臂和小腿动脉出血不能制止时,如果没有骨折和关节脱位,这时可采用加垫屈肢止血法止血(见图7—7)。

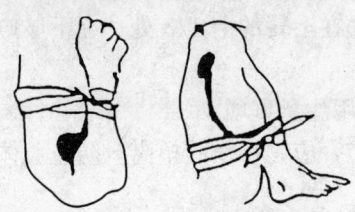

图7—7 加垫屈肢止血

在肘窝处或膝窝处放入叠好的毛巾或布卷,然后屈肘关节或屈膝关节,再用绷带或宽布条等将前臂与上臂或小腿与大腿固定。

(3) 止血带止血法

当上肢或下肢大出血时,在井下可就地取材,使用胶管或止血带等,压迫出血伤口的近心端进行止血(见图7—8)。

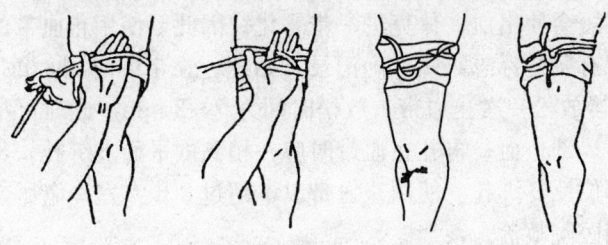

图7—8 止血带止血

1) 止血带的使用方法

①在伤口近心端上方先加垫。

②急救者左手拿止血带,上端留5寸(17 cm),紧贴加垫处。

③右手拿止血带长端,拉紧环绕伤肢伤口近心端上方两周,然后将止血带交左手中、食指夹紧。

④左手中、食指夹止血带,顺着肢体下拉成环。

⑤将上端一头插入环中拉紧固定。

⑥在上肢应扎在上臂的上1/3处,在下肢应扎在大腿的中下1/3处。

2) 止血带使用注意事项

①扎止血带前,应先将伤肢抬高,防止肢体远端因淤血而增加失血量。

②扎止血带时要有衬垫,不能直接扎在皮肤上,以免损伤皮下神经。

③前臂和小腿不适于扎止血带,因其均有两根平行的骨干,骨间可通血流,所以止血效果差。但在肢体离断后的残端可使用止血带,要尽量扎在靠近残端处。

④禁止扎在上臂的中段,以免压伤桡神经,引起腕下垂。

⑤止血带的压力要适中,既阻断血流又不损伤周围组织。

⑥止血带止血持续时间一般不超过1 h,太长可导致肢体坏死,太短会使出血、休克进一步恶化。因此,使用止血带的伤员必须配有明显标志,并准确记录开始扎止血带的时间,每0.5~1 h缓慢放松一次止血带,放松时间为1~3 min,此时可抬高伤肢压迫局部止血;再扎止血带时应在稍高的平面上绑扎,不可在同一部位反复绑扎。使用止血带以不超过2 h为宜,应尽快将伤员送到医院救治。

(4) 加压包扎止血法

主要适用于静脉出血的止血。其方法是:将干净的纱布、毛巾或布料等盖在伤口处，然后用绷带或布条适当加压包扎，即可止血。压力的松紧度以能达到止血而不影响伤肢血循环为宜。

五、创伤包扎

包扎的目的：保护伤口和创面，减少感染，减轻痛苦，加压包扎还有止血的作用；用夹板固定骨折的肢体时需要包扎，以减少继发损伤，也便于将伤员送至医院。

现场进行创伤包扎可就地取材，如用毛巾、手帕、衣服撕成的布条等。包扎的方法如下：

1. 布条包扎法

（1）环形包扎法

该法适用于头部、颈部、腕部及胸部、腹部等处。将布条作环行重叠缠绕肢体数圈后即成。

（2）螺旋包扎法

该法用于前臂、下肢和手指等部位的包扎。先用环形法固定起始端，把布条渐渐地斜旋上缠或下缠，每圈压前圈的一半或1/3，呈螺旋形，尾部在原位上缠2圈后予以固定。

（3）螺旋反折包扎法

该法多用于粗细不等的四肢包扎。开始先做螺旋形包扎，待到渐粗的地方，以一手拇指按住布条上面，另一手将布条自该点反折向下，并遮盖前圈的一半或1/3。各圈反折必须排列整齐，反折头不宜在伤口和骨头突出部分。

（4）"8"字包扎法

该法多用于关节处的包扎。先在关节中部环形包扎两圈，然后以关节为中心，从中心向两边缠，一圈向上，一圈向下，两圈在关节屈侧交叉，并压住前圈的1/2。

2. 毛巾包扎法

（1）头顶部包扎法

毛巾横盖于头顶部，包住前额，两角拉向头后打结，两后角拉向下颌打结。或者是毛巾横盖于头顶部，包住前额，两前角拉向头后打结，然后两后角向前折叠，左右交叉绕到前额打结。如毛巾太短可接带子。

(2) 面部包扎法

将毛巾横置，盖住面部，向后拉紧毛巾的两端，在耳后将两端的上、下角交叉后分别打结，眼、鼻、嘴处剪洞。

(3) 下颌包扎法

将毛巾纵向折叠成四指宽的条状，在一端扎一小带，毛巾中间部分包住下颌，两端上提，小带经头顶部在另一侧耳前与毛巾交叉，然后小带绕前额及枕部与毛巾另一端打结。

(4) 肩部包扎法

单肩包扎时，毛巾斜折放在伤侧肩部，腰边穿带子在上臂固定，叠角向上折，一角盖住肩的前部，从胸前拉向对侧腋下，另一角向上包住肩部，从后背拉向对侧腋下打结。

(5) 胸部包扎法

全胸包扎时，毛巾对折，腰边中间穿带子，由胸部围绕到背后打结固定。胸前的两片毛巾折成三角形，分别将角上提至肩部，包住双侧胸，两角各加带过肩到背后与横带相遇打结。

背部包扎与胸部包扎法相同。

(6) 腹部包扎法

将毛巾斜对折，中间穿小带，小带的两部拉向后方，在腰部打结，使毛巾盖住腹部。将上、下两片毛巾的前角各扎一小带，分别绕过大腿根部与毛巾的后角在大腿外侧打结。

臀部包扎与腹部包扎法相同。

3. 包扎注意事项

(1) 包扎时，应做到动作迅速敏捷，不可触碰伤口，以免引起出血、疼痛和感染。

(2) 不能用井下的污水冲洗伤口。伤口表面的异物（如煤块、矸石等）应去除，但深部异物需运至医院取出，防止重复感染。

(3) 包扎动作要轻柔，松紧度要适宜，不可过松或过紧，结头不要打在伤口上，应使伤员体位舒适，绷扎部位应维持在功能位置。

(4) 脱出的内脏不可纳回伤口，以免造成体腔内感染。

(5) 包扎范围应超出伤口边缘 5~10 cm。

六、骨折临时固定

骨折固定可减轻伤员的疼痛，防止因骨折端移位而刺伤邻近组织、血管、神经，也是防止创伤休克的有效急救措施。

1. 操作要点

(1) 在进行骨折固定时，应使用夹板、绷带、三角巾、棉垫等物品。手边没有上述物品时，可就地取材，如板皮、树枝、木板、木棍、硬纸板、塑料板、衣物、毛巾等均可代替。必要时也可将受伤肢体固定于伤员健侧肢体上，如伤指可与邻指固定在一起，下肢骨折可与健侧绑在一起。若骨折断端错位，救护时暂不要复位，即使断端已穿破皮肤露出外面，也不可进行复位，而应按受伤原状包扎固定。

(2) 骨折固定应包括上、下两个关节，在肩、肘、腕、股、膝、踝等关节处应垫棉花或衣物，以免压破关节处皮肤，固定应以伤肢不能活动为度，不可过松或过紧。

(3) 搬运时要做到轻、快、稳。

2. 固定方法

(1) 上臂骨折

于患侧腋窝内垫以棉垫或毛巾，在上臂外侧安放垫衬好的夹板或其他代用物，绑扎后，使肘关节屈曲 90°，将患肢捆于胸前，再用毛巾或布条将其悬吊于胸前。

(2) 前臂及手部骨折

用衬好的两块夹板或代用物，分别置放在患侧前臂及手的掌侧及背侧，以布带绑好，再以毛巾或布条将臂吊于胸前。

(3) 大腿骨折

用长木板放在患肢及躯干外侧，髋关节、大腿中段、膝关节、小腿中段、踝关节同时固定。

（4）小腿骨折

用长、宽合适的木夹板两块，自大腿上段至踝关节分别在内外两侧捆绑固定。

（5）骨盆骨折

用衣物将骨盆部包扎住，并将伤员两下肢互相捆绑在一起，膝、踝间加以软垫，曲髋、曲膝。要多人将伤员仰卧平托在木板担架上。有骨盆骨折者，应注意检查有无内脏损伤及内出血。

（6）锁骨骨折

以绷带作"∞"形固定，固定时双臂应向后伸。

七、伤员搬运

井下条件复杂，道路不畅，转运伤员要尽量做到轻、稳、快。没有经过初步固定、止血、包扎和抢救的伤员，一般不应转运。搬运时应做到不增加伤员的痛苦，避免造成新的损伤及合并症。搬运时应注意以下事项：

1. 呼吸、心跳骤停及休克昏迷的伤员应先及时复苏后再搬运。在没有懂得复苏技术的人员时，可为争取抢救的时间而迅速向外搬运，去迎接救护人员进行及时抢救。

2. 对昏迷或有窒息症状的伤员，要把肩部稍垫高，使头部后仰，面部偏向一侧或采用侧卧位和偏卧位，以防胃内呕吐物或舌头后坠堵塞气管而造成窒息，注意随时都要确保呼吸道的通畅。

3. 一般伤员可用担架、木板、风筒、刮板输送机槽、绳网等运送，但脊柱损伤和骨盆骨折的伤员应用硬板担架运送。

4. 对一般伤员均应先行止血、固定、包扎等初步救护后，再进行转运。

5. 一般外伤的伤员，可平卧在担架上，伤肢抬高；胸部外伤的伤员可取半坐位；有开放性气胸者，需封闭包扎后，才可转运。腹腔部内脏损伤的伤员，可平卧，用宽布带将腹腔部捆在担架上，以减轻痛苦及出血。骨盆骨折的伤员可仰卧在硬板担架上，曲髋、曲膝、膝下垫软枕或衣物，用布带将骨盆捆在担架上。

6. 搬运胸、腰椎损伤的伤员时，先把硬板担架放在伤员旁边，由专人照顾患处，另有两三人在保持其脊柱伸直位的同时用力轻轻将伤员推滚到担架上。推动时用力大小、快慢要保持一致，要保证伤员脊柱不弯曲。伤员在硬板担架上取仰卧位，受伤部位垫上薄垫或衣物，使脊柱呈过伸位，严禁坐位或肩背式搬运。

7. 对脊柱损伤的伤员，要严禁让其坐起、站立和行走。也不能用一人抬头、一人抱腿或人背的方法搬运，因为当脊柱损伤后，再弯曲活动时，有可能损伤脊髓而造成伤员截瘫甚至突然死亡，所以，在搬运时要十分小心。

在搬运颈椎损伤的伤员时，要专有一人抱持伤员的头部，轻轻地向水平方向牵引，并且固定在中立位，不使颈椎弯曲，严禁左右转动。搬运者多人双手分别托住颈肩部、胸腰部、臀部及两下肢，同时用力移上担架，取仰卧位。担架应用硬木板，肩下应垫软枕或衣物，使颈椎呈伸展样（颈下不可垫衣物），头部两侧用衣物固定，防止颈部扭转，且忌抬头。若伤员的头和颈已处于曲歪位置，则需按其自然固有姿势固定，不可勉强纠正，以避免损伤脊髓而造成高位截瘫，甚至突然死亡。

8. 转运时应让伤员的头部在后面，随行的救护人员要时刻注意伤员的面色、呼吸、脉搏，必要时要及时抢救。随时注意观察伤口是否继续出血、固定是否牢靠，出现问题要及时处理。在上下山时，应尽量保持担架平衡，防止伤员从担架上翻滚下来。

9. 运送到井上，应向接管医生详细介绍受伤情况及检查、抢救经过。

八、不同事故创伤的现场急救方法

1. 有害气体中毒与窒息的急救

(1) 迅速将伤员抬离中毒环境,转移到通风良好的地方,取平卧位。

(2) 尽快清除中毒者口、鼻内妨碍呼吸的黏液、血块等,使伤员仰头抬颌,解除舌根下坠,以通畅呼吸道。

(3) 解开伤员的衣扣、裤带,同时注意保暖。

(4) 呼吸微弱或已停止,应立即做人工呼吸。

(5) 有条件时应给中毒者吸氧,即使呼吸正常也要吸氧,在没得到氧之前,必须做人工呼吸。

(6) 心脏停止跳动者,立即施行胸外心脏按压术进行复苏。

(7) 呼吸恢复正常后,用担架将中毒者送往医院治疗,不要让伤员自己行走。

2. 对外伤人员的急救

(1) 对烧伤人员的急救

矿工烧伤的急救要点可概括为灭、查、防、包、送5个字。

灭:扑灭伤员身上的火,使伤员尽快脱离热源,缩短烧伤时间。

查:检查伤员呼吸、心跳情况,是否有其他外伤或有害气体中毒;对爆炸冲击烧伤伤员,应特别注意有无颅脑或内脏损伤和呼吸道烧伤。

防:要防止休克、窒息、创面污染。伤员因疼痛和恐惧发生休克或发生急性喉头梗阻而窒息时,可进行人工呼吸等急救。为了减少创面的污染和损伤,在现场检查和搬运伤员时,伤员的衣服可以不脱、不剪开。

包:用较干净的衣服把伤面包裹起来,防止感染。在现场,除化学烧伤可用大量流动的清水持续冲洗外,对创面一般不作处理,尽量不弄破水泡以保持表皮。

送:把严重伤员迅速送往医院。搬运伤员时,动作要轻柔,行进要平稳,并随时观察伤情。

(2) 对出血人员的急救

对这类伤员，首先要争分夺秒，准确有效地止血，然后再进行其他急救处理。止血的方法随出血种类的不同而不同。

对毛细血管和静脉出血，一般用干净布条包扎伤口即可，大的静脉出血可用加压包扎法止血，对于动脉出血应采用指压止血法或加压包扎止血法及止血带止血法。

对于因内伤而咯血的伤员，首先使其取半躺半坐的姿势，以利于呼吸和预防窒息，然后，劝慰伤员平稳呼吸，不要惊慌，以免血压升高，呼吸加快，使出血量增多。最后等待医生下井急救或护送出井就医。

（3）对骨折人员的急救

对骨折者，首先用毛巾或衣服作衬垫，然后就地取用木棍、木板、竹笆片等材料做成临时夹板，将受伤的肢体固定后，抬送医院。对受挤压的肢体、不得按摩、热敷或绑电缆皮，以免加重伤情。

3. 对溺水者的急救

溺水是人体全身淹没在水中，呼吸道被异物堵塞或由于喉头痉挛引起的窒息和死亡的伤害。煤矿井下发生透水事故时，由于水势急、冲力大，躲避不及就会被水冲走，遭致水淹。

溺水者被救出水后，呼吸、心跳都已停止，处于临床死亡状态者称溺死。如呼吸停止而心跳尚未停止称近乎溺死。

溺水的急救措施如下。

（1）救出伤员

把溺水者从水中救出后，应立即送到较温暖、空气流通的地方进行抢救。松开腰带，脱掉湿衣服，盖上干衣服，不使其受凉。从现场至安全地点搬运时，应采取俯卧位，头低脚高位。

（2）检查

以最快的速度检查溺水者的口、鼻，因井下透水中泥沙含量多，应迅速清除口、鼻中的泥沙与污物，擦洗干净，以保持呼吸道通畅。并检查有无其他合并伤。

（3）控水

呼吸道有水阻塞者可先行控水，但要尽量缩短控水时间，以免耽误抢救时机，控水时尤其要注意防止胃中液体吸入肺中。控水的方法如下：

1）使溺水者取俯卧位，救护者骑跨于伤员大腿两侧，用双手抱住伤员腹部向上提，使水流出。

2）急救者一腿跪地，将溺水者的腹部放在急救者的另一腿的大腿上使头朝下，并压其背部，使水流出。

3）将溺水者扛于急救者的肩上，急救者上、下耸肩或快步奔走使水流出。

（4）人工呼吸

溺水者的呼吸已停止，心跳未停，立即做人工呼吸。

（5）胸外心脏按压

呼吸、心跳已停或呼吸已停、心跳微弱，立即进行心脏胸外按压，同时进行口对口人工呼吸。

4. 触电的急救

触电的急救要点：

（1）立即切断与带电物体的接触

1）以最快速度切断电源。

2）无法切断电源时，应设法使带电体直接接地。

3）以上两项做不到时，立即用干木棒等绝缘物体将人与带电体分开。

（2）人工呼吸

若呼吸停止，应立即进行人工呼吸，口对口吹气法为好。

（3）胸外心脏按压

发现伤员心跳停止或心音微弱，立即进行胸外心脏按压，同时进行口对口人工呼吸。

（4）伤口处理

局部电击伤的伤口应早期清创处理，创面宜暴露，不宜包扎，以防组织腐烂、感染。

第三节 职业病预防

一、职业安全健康法律法规概述

目前,我国有毒有害企业超过1 600万家,受到职业病危害的人数超过2亿,职业病防治形势十分严峻,职业病的防治水平和快速发展的经济水平极不适应,职业病已经成为重大的公共卫生和社会问题。为加强职业病防治,保护劳动者在劳动过程中的安全和健康,我国制定了各种相关的法律法规。早在建国前夕通过的《中国人民政治协商会议共同纲领》中就规定:"保护青工、女工的特殊利益。实行工矿检查制度以及改进工矿的安全卫生设备。"1982年《宪法》第42条规定,要"加强劳动保护,改善劳动条件"。1987年全国劳动安全监察工作会议重申职业安全健康工作的方针为"安全第一,预防为主"。1992年11月,七届全国人大常委会第二十八次会议通过了《中华人民共和国矿山安全法》,这是我国第一部有关职业安全健康的法律,该法自1993年5月1日起正式施行。1994年7月5日第八届全国人大常委会第八次会议通过的《中华人民共和国劳动法》第六章为"劳动安全卫生",以劳动基本法的形式对劳动安全卫生提出了基本要求。2001年10月27日第九届全国人民代表大会常务委员会第二十四次会议通过,于2002年5月1日起施行的《职业病防治法》,加强了对职业病的防治。

我国的职业安全健康法表现形式按其立法主体、法律效力不同,可分为宪法、职业安全健康法律、职业安全健康行政法规、地方性职业安全健康法、职业安全健康规章。经我国批准生效的有关职业安全健康方面的国际劳工公约也是职业安全健康法的一种形式。

二、《职业病防治法》的有关法律规定

为了预防、控制和消除职业病危害,防治职业病,保护劳动者健康及其相关权益,促进经济发展,根据宪法,国家制定了《中华人民共和国职业病防治法》。本法由中华人民共和国第九届全国人民代表大会常务委员会第二十四次会议于2001年10月27日通过并予公布,自2002年5月1日起施行。《职业病防治法》分总则、前期预防、劳动过程中的防护与管理、职业病诊断与职业病病人保障、监督检查、法律责任、附则等七章共79条。

《职业病防治法》规定,职业病防治工作坚持预防为主、防治结合的方针,实行分类管理、综合治理;劳动者依法享有职业健康保护的权利;用人单位应当建立、健全职业病防治责任制,加强对职业病防治的管理,提高职业病防治水平,对本单位产生的职业病危害承担责任;职业病危害预评价报告应当对建设项目可能产生的职业病危害因素及其对工作场所和劳动者健康的影响做出评价,确定危害类别和职业病防护措施;建设项目的职业病防护设施所需费用应当纳入建设项目工程预算,并与主体工程同时设计、同时施工、同时投入使用;用人单位必须采用有效的职业病防护设施,并为劳动者提供个人使用的职业病防护用品;发生或者可能发生急性职业病危害事故时,用人单位应当立即采取应急救援和控制措施,并及时报告所在地健康行政部门和有关部门;职业病病人依法享受国家规定的职业病待遇;用人单位应当按照国家有关规定,安排职业病病人进行治疗、康复和定期检查;用人单位对不适宜继续从事原工作的职业病病人,应当调离原岗位,并妥善安置;用人单位对从事接触职业病危害的作业的劳动者,应当给予适当岗位津贴;用人单位违反本法规定,造成重大职业病危害事故或者其他严重后果,构成犯罪的,对直接负责的主管人员和其他直接责任人员,依法追究刑事责任。

三、《煤矿安全规程》的有关规定

1. 煤矿作业场所空气中粉尘浓度的要求

《煤矿安全规程》对作业场所空气中粉尘浓度的要求见表7—2。

表7—2　《煤矿安全规程》对作业场所空气中粉尘浓度的要求

粉尘中游离 SiO_2 含量（%）	最高允许浓度（mg/m^3）	
	总粉尘	呼吸性粉尘
<10	10	3.5
10～<50	2	1
50～<80	2	0.5
≥80	2	0.3

2. 对生产性粉尘进行监测的规定

（1）总粉尘

1）作业场所的粉尘浓度，井下每月测定两次，地面及露天煤矿每月测定一次。

2）粉尘分散度，每6个月测定一次。

（2）呼吸性粉尘

1）工班个体呼吸性粉尘监测，采、掘（剥）工作面每3个月测定一次，其他工作面或作业场所每6个月测定一次。每个采样工种分两个班次连续采样，一个班次内至少采集两个有效样品，先后采集的有效样品不得少于4个。

2）定点呼吸性粉尘监测每月测定一次。

（3）粉尘中游离 SiO_2 含量，每6个月测定一次，在变更工作面时也必须测定一次；各接尘作业场所每次测定的有效样品数不得少于3个。

（4）开采深度大于200 m的露天煤矿，在气压较低的季节应适当增加测定次数。

3. 对作业场所噪声的规定

作业场所的噪声，不应超过85 dB（A）。大于85 dB（A）时，需配备个人防护用品；大于或等于90 dB（A）时，还应采取降低作业场所噪声的措施。

4. 对生产性毒物、有害物理因素等进行监测的规定

(1) 三硝基甲苯（生产车间）作业点，每月测定一次。

(2) 铅、苯、汞及其他有毒物质，每 3 个月测定一次，已达到职业卫生标准的可 6 个月测定一次。

(3) 噪声、放射线及其他物理因素每年至少测定一次。

监测结果必须建档，并报有关单位。

5. 健康监护

(1) 职业性健康检查的要求

煤矿企业必须按国家有关法律、法规的规定，对新入矿工人进行职业健康检查，并建立健康档案；对接尘工人的职业健康检查必须拍照胸片。

煤矿企业应按照国家法律、法规和卫生行政主管部门的规定定期对接触粉尘、毒物及有害物理因素等的作业人员进行职业健康检查。对检查出的职业病患者，煤矿企业必须按国家规定及时给以治疗、疗养和调离有害作业岗位，并做好健康监护及职业病报告工作。

查体时间间隔必须符合下列要求。

1) 对在岗接触粉尘作业工人，岩石掘进工种每 2～3 年拍片检查一次；混合工种每 3～4 年拍片检查一次；纯采煤工种每 4～5 年拍片检查一次。

2) 对离岗工人必须进行离岗的职业性健康检查。

3) 对接触毒物、放射线的人员每年检查一次。

职业性健康检查、职业病诊断、职业病治疗应由取得相应资格的职业卫生机构承担。

对 I 期尘肺患者每年复查一次；疑似尘肺患者（O+）：岩石掘进工种每年拍片复查一次；混合工种每两年拍片复查一次、纯采煤工种每 3 年拍片复查一次。

(2) 有下列病症之一的，不得从事接尘作业

1) 活动性肺结核病及肺外结核病。

2）严重的上呼吸道或支气管疾病。

3）显著影响肺功能的肺脏或胸膜病变。

4）心、血管器质性疾病。

5）经医疗鉴定,不适于从事粉尘作业的其他疾病。

(3) 有下列病症之一的,不得从事井下工作

1）不得从事接尘作业的。

2）风湿病（反复活动）。

3）严重的皮肤病。

4）经医疗鉴定,不适于从事井下工作的其他疾病。

另外,癫痫病和精神分裂症患者严禁从事煤矿生产工作；患有高血压、心脏病、深度近视等病症以及其他不适应高空（2 m以上）作业者,不得从事高空作业。

粉尘、毒物及有害物理因素超过国家职业卫生标准的作业场所,除采取防治措施外,作业人员必须佩戴防尘或防毒等个体劳动防护用品。

四、职业病概述

1. 职业病的概念

职业病是指企业、事业单位和个体经济组织的劳动者在职业活动中,因接触粉尘、放射性物质和其他有毒、有害物质等因素而引起的疾病。

2. 职业病的特点

一般认为,职业病应具备以下 3 个条件：

(1) 该疾病应与工作场所的职业性有害因素密切相关；

(2) 所接触的有害因素剂量（浓度或强度）足以导致疾病的发生。

(3) 必须区别职业性与非职业性病因所起的作用,前者的可能性必须大于后者。

3. 法定职业病

国家规定的纳入职业病范围的职业病（职业病目录）分 10

类共 115 种。

(1) 尘肺 12 种：硅肺、煤工尘肺、石墨尘肺、炭黑尘肺、石棉肺、滑石尘肺、水泥尘肺、云母尘肺、陶工尘肺、铝尘肺、电焊工尘肺、铸工尘肺及根据 GBZ 70—2002《尘肺病诊断标准》和 GBZ 25—2002《尘肺病理诊断标准》可以诊断的其他尘肺。

(2) 职业性放射疾病 11 种：外照射急性放射病、外照射亚急性放射病、外照射慢性放射病、内照射放射病、放射性皮肤疾病、放射性肿瘤、放射性骨损伤、放射性甲状腺疾病、放射性性腺疾病、放射复合伤，根据 GBZ 112—2002《职业性放射性疾病诊断标准》可以诊断的其他放射性损伤。

(3) 职业中毒 56 种：铅及其化合物中毒、汞及其化合物中毒、铀中毒、砷化氢中毒、氯气中毒、二氧化硫中毒、光气中毒、氨中毒、一氧化碳中毒、二硫化碳中毒、硫化氢中毒、苯中毒、甲苯中毒、汽油中毒、甲醇中毒、甲醛中毒、有机磷农药中毒、杀虫脒中毒、拟除虫菊脂类农药中毒等。

(4) 物理因素所致职业病 5 种：中暑、减压病、高原病、航空病、手臂振动病。

(5) 生物因素所致职业病 3 种：炭疽、森林脑炎、布氏杆菌病。

(6) 职业性皮肤病 8 种：接触性皮炎、光敏性皮炎、电光性皮炎、黑变病、痤疮、溃疡、化学性皮肤灼伤及根据 GBZ 18—2002《职业性皮肤病诊断标准》可以诊断的其他职业性皮肤病。

(7) 职业性眼病 3 种：化学性眼部灼伤、电光性眼炎、职业性白内障。

(8) 职业性耳鼻喉口腔疾病 3 种：噪声聋、铬鼻病、牙酸蚀病。

(9) 职业性肿瘤 8 种：石棉所致肺癌及间皮瘤、联苯胺所致膀胱癌、苯所致白血病、氯甲醚所致肺癌、砷所致肺癌及皮肤癌等。

(10) 其他职业病 5 种：金属烟热、职业性哮喘、职业性变态反应肺泡炎、棉尘病、煤矿井下工人滑囊炎。

4. 职业病危害因素

(1) 粉尘类（硅尘、煤尘等）。

(2) 放射性物质类（电离辐射）。

(3) 化学物质类（铅、汞及其他有毒化学品）。

(4) 物理因素类（高温、高或低气压、局部振动等）。

(5) 生物因素类（炭疽杆菌、布氏杆菌等）。

(6) 导致职业性皮肤病的危害因素（硫酸、沥青等）。

(7) 导致职业性眼病的危害因素（氮氧化物、紫外线、激光等）。

(8) 导致职业性耳鼻喉口腔疾病的危害因素（噪声、铬及其氧化物、氟化氢等）。

(9) 职业性肿瘤的职业危害因素（苯、砷、石棉等）。

(10) 其他职业病危害因素（氧化锌、二异氰酸甲苯酯、棉尘等）。

五、煤矿常见职业病及危害

1. 煤矿常见职业病

我国煤矿职业病主要是尘肺病，此外职业中毒、噪声性耳聋、滑囊炎等也是我国煤矿工人的多发病。

(1) 尘肺病

尘肺是指由于吸入生产性粉尘而引起的以肺组织纤维化为主的疾病。患者的肺部发生进行性、弥漫性纤维组织增生，逐渐影响呼吸功能及其他系统功能，是一种较严重的职业病。按照粉尘的性质，尘肺可被分为 5 类：由二氧化硅粉尘引起的硅肺；由结合状态的二氧化硅粉尘引起的叫硅酸盐肺，如石棉肺、云母尘肺、水泥尘肺等；由煤炭、炭黑、石墨等粉尘引起的叫炭尘肺，如煤肺、炭黑尘肺、石墨尘肺等；其他粉尘所引起的叫混合性尘肺，如煤硅肺；由铝及其他粉尘引起的叫其他尘肺，如铝尘肺、电焊工尘肺等。煤炭系统常见的尘肺有硅肺、煤肺和煤硅肺。掘进工种易患硅肺；采煤工种多患煤肺，煤仓、煤厂、烧煤锅炉、码头煤房装卸等接触煤的工种也可发生煤肺。由于煤矿职工工种不固定，调动频繁，既可接触岩石粉尘，又可接触煤尘，这类工人可发生煤硅肺。

(2) 振动病及局部振动病

局部振动病指因长期接触强烈的生产性振动所引起的一种疾病。局部振动是指以手接触振动工具的方式为主，振动通过振动工具向操作者的手和手臂传播，直至全身。接触振动的作业很多，如采矿、掘进、造型捣固、铆接、凿岩、锻压、铣床等。振动病主要是由于局部肢体（主要是手）长期接触强烈振动而引起的。长期受低频、大振幅的振动时，由于振动加速度的作用，可使植物神经功能紊乱，引起皮肤分析器与外周血液循环机能改变，久而久之可出现一系列病理改变。早期可出现肢端感觉异常、振动感觉减退，主要症状为手麻、手疼、手胀、手凉、手掌多汗（多在夜间发生），其次症状为手僵、手颤、手无力（多在工作中发生），手指遇冷即出现缺血发白，严重时血管痉挛明显。

(3) 噪声性耳聋

噪声性耳聋是由于长期处于强噪声环境中而引起的一种缓慢进行的耳聋。噪声是由许多不同强度和不同频率的声音杂乱组合而成的。从人体生理学上讲，一切使人厌烦、起干扰作用的声音通称噪声。生产过程中的一切声音成为生产性噪声，包括机械噪声，如电钻、风钻、水压机、冲床等，流体动力噪声，如通风机、鼓风机、空压机等，电磁性噪声，如电动机、变压器。长期在上述强噪声的环境中工作，就可发生听觉系统的损害，形成耳聋，并可有对人体其他系统的损害。

(4) 中暑

中暑是指由于高温环境引起的人体体温调节中枢的功能障碍、汗腺功能失调和水电解质丢失过量所导致的疾病。

(5) 煤矿井下工人滑囊炎

该病是由于长期、持续、反复、集中和力量稍大的摩擦和压迫而引起的疾病。煤矿井下工人滑囊炎的患病率约为 1.6%，在一些煤层薄、工作面低、机械化程度不高的矿区，其患病率可高达 14.39%。工龄越长、年龄越大，患病率越高。不同的工种患病率有差异，其中采煤工最高（65.78%），其次是掘进和开拓工（20.15%）。

2. 煤矿职业病的危害

职业病危害是指对从事职业活动的劳动者可能导致职业病的各种危害。职业病危害因素包括职业活动中存在的各种有害的化学、物理、生物因素以及在作业过程中产生的其他职业有害因素。

我国煤矿职业病相当严重，尤其是尘肺病。截至 2005 年年底，中国尘肺病病人累计已超过 60 万例，死亡 17 万人，每年新增上万人。全世界的尘肺病患者，中国就占了一半，而中国的尘肺病患者，煤矿工人又占一半，我国每年死于尘肺病的患者，是"矿难"和其他工伤事故的 3 倍还多。当前，煤矿尘肺病有增加的趋势，职业病不仅严重影响了矿工的健康，而且使企业背上了沉重的财政负担。职业危害和职业病已成为影响我国部分劳动者健康并导致他们过早失去劳动能力的最主要因素。

六、预防煤矿职业病的措施

1. 完善职业病防治管理措施。《职业病防治法》第十九条规定用人单位应当采取下列措施完善职业病防治管理：设置或者指定职业健康管理机构或者组织，配备专职或者兼职的职业健康专业人员，负责本单位的职业病防治工作；制定职业病防治计划和实施方案；建立、健全职业健康管理制度和操作规程；建立、健全职业健康档案和劳动者健康监护档案；建立、健全工作场所职业病危害因素监测及评价制度；建立、健全职业病危害事故应急救援预案。

2. 大搞技术革新、改革生产工艺如以无毒或低毒的物质代替有毒或剧毒的物质,以低噪声设备代替高噪声设备等。生产过程实现机械化、自动化,从而减少工人与有害因素接触的机会。

3. 采取通风、排毒、降噪、隔离等技术性措施来降低或消除生产性有害因素。

4. 加强生产设备的管理,防止毒物的跑、冒、滴、漏污染环境。

5. 对新建、改建、扩建和技术改造项目进行"三同时"审查,确保这些项目完成后有害因素的浓度或强度可以达到国家标准。

6. 制定和严格遵守安全操作规程,防止发生意外事故。

7. 加强个人防护养成良好的健康习惯,防止有害物质进入体内。

8. 合理安排休息制度,注意营养,增强机体对有害物质的抵抗能力。

9. 对接触生产性有害作业的工人,进行就业前体格检查和定期体格检查,及早发现禁忌症及职业病患者,及早进行处理治疗。

10. 根据国家制定的一系列健康标准,定期监测作业环境中生产性有害因素的浓度或强度,发现问题及时解决。

复习思考题

1. 试述发生事故时在场人员的行动原则。
2. 自救器有哪几种?各自的适用条件是什么?
3. 避难硐室有几种?如何构筑临时避难硐室?
4. 在避难硐室避难时,应注意哪些问题?
5. 发生瓦斯爆炸时如何自救、互救?
6. 发生煤与瓦斯突出时,现场人员如何自救、互救?
7. 井下发生明火火灾时,现场人员如何自救、互救?

8. 发生突水事故时,如何进行自救、互救?

9. 发生冒顶事故时,如何进行自救、互救?

10. 事故现场负责人如何组织救灾?

11. 如何进行人工呼吸?

12. 如何进行胸外心脏按压?

13. 止血和创伤包扎方法有哪几种?如何进行指压止血和毛巾包扎?

14. 简述使用止血带止血法的注意事项。

15. 试述骨折固定的作用和抢救时的要点。

16. 井下搬运伤员时应注意哪些事项?

17. 试述对中毒或窒息人员的急救方法。

18. 试述对烧伤人员及出血人员的急救方法。

19. 试述对溺水者的急救方法。

20. 试述对触电人员的急救方法。

21. 什么是职业病?其特点有哪些?

22. 试述《煤矿安全规程》对作业场所空气中粉尘浓度的要求。

23. 煤矿常见职业病有哪些?

24. 怎样预防煤矿职业病?